Kitty Ferguson
Das Maß der Unendlichkeit

Kitty Ferguson

Das Maß
der Unendlichkeit

Auf der Suche nach
den Grenzen des Universums

Aus dem Englischen von
Friedrich Griese

Econ

Die Originalausgabe erschien 1999 unter dem Titel Measuring the Universe
bei Headline Book Publishing, London.

Der Econ Verlag ist ein Unternehmen
der Econ Ullstein List Verlag GmbH & Co. KG, München

ISBN 3-430-12668-1

Lektorat: Julika Jänicke
Gesetzt aus der Palatino bei Franzis print & media, München
Druck und Bindung: Graphischer Großbetrieb Pößneck

Für meinen Bruder David,
der sich als Kind völlig verrückt machte
und die Familie in eine Krise stürzte,
weil er sich über die Größe des Universums
den Kopf zerbrach

INHALT

PROLOG

Ich war neun, als mein Vater eines Morgens vorschlug, wir – er, mein Bruder und ich – sollten hinausgehen und die Höhe der Windmühle auf der Farm meiner Großeltern messen. Mein Bruder und ich fanden die Idee prima.

Aber wie würden wir vorgehen? Natürlich auf die Windmühle klettern – jedenfalls würde mein Vater hinaufklettern; uns Kindern hätte er das nicht erlaubt, es war zu gefährlich. Dann bestand aber immer noch das Problem, wie er, oben angekommen, die Höhe messen sollte. Ein so langes Maßband hatten wir nämlich nicht. Würde er einen Zollstock nehmen und beim Hinaufklettern die Länge abtragen? Oder würde er von oben ein langes Seil herunterlassen und es, wenn das Ende unten angekommen war, abschneiden und das Seil herunterfallen lassen, wobei wir zur Seite gehen und anschließend die Länge abmessen würden? Bestimmt hatte er das vor, denn er hatte gesagt, daß mein Bruder und ich ihm helfen sollten.

Mein Bruder meinte, daß Vater gar nicht auf die Windmühle klettern bräuchte; wir könnten doch irgend etwas über das obere Ende der Windmühle werfen. »Genau«, warf ich ein, »wir binden ein Seil, auf dem die Länge in Metern und Zentimetern abgezeichnet ist, an einen Gegenstand, den wir über die Spitze werfen; anschließend ziehen wir vorsichtig an dem Seil, so daß der Gegenstand sich oben verfängt, und dann schauen wir nach, wie weit es bis zum Boden ist!« »Nein, nein«, sagte mein zwei Jahre jüngerer Bruder, der aber schon sehr mathematisch dachte, »besser, wir messen die Kurve, die der Gegenstand auf dem Weg durch die Luft beschreibt.« »Gute Idee«, sagte mein Vater, »aber in der praktischen Durchführung schwieriger als das ursprüngliche Problem, die Höhe der Windmühle zu messen.«

Ich fragte, ob es nicht möglich wäre, ein Stück von der Windmühle wegzugehen und zu messen, wieviel kleiner sie wirkte, je weiter wir uns von ihr entfernten. »Auch eine gute Idee«, sagte mein Vater, »aber es gibt noch eine bessere Möglichkeit.«

Er gab uns einen Wink. Er hielte es für ratsam, einen sonnigen Tag abzuwarten; außerdem würde keiner auf die Windmühle klettern oder irgendwohin gehen müssen oder Gefahr laufen, die Windmühle mit einem ungeschickten Wurf zu beschädigen; und als Hilfsmittel würden wir nur einen Zollstock und unsere Augen und Köpfe sowie Papier und Bleistift für ein paar Berechnungen benötigen. In unseren Breitengraden sei es zwar auch möglich, die Höhe der Windmühle genau zur Mittagsstunde zu messen, doch zu einer anderen Tageszeit würde es leichter sein.

Mein Bruder erkannte ebensowenig wie ich, worauf unser Vater hinauswollte. Erst als er sagte: »Die Windmühle pumpt nicht bloß Wasser, müßt ihr wissen, sie wirft auch einen Schatten, genau wie der Zollstock«, dämmerte uns, wie es funktionieren könnte. Wir würden den Zollstock senkrecht halten und seinen Schatten messen. Dann würden wir den Schatten der Windmühle messen. Wenn der Schatten eines Zollstocks von einem Meter soundso lang war, dann mußte ein Schatten von bestimmter Länge zu einer Windmühle gehören, die soundso hoch war. Weder mein Bruder noch ich wußten, wie man beides zueinander in Beziehung setzt. Vater zeigte uns, wie man es macht, um anschließend zu erklären, es gebe einen noch einfacheren Lösungsweg. »Wartet ab«, meinte er, »bis der Schatten des Zollstocks von einem Meter einen Schatten von einem Meter wirft – der Schatten der Windmühle wird dann genauso lang sein, wie die Windmühle hoch ist.« Wir beschlossen, zunächst unsere gerade erworbenen mathematischen Kenntnisse anzuwenden, um anschließend unsere gefundene Lösung zu überprüfen, und so saßen wir unter der texanischen Sonne und schauten zu, wie der Schatten des Zollstocks über den Boden kroch.

Auf diese Weise ermittelten wir die Höhe der Windmühle, begleitet von den typischen, knarrenden und quietschenden Metallgeräuschen, die Windmühlen im mittleren Texas damals von sich gaben. Währenddessen verrichtete das Riesengebilde über unseren Köpfen seine Arbeit, kreiste und pumpte und änderte seinen Anstellwinkel, um eine stärkere Brise mitzunehmen, ohne auf die geistigen Anstrengungen von drei kleinen Menschenwesen unten am Boden zu achten, die seinen Schatten eingefangen hatten.

Ich war begeistert. Offensichtlich hatten wir die Windmühle überlistet, ohne sie auch nur zu berühren, und wir kannten jetzt ein wunderbares Geheimnis: nicht die Höhe der Windmühle, sondern wie man sie herausfindet. Keiner von uns dachte daran zu fragen: »Warum machen wir das?« Keiner von uns dreien hatte das Bedürfnis, die Höhe einer Windmühle zu kennen, die uns noch nicht einmal gehörte.

Das Messen gehört zu den eher praktischen Nutzanwendungen der Mathematik, doch unsere Fähigkeit und unser Wunsch zu messen gehen nicht immer auf das Bedürfnis zurück, nützliche Antworten zu bekommen. Mit Zahlen dorthin zu gelangen, wo wir selbst nicht hingehen können – seien es die Spitze einer Windmühle oder der Ursprung und die Grenzen des Universums – war und ist bis heute eines der beliebtesten geistigen Abenteuer der Menschheit. Am Ende des 20. Jahrhunderts sind diese Zahlenspiele unseren praktischen Bedürfnissen um Milliarden Lichtjahre voraus.

Verglichen mit dem Abenteuer, das mit ihrer Ermittlung verbunden ist, wirken die gefundenen Meßwerte selbst oft sehr prosaisch: Die Sonne ist 149,5 Millionen Kilometer entfernt (mittlere Entfernung). Der nächste Stern ist 4,3 Lichtjahre entfernt. Die »lokale Gruppe« von Galaxien umfaßt ein Gebiet mit einem Durchmesser von rund drei Millionen Lichtjahren. Die Entfernung bis zum Rand des beobachtbaren Universums beträgt 8 bis 15 Milliarden Lichtjahre. Wir staunen über diese gewaltigen Zahlen, oder wir geben zu, daß sie uns in ihrer ungeheuren Größe unbegreiflich erscheinen; wir merken sie uns einen Tag lang oder vielleicht noch bis zum Abschluß einer Prüfung… und dann vergessen wir sie. Wir halten sie für wissenschaftliche Trivialitäten.

Dabei sind sie alles andere als trivial, wenn wir uns bewußtmachen, wie schwierig es war, diese Zahlen zu ermitteln, und welche Genialität erforderlich war und noch immer ist, um sie herauszubekommen. Können wir uns überhaupt vorstellen, wie es wäre, sie gar nicht zu wissen? Am Nachthimmel funkeln Lichter von Stecknadelkopfgröße. Sind sie alle gleich weit von uns entfernt? Stellen wir uns einmal vor, wir wüßten es nicht. Stellen wir uns vor, keiner unserer Zeitgenossen wüßte, ob die Sonne die Erde umkreist oder umgekehrt – oder auch nur, wie groß die Erde ist. Stellen wir uns vor, niemand wäre bisher auf die Idee gekommen, daß es mathematische Gesetze gibt, die den Bewegungen der Himmelskörper zugrunde liegen. Wie würde man vorgehen – und wie ist man vorgegangen –, um diese Zahlen und diese Beziehungen herauszufinden, ohne die Erde zu verlassen? Wie ist überhaupt jemand auf die Idee gekommen, daß es möglich ist, dieses »wie weit« herauszufinden, ohne dorthin zu gehen, ohne auf die Windmühle zu klettern?

In diesem Buch werden wir viele Schritte zurückgehen, werden vergessen, daß wir die Meßwerte und die Art, wie sie gewonnen werden, kennen, werden unsere Vorfahren in ihrem Bemühen begleiten, dem Sternenhimmel diese Informationen zu entlocken. Ein Labor ist kein ordentlicher, steriler Raum, in dem sorgfältig überwachte Experimente stattfinden. Die Vorgänge am Himmel vollziehen sich nach ihrem eigenen Zeitplan, und oft sind sie nicht wiederholbar. Wir haben gelernt, uns mit dem Vorhandenen zufriedenzugeben und das Beste daraus zu machen.

Unser menschlicher Standpunkt ist im Grunde arg beschränkt. Bis vor kurzem hatten wir keine andere Basis, von der aus wir unsere Messungen vornehmen konnten, keine andere mögliche Aussichtsplattform als unsere Erde. Im 20. Jahrhundert sind wir zum Mond geflogen und haben vom All aus auf unseren Planeten geblickt, haben Sonden in die entlegensten

Winkel unseres Sonnensystems hinausgeschickt. Doch wie nah an unserem Ausgangspunkt ist das, gemessen an der Größe des Universums und an den Entfernungen, die zu messen wir gelernt haben und noch zu messen hoffen.

Dieses Buch schildert chronologisch Männer und Frauen, die in zweieinhalb Jahrtausenden durch ihre Messungen eine Leiter konstruierten, die immer weiter hinaufreichte, von unserer Haustür bis zu den Grenzen des bekannten Universums, und es schildert, wie dieses Abenteuer unsere Vorstellung von Form und Wesen des Universums und unseren Platz in ihm verändert hat. Es ist keine Geschichte der Astronomie. Ich mußte mir immer wieder bewußtmachen, daß sich manche faszinierenden Entdeckungen der abendländischen Astronomie wie auch der anderer Kulturen nicht unmittelbar auf unser Wissen über Entfernungen, Größen und Formen ausgewirkt haben. Deshalb habe ich sie nicht ohne Bedauern unerwähnt gelassen, obwohl ich oft versucht war, vom eigentlichen Thema des Buches abzuschweifen.

Wir werden jedoch in anderer Hinsicht unseren Blickwinkel erweitern und den Kontext einbeziehen, in dem die jeweiligen Entdeckungen gemacht wurden, um dem unauflöslichen Zusammenhang mit gesellschaftlichen, politischen und geistigen Rahmenbedingungen Rechnung zu tragen. Wir werden zum Beispiel nach den Gründen forschen, warum eine bestimmte Entdeckung oder Messung zu einem bestimmten Zeitpunkt und an einem bestimmten Ort stattgefunden hat. Was war das Besondere an dieser Zeit und diesem Ort, dieser Gesellschaft, dieser Mentalität und dieser intellektuellen Umgebung, an der verfügbaren Technik, an der Abfolge der bisherigen Entdeckungen, an den Folgen irgendwelcher zufälliger Ereignisse, und was war – vielleicht die interessanteste Frage – das Besondere an einem bestimmten Menschen, das diesen Erkenntnisfortschritt ermöglichte?

Unser Verlangen, dieses »wie weit« zu kennen und Messungen zu machen, die unsere physische Reichweite geradezu grotesk übersteigen, ist gewiß weit älter als der Beginn historischer Aufzeichnungen. Der bekannte Teil unserer Erfolgsgeschichte

begann vor rund 2200 Jahren in Nordafrika unweit der Nilmündung mit der Messung des Erdumfangs, lange bevor eine
Erdumsegelung möglich war. Der hellenistische Bibliothekar
Eratosthenes brauchte den Erdumfang nicht zu kennen, und
doch nahm er sich vor, ihn zu messen, und er entwickelte ein
Verfahren von bemerkenswerter Einfachheit. Heute bezeichnen
wir Eratosthenes als den Vater der Wissenschaft von der Vermessung der Erde, der »Geodäsie«. In dem Wort schwingt etwas
von der »Odyssee« mit.

Von Eratosthenes lernen wir, was ich von meinem Vater lern-
te und was wir in diesem Buch immer wieder demonstriert finden werden: Etwas, dessen direkte Messung unmöglich ist oder
scheint, kann dennoch auf originelle Weise quasi »um die Ecke«
gemessen werden. Heute versuchen wir, die Entfernung bis zu
den Grenzen des beobachtbaren Universums zu bestimmen,
weit jenseits all der funkelnden Punkte, die wir mit bloßem
Auge am Nachthimmel sehen, und die Zeit bis zurück zur Entstehung des Universums zu messen. Die Zahlen sind zu riesig,
als daß unser kleiner Verstand sie zu fassen vermöchte. Dennoch hat eben dieser kleine Verstand sie genialisch herausgefunden, nach und nach, in kleinen, aufeinander aufbauenden
Schritten. Es ist eine Geschichte erstaunlicher technischer Fortschritte, besonders im 20. Jahrhundert, doch vor allem ist es eine
Geschichte ungeahnten menschlichen Einfallsreichtums. Und
das ist es bis heute. Bahnbrechende Entwicklungen sind keine
Sache der Vergangenheit.

Mit unserem heutigen Kenntnisstand könnten wir versucht
sein zu sagen: »Ja, natürlich! Darauf hätte ich auch kommen
können! Die Windmühle wirft einen Schatten. Klar!« Viele der
Methoden, die wir ersonnen haben, um Entfernungen zu uner-
reichbaren Orten zu messen, sind tatsächlich so einfach, daß
fast jeder sie verstehen kann – kaum komplizierter als die Vermessung der Windmühle meines Großvaters. Doch diejenigen,
die diese Dinge herausgefunden haben, waren schon unglaub-
lich schlau!

Kitty Ferguson
Januar 1999

1. Kapitel

Eine Kugel mit Aussicht
Drittes Jahrhundert vor Christus

Der große Geist experimentiert wie der kleine mit verschiedenen Alternativen, zieht aus ihnen Folgerungen von gewisser Reichweite und gründet darauf (wie ein Schachspieler) die Vermutung, daß ein bestimmter Zug ihm größere Möglichkeiten eröffnet als die anderen ... Dabei bleibt offen, wie der große Geist dazu kommt, bessere Vermutungen anzustellen als ein anderer und Sprünge zu machen, die, wie sich dann zeigt, weiter und tiefer führen als Ihre oder meine. Wir wissen es nicht.

JACOB BRONOWSKI

Wenn Sie irgend jemanden fragen, wer Eratosthenes von Kyrene war, werden Sie nur dann, wenn Ihr Gesprächspartner sich zufällig in den Details der hellenistischen Kultur auskennt, erfahren, daß er ein Mann war, der die Daten der bedeutendsten literarischen und politischen Ereignisse von der Eroberung Trojas bis zu seiner Zeit im dritten vorchristlichen Jahrhundert zu bestimmen versuchte; daß er eine Abhandlung über Theater und Bühnentechnik sowie die Werke der bekanntesten Dichter der »alten Komödie« verfaßte; daß er ein Verfahren ersann, ein Problem zu lösen, über das sich Mathematiker seit zwei Jahrhunderten den Kopf zerbrochen hatten, nämlich die »Verdoppelung des Würfels«; daß er sich über die Moralphilosophie äußerte und es für geboten hielt, jene zu kritisieren, die die Philosophie »popularisierten«: Ihnen warf er vor, sie kleideten die Philosophie »in den grellen Aufputz der Frauen von lockerem Lebenswandel«. Für Eratosthenes gilt, wie für viele berühmte Persönlichkeiten, daß die Geniestreiche, derentwegen er verehrt wird, nur einen Bruchteil seines gewaltigen Lebenswerkes ausmachten, und nicht einmal den Teil, den er für den wichtigsten hielt.

15

Seinen Platz in den Geschichtsbüchern verdankt Eratosthenes keinem der oben erwähnten Dinge, sondern zwei weiteren Leistungen: der Erfindung des »Siebes des Eratosthenes«, einer Methode, alle Zahlen »durchzusieben«, um die Primzahlen herauszufinden, und seiner bemerkenswert genauen Messung des Erdumfangs.

Glauben Sie nicht, vor Kolumbus habe niemand gewußt, daß die Erde rund ist. Zugegeben: Die Form der Erde war wahrscheinlich für die meisten Menschen der Antike im Alltag ohne Belang. Doch die wenigen, die sich überhaupt Gedanken darüber machten, waren schon lange vor Eratosthenes nicht ernsthaft der Ansicht, die Erde sei flach oder könne eine andere als eine Kugelgestalt haben. Die Pythagoreer, eine Schule von Denkern mit einer besonderen Begabung für Mathematik und Musik, waren schon im sechsten und fünften Jahrhundert vor Christus zu dem Schluß gekommen, daß die Erde eine Kugel sei. Platon beschrieb schon ein Jahrhundert vor Eratosthenes einen Kosmos, der aus konzentrischen Kugeln bestand, mit einer kugelförmigen Erde im Mittelpunkt. Aristoteles, nur ein wenig später als Platon, verfocht energisch die Idee einer kugelförmigen Erde, und seine Argumentation überzeugte nicht nur die Denker der Antike, sondern auch die des Mittelalters. Die Vorstellung, mittelalterliche Gelehrte hätten geglaubt, die Erde sei flach, ist in Wahrheit ein Mythos, der in der Neuzeit entstand.

Aristoteles hatte mehrere Argumente: Der Schatten, den die Erde bei einer Mondfinsternis auf den Mond wirft, ist immer gekrümmt. Wenn wir uns auf der Erde von Norden nach Süden oder umgekehrt bewegen, bemerken wir eine scheinbare Positionsveränderung der Sterne in bezug auf uns. Er formuliert es so:

Ferner ist es an der Erscheinung der Gestirne nicht nur sichtbar, daß die Erde rund, sondern auch, daß ihre Größe nicht bedeutend ist. Denn wenn wir unsern Standort nur ein wenig nach Süden oder Norden verändern, so wird der Horizont offenbar schon ein anderer, so daß also die Gestirne über unserm Kopf eine bedeutende Veränderung erfahren und überhaupt nicht mehr dieselben sind, wenn wir nach Norden oder Süden gehen. Denn manche Sterne sind in Ägypten und Kypros sichtbar, in den nördlichen Gegenden aber nicht, und jene Sterne, die im Norden dauernd sichtbar sind, haben in jenen südlicheren Gegenden einen Untergang. Hieraus ist nicht nur klar, daß die Erde rund ist, sondern auch, daß sie nicht besonders groß ist. Denn sonst würde eine so geringe Ortsveränderung sich nicht so rasch bemerkbar machen.

Aristoteles vermutete, daß die Ozeane ganz im Westen und ganz im Osten der bekannten Welt »eins« sein könnten. Er bezog sich auf die Argumente derer, die festgestellt hatten, daß Elefanten sowohl in Regionen des äußersten Ostens als auch des äußersten Westens lebten, und die deshalb der Ansicht waren, daß diese Gebiete möglicherweise »zusammenhängend« waren.

Diese Gründe für den Glauben, die Erde sei kugelförmig, basierten auf Beobachtungen, doch Aristoteles stützte sich in seiner Argumentation auch auf seine Philosophie. Diese Philosophie weist fünf Elementen – Erde, Luft, Wasser, Feuer und Äther – jeweils ihren natürlichen Platz im Universum zu. Für das Element Erde ist dieser Platz der Mittelpunkt des Universums, und deshalb hat es eine natürliche Tendenz, diesem Mittelpunkt zuzustreben und sich symmetrisch um ihn anzuordnen; hierdurch entsteht die Kugel, die wir »die Erde« nennen. Aristoteles berichtete, Mathematiker hätten den Umfang der Erde auf 400 000 Stadien berechnet; das entspricht 63 000 Kilometern (und ist über die Hälfte mehr als nach modernen Messungen). Über das Verfahren, mit dem sie zu dieser Zahl gelangten, sind keine Aufzeichnungen erhalten.

Aristoteles starb im Jahr 322 v. Chr. mit 62 Jahren; die Feldzüge seines erfolgreichsten Schülers, Alexander des Großen, waren kurz zuvor durch dessen Tod beendet worden. Man neigt zwar dazu, unterschiedslos von »den Griechen« zu sprechen und unter diesem Begriff auch Namen wie Eratosthenes zu subsumieren, obwohl die Zivilisation und die Kultur nach Alexander dem Großen von ihrem Territorium und ihrer Vorstellungswelt her weitaus größer sind, als es das Wort »griechisch« suggeriert. Alexanders Feldzüge brachten Wissen, Sprache und Kultur der Griechen durch Kleinasien und Mesopotamien bis ins heutige Afghanistan und Pakistan, bis an die Ufer des Indus und bis nach Palästina und Ägypten. Zu seinem außergewöhnlichen Vermächtnis gehört also auch die Erweiterung geistiger Horizonte. Allmächlich vermischte sich die Kultur Griechenlands und seiner Kolonien mit den Kulturen der eroberten Völker, und sie bereicherten sich gegenseitig. Damit begann die hellenistische Epoche, in Abgrenzung zur hellenischen.

Als Alexander und Aristoteles starben, war Athen noch das unangefochtene Zentrum der geistigen Welt. Doch diese Vorrangstellung war nicht von Dauer. Alexanders Generäle teilten sein Reich untereinander auf, und dabei fielen Ägypten und Palästina an Ptolemäus. Er machte das nahe der Nilmündung gelegene Alexandria zu seiner Hauptstadt. Diese damals schon blühende Stadt wuchs und prosperierte noch mehr, und Ptolemäus und seine Nachfolger, denen eine rücksichtslose Ausbeutung der unterworfenen Länder nachgesagt wird, häuften ungeheure Reichtümer an, die sie zum Teil für Literatur, Kunst, Mathematik und Wissenschaft ausgaben. Unter Gelehrten ist umstritten, welchem Ptolemäus das Verdienst gebührt, unter seiner königlichen Schirmherrschaft eine Bibliothek und ein Museum errichtet zu haben. Ptolemäus' Nachfolger hießen ebenfalls Ptolemäus, aber es muß der erste oder der zweite von ihnen gewesen sein – vielleicht sogar beide. Dieses Gebäude war nicht, was wir heute unter einem Museum verstehen, sondern, wie im Begriff »Museum« anklingt, ein Tempel der Musen, also ein religiöses Heiligtum und zugleich ein Zentrum der Gelehrsamkeit.

Die alten, zu Recht berühmten Schulen jenseits des Mittelmeers in Athen – Schulen, die von Platon, Aristoteles, Epikur und den Stoikern gegründet worden waren – waren zu dieser Zeit nicht mehr die Zentren, in denen zündende neue Ideen entstanden, auch wenn ein junger Mann zu Eratosthenes' Zeiten noch immer gern dorthin gegangen wäre, um sich zu bilden. Alexandria trat in Konkurrenz zu Athen und verdrängte es schließlich als Mittelpunkt der geistigen Welt, und das Museum und die Bibliothek wurden zum maßgeblichen Forschungszentrum. Die Bibliothek wuchs und wuchs, bis sie einer antiken Schätzung zufolge annähernd 500 000 Schriftrollen beherbergte. Eratosthenes war Ende des dritten vorchristlichen Jahrhunderts ihr Direktor oder Bibliothekar und wurde aus der königlichen Schatulle bezahlt.

Es war, wie die meisten wissen, eine der verheerenden Tragödien in der Geschichte der Menschheit, daß der gesamte Bestand der Bibliothek von Alexandria 47 v. Chr. einem Feuer zum Opfer fiel. Nachdem sie neu ausgestattet war, wurden dann angeblich (was man heute bezweifelt) im siebten Jahrhundert alle Schriftrollen dazu benutzt, ein halbes Jahr lang die öffentlichen Bäder zu beheizen. Derzeit werden Gelder für die Wiedererrichtung des Bauwerks gesammelt, ein klägliches und obendrein abwegiges Unterfangen angesichts dessen, was unwiederbringlich verloren ist: das in den Schriften gesammelte Wissen unserer antiken Vorfahren, das über Jahrhunderte hinweg mühsam zusammengetragen worden war. Wir ahnen, daß der Verlust all dieser Rollen auch für uns furchtbar ist, ob nun eine Katastrophe im siebten Jahrhundert daran schuld war oder, was wahrscheinlicher ist, die schleichende Vernachlässigung und die zahlreichen politischen, militärischen und religiösen Umwälzungen, von denen die Stadt Alexandria zuvor heimgesucht worden war. Der Verlust war Symbol und Symptom einer größeren Tragödie: daß man den Wert dieser geistigen Errungenschaften immer weniger zu schätzen wußte. Vermutlich war im siebten Jahrhundert kaum noch etwas zum Verbrennen übriggeblieben. Das Abendland brauchte Jahrhunderte, um wieder einen geistigen Entwicklungsstand zu erreichen, der der Zivilisation entsprach, die die untergegangene Sammlung hervorgebracht hatte. Doch zu der Zeit, als Eratosthenes Bibliothekar war (235–195 v. Chr.), lag all das noch in der Zukunft. Er kannte die Bibliothek von Alexandria in ihrer Glanzzeit.

Unser heutiger Begriff von »Wissenschaft« im Sinne einer

gesonderten Kategorie von Wissen und einer bestimmten Art des Strebens nach Wissen wäre den Gelehrten der hellenischen und der hellenistischen Welt befremdlich erschienen. Sie hatten mehrere Wörter für das, was wir »Wissenschaft« nennen. Auf diesen Begriffen basieren einige unserer modernen Termini, die aber nicht mehr dasselbe bezeichnen wie einst in Athen und Alexandria. Da sind zum Beispiel *peri physeos historia* (Forschen in bezug auf die Natur), *philosophia* (Liebe zur Weisheit, Philosophie), *theoria* (Spekulation) und *episteme* (Erkenntnis). Die »Physik« war für die hellenistischen Gelehrten einer von drei Zweigen der Philosophie; die beiden anderen waren »Logik« und »Ethik«.

Die Ptolemäer wandten erhebliche finanzielle Mittel auf, um alle Konkurrenten in dem Bestreben auszustechen, Meisterwerke der griechischen Literatur zu erwerben und hervorragende Gelehrte in Scharen nach Alexandria zu locken. Sie wurden getrieben vom Verlangen nach Prestige, von dem Wunsch, den Glanz und die sichtbare Macht der Dynastie zu mehren. Auch waren sie durchaus nicht unzufrieden, wenn die Forschungsergebnisse sich auf waffentechnische Probleme anwenden ließen. Allerdings differierte die Denkweise der Antike in einem wichtigen Punkt von der unseren: Die hellenischen und hellenistischen Gelehrten waren sich sehr wohl der Möglichkeit bewußt, daß ihre Studien praktischen Zwecken dienen könnten, doch überwog bei ihnen die Neigung, ihr Tun damit zu rechtfertigen, daß es die Weisheit mehrte, den Charakter bildete oder dazu beitrug, die Schönheit des Kosmos besser zu würdigen und seinen Schöpfer zu verstehen. Offenbar kam es diesen Männern und Frauen nicht in den Sinn, daß in ihrem Wirken der Schlüssel zu materiellem Fortschritt liegen könnte. Die Arbeit trug ihren Lohn in sich, war ein Selbstzweck und kein Mittel für andere Zwecke. Das Leben eines Gelehrten, ein Leben in »Kontemplation«, galt als Inbegriff des Glücks. Gelehrte, deren Tätigkeit mehr auf Dinge der Alltagspraxis ausgerichtet war, neigten dazu, sich völlig von den »Philosophen« abzugrenzen.

Verwandt mit dieser Einstellung, das geistige Streben als

einen Selbstzweck zu betrachten, ist auch die Sichtweise, den Weg, auf dem ein Problem gelöst wird, ebenso interessant und oft noch interessanter zu finden als die Lösung selbst. Diese Haltung war teilweise aus der Not geboren, denn zur Beantwortung mancher Fragen, für die sich die griechischen und hellenistischen Gelehrten lebhaft interessierten, fehlten ihnen die technischen Mittel. Wir können uns vielleicht am besten in die antike Denkweise einfühlen, wenn wir uns an unseren Mathematikunterricht erinnern. Wenn die Aufgabe lautete: » Wenn du mit deinem Fahrrad durchschnittlich 50 Kilometer pro Stunde fährst und für den Schulweg 10 Minuten brauchst: Wie weit ist deine Schule dann entfernt?«, haben Sie nicht angefangen, haarspalterisch die Aufgabe zu kritisieren, etwa weil 50 Kilometer pro Stunde nicht gerade die Geschwindigkeit ist, mit der Sie normalerweise fahren, weil Sie für den Schulweg in Wahrheit 12 Minuten brauchen und weil durch diese Übung auf keinen Fall herauskommen kann, wie weit Ihr Schulweg tatsächlich ist. Nein, es ging doch darum zu zeigen, daß Sie verstanden haben, wie das Problem zu lösen ist. Nun stellen Sie sich einmal vor, Sie hätten auch den Lösungsweg zu entwickeln – niemand hätte es bisher für möglich gehalten, die Entfernung bis zu Ihrer Schule zu berechnen, und Sie könnten nicht dorthin fahren, um sie direkt zu messen; damit versetzen Sie sich ein wenig in die Lage des Eratosthenes und anderer Gelehrter der hellenischen und hellenistischen Welt. Diese Einstellung macht es möglich, ja sie ermutigt sogar dazu, Hypothesen aufzustellen, die durchaus auch fragwürdig sein können, Aussagen etwa wie »Wir wissen nicht, ob dies wahr ist, aber nehmen wir einmal an, es sei so, und schauen wir, wohin uns das führt«. Oder gar eine Aussage wie »Wir wissen, daß dies *nicht* wahr ist, aber tun wir einmal so, als ob es wahr wäre, und fragen uns, was das zur Folge hätte«. Wer die Ergebnisse einer Übung wie dieser mit dem Hinweis kritisiert, die Ergebnisse seien »falsch« (was heißt, sie stimmen nicht mit den Erkenntnissen des 20. Jahrhunderts überein), hat nicht verstanden, worum es geht.

Liegt der Schlüssel für den Erfolg des Eratosthenes in dieser Geisteshaltung, bei der das Streben nach Erkenntnis losgelöst von jeglicher praktischen Nutzanwendung einen eigenen Wert hatte, bei der vielfach die Methode wichtiger war als das Ergebnis und die zum Aufstellen von Hypothesen – auch solchen, die auf falschen Annahmen beruhten – ermutigte? Das ist durchaus möglich. Die hellenistische Welt hätte schließlich keinen praktischen Nutzen daraus ziehen können, den Erdumfang zu kennen. Doch diese Einstellung war schon einige Jahrhunderte vor Eratosthenes entstanden. Und die Ergebnisse des Eratosthenes waren bemerkenswert *genau*, verglichen mit den Maßstäben des 20. Jahrhunderts. Hing sein Erfolg vielleicht mit dem erweiterten geistigen Horizont und der Vermischung des Wissens zahlreicher Kulturen zusammen, die Folge der Feldzüge Alexanders war? Das war sicherlich der Fall, doch wiederum war Eratosthenes nicht der einzige schöpferische Geist, dem dieses Erbe zugute kam. Auch war die Erkenntnis, daß die Erde nicht flach ist, ebensowenig neu wie die Idee, ihren Umfang zu berechnen. Zu Lebzeiten des Aristoteles hatte es Schätzungen gegeben. Doch es war Eratosthenes, der die Messung durchführte und zu einem richtigen Ergebnis kam – oder doch so nah an das richtige Ergebnis herankam, daß seine Berechnung uns noch heute beeindruckt –, wobei er einen Rechenweg anwandte, dessen Richtigkeit wir ohne weiteres anerkennen können.

Eratosthenes, »Sohn des Aglaos«, wurde nicht in Ägypten und auch nicht in Griechenland geboren, sondern in der antiken Stadt Kyrene, die westlich von Ägypten an der afrikanischen Mittelmeerküste lag. Einwohner von Kreta und Santorin hatten die Stadt rund 350 Jahre zuvor gegründet, und sie war zu einem der kulturellen Zentren der hellenistischen Welt geworden, wenngleich sie im Schatten des ptolemäischen Ägypten stand. Zu den Bürgern von Kyrene zählten Persönlichkeiten von Rang und Namen. Zu ihnen gehörte neben Eratosthenes Aristipp, der die Schule von Kyrene begründete. Er war ein Schüler des Sokrates. Seine Tochter Arete löste ihn als Leiter der Schule ab. Ihr Sohn Aristipp II. trat ihre Nachfolge an. Er trug den Beinamen Metrodidaktos, was »von der Mutter gelehrt« bedeutet.

Als Geburtsdatum des Eratosthenes wird allgemein das Jahr 284 v. Chr. angenommen. Seine Ausbildung erfuhr er zum größten Teil in Athen durch bedeutende Gelehrte der Neuen Akademie und des Lyzeums. Diese Schulen waren von Platon und Aristoteles begründet worden (zu Lebzeiten Platons hieß die Neue Akademie schlicht und einfach »die Akademie«), und wenn sich seither auch vieles geändert hatte bis zu der Zeit, als Eratosthenes dort weilte, war man dort in Sachen Bildung noch immer am besten aufgehoben.

Bis zur Jahrhundertmitte hatte Eratosthenes einige philosophische und literarische Werke geschrieben, die die Aufmerksamkeit von Ptolemäus III. Euergetes erregt hatten. Da es die fähigsten Köpfe zu der Zeit von Athen nach Alexandria zog, ging auch Eratosthenes um das Jahr 244 v. Chr. dorthin, um Mitglied des Museums und Erzieher des Prinzen Philopator zu werden. (Es gereicht Eratosthenes nicht zur Ehre, daß sein Schüler, der durchaus ein Förderer der Künste und der Gelehrsamkeit war, sich durch Ausschweifungen und Verbrechen einen Ruf erwarb, der dem Neros und Caligulas im späteren Rom um nichts nachstand.)

Nach einigen Jahren wurde Eratosthenes ein führendes Mitglied (»Alpha-Mitglied«) des Museums, und als der Oberbibliothekar starb, übernahm er dessen Posten – eine wirklich einmalige Position, in der man einen Überblick über all das hatte, was in der Welt des Geistes vor sich ging.

Seine Kollegen gaben Eratosthenes zwei Spitznamen: *pentathlos* und *beta*. Der Begriff *pentathlos* stammt aus der Leichtathletik und bezeichnete die Sportler, die am »Pentathlon« teilnahmen, der aus fünf Disziplinen bestand: Diskuswerfen, Sprung, Laufen, Ringen und entweder Boxen oder Speerwurf. Nun war Eratosthenes kein Athlet, und so bedeutete der Spitzname in seinem Fall »Hansdampf in allen Gassen«. *Beta* bedeutet »B« oder »Nummer zwei« oder »zweitrangig«. Beides zusammengenommen heißt dann »Hansdampf in allen Gassen und nirgendwo Meister«. Ob diese Beinamen freundlich oder abfällig gemeint waren, wissen wir nicht. Vermutlich aber abfällig. Es mutet schon seltsam an, wenn ein Mann, der in einer Ära unmittelbar nach der Platons und Aristoteles' lebte, die sich mit allen Wissensgebieten ihrer Zeit befaßt hatten, als »Hansdampf in allen Gassen« verspottet wurde. Möglich, daß sich das Wissen in dem Dreivierteljahrhundert zwischen dem Tod des Aristoteles und Eratosthenes' Ankunft in Alexandria stärker spezialisiert hatte und die Spezialisten nun auf die Nicht-Spezialisten herabsahen. Als Universalgelehrter war Eratosthenes natürlich ein Wissenschaftler der alten Schule, aber so war nun einmal seine Ausbildung gewesen, und wie hätte er sich so stark spezialisieren können, wenn er eine Bibliothek leitete, die *die* Sammlung aller Erkenntnisse und Ideen aus allen Fachgebieten schlechthin war, eine Stellung, in der es seine Aufgabe war, den Ptolemäern bei der Vergrößerung dieser Sammlung zu helfen. Eratosthenes wurde täglich mit neuen Ideen und Entdeckungen konfrontiert. Von modernen Gelehrten wird das Spektrum seines Wissens mit dem eines Aristoteles oder Leonardo da Vinci verglichen. Was auch immer es an Eratosthenes zu kritisieren gab – sein Eklektizismus schadete ihm nicht. »Beta« kennt man bis heute, während manche, die ihn so titulierten, längst vergessen sind.

Leider sind von den Werken des Eratosthenes nur Fragmente erhalten. Es ist noch nicht einmal sicher, daß alle ihm zugeschriebenen Fragmente tatsächlich von ihm stammen. Fast alles, was wir über ihn wissen, wissen wir von anderen. Soviel jedoch ist sicher: Die Vermessung der Erde und Eratosthenes' Motiv, sie vorzunehmen, beruhten auf seinen eklektischen und breitgespannten Kenntnissen und Interessen. Eratosthenes war ein Mann von Welt. Er lehnte es ab, die Menschen in Griechen und Barbaren zu unterteilen – eine eher kosmopolitische Einstellung, die von der Haltung der Griechen in früheren Jahrhunderten abwich, aber für die hellenistische Zeit nichts Ungewöhnliches war. Um einen modernen Begriff zu verwenden, könnte man durchaus von einer globalen Sichtweise sprechen. Eratosthenes dachte nicht nur so, sondern praktizierte diese Sichtweise auch, indem er Informationen über die Menschen, die Produkte und die Geographie entlegenster Gegenden sammelte. Er schrieb über die Geschichte der geographischen Ver-

messungen und erinnerte dabei an alte, bis auf Homer zurückgehende Vorstellungen über die Größe, Gestalt und Land-
verteilung der Erde. Tatsächlich leistete er nichts Geringeres, als
das gesamte geographische Wissen seiner Zeit zusammenzufassen.

Dieses Material hatte im Laufe der Jahrhunderte, in denen es
sich angesammelt hatte, die unterschiedlichsten Formen angenommen. Es stammte von Kaufleuten, Forschern und Reisen-
den, aber auch von Mathematikern und Philosophen, und es
reichte von phantastischen Erzählungen bis hin zu sachlichen
Berichten, von Spekulationen bis zu Messungen und Schätzungen, die auf Annahmen beruhten, die Eratosthenes vermutlich
als zweifelhaft einstufte. Zu den verläßlicheren Quellen gehörten Augenzeugenberichte von den Feldzügen Alexanders des
Großen und die Messungen und Aufzeichnungen über die bei
diesen Märschen zurückgelegten Entfernungen. Es gab Reise-
berichte von küstennahen Fahrten und damit zusammenhängende Land- und Seekarten. Von Timosthenes, dem Admiral der
ptolemäischen Flotte, der auch die Winde studierte, gab es eine
Abhandlung über Häfen. Es gab ein Buch *Über den Ozean* von
Pytheas, dem Kapitän eines Handelsschiffes, der um 320 v. Chr.
an der Küste Spaniens und Frankreichs entlang nach Norden
segelte und Cornwall erreichte, um von dort aus über die
Orkney- und Shetland-Inseln bis in Breiten nahe der Mitter-
nachtssonne vorzustoßen. Pytheas nahm während der ganzen
Fahrt Peilungen vor und hielt sie in seinem Buch fest. Doch dieses Buch enthält auch beschreibende Passagen:

> Es zeigten uns die Barbaren, wo die Sonne schläft, dort belief
> sich die Länge der Nacht auf zwei bis drei Stunden, so daß
> es kurz nach Sonnenuntergang wieder Tag wurde.

Obwohl Eratosthenes die Berichte des Pytheas fast so phanta-
stisch vorgekommen sein müssen wie die des Homer, nahm er
sie ernst, anders als viele andere Gelehrte, die ihnen mit Gering-
schätzung und Unglauben begegneten. Da Eratosthenes im hellenistischen Ägypten lebte, dürften ihm auch die jahrhunder-

tealten und erstaunlich genauen geographischen Berechnungen der alten Ägypter bekannt gewesen sein.

Seine Kenntnisse der Längen- und Breitengrade waren besser als die all seiner Vorläufer und Zeitgenossen. Seine Vorgänger hatten Landkarten in Zonen unterteilt. Er führte diese Arbeit weiter, indem er eine Karte verbesserte, die rund 25 Jahre vor seiner Geburt von einem Mann namens Dikaiarchos von Messene entwickelt worden war. Dikaiarchos hatte die damals bekannte Welt mittels zweier einander schneidender Geraden (oder Bänder) unterteilt, von denen die eine in Ost-West-, die andere in Nord-Süd-Richtung verlief. Auf der überarbeiteten Karte des Eratosthenes kreuzten sich die beiden Geraden bei Rhodos, ein wenig östlich von dem Punkt, an dem sich die beiden Geraden bei Dikaiarchos getroffen hatten. Die horizontale Gerade lief bei Gibraltar vorbei, welches damals »Die Säulen des Herkules« hieß, durchquerte das Mittelmeer und folgte dann dem Verlauf des Taurus-Gebirges im Süden der heutigen Türkei (der türkische Name ist Toros Daglari). Diese Gerade verläuft in auffälliger Nähe zum 37. Breitengrad, eine beeindruckende Leistung, wenn man bedenkt, daß den Menschen damals nicht das mathematische und astronomische Wissen zu Gebote stand, das später in die Kartographie Eingang finden sollte. Breitengrade konnte man damals noch nicht sehr genau bestimmen, und Längengrade zu bestimmen war praktisch unmöglich (was sich bei Eratosthenes' Vermessung der Erde als ein Problem erweisen sollte). Auf der Karte des Eratosthenes folgte die vertikale Gerade dem Nil und führte damit nicht ganz nach Rhodos weiter, so wie es auf modernen Karten eingezeichnet ist. Er führte zusätzlich sechs Geraden ein, die senkrecht in bestimmten Abständen zwischen den westlichen und östlichen Grenzen der bewohnten Welt gezogen wurden, und auch waagerecht zeichnete er sechs weitere Geraden zwischen deren nördlicher und südlicher Grenze ein, und er ermittelte und vermaß geographische Zonen, welche die Welt in horizontaler Richtung in die tropische Region, die gemäßigte Region und die Polarkreise unterteilten.

Eratosthenes war zugleich auf dem neusten Stand der Geometrie, dank der profunden Grundlagen, die Euklid rund 25 Jahre vor Eratosthenes' Geburt geliefert hatte, wie auch dank seiner Verbindung zu Archimedes, der einer der überragenden schöpferischen Geister war, welche die griechische und hellenistische Zivilisation hervorgebracht hat, und zugleich einer der größten Exzentriker der Geschichte. Fast jeder hat in der Schule die Geschichte von Archimedes gehört, der im Bad ein mathematisches Problem löste, aus dem Wasser sprang und mit dem Ruf »Heureka!« nackt durch die Straßen rannte. Dieser leidenschaftliche Mathematiker verlor schließlich sein Leben, als römische Soldaten Syrakus eroberten. Wie es heißt, war Archimedes dabei, eine mathematische Figur in den Sand zu zeichnen, als ein römischer Soldat (der den Befehl seiner Vorgesetzten, diesen berühmten alten Mann zu schonen, überhört hatte) ihn aufforderte, seine Sachen zu packen und sich zu entfernen. Archimedes war so unklug, dem Soldaten zu sagen, er möge ihn nicht beim Nachdenken stören.

Die hellenistische Welt verehrte Archimedes als Erfinder (obwohl er selbst die praktischen Errungenschaften als nicht erwähnenswert abtat) und als einen Mann, der auch in Kriegszeiten sehr nützlich war. Er soll eine ganze römische Flotte mit Hilfe von Hohlspiegeln vernichtet haben. Das Mittelalter sah in ihm einen Ingenieur und ein mathematisches Genie und schrieb ihm die Erfindung des sogenannten Archimedischen Stabes zu. Es handelte sich dabei um einen Stock, auf dem eine kleine, flache Scheibe verschoben werden konnte. Der Beobachter richtete den Stock auf die Sonne und verschob die Scheibe, bis sie die Sonne zu verdecken schien, und aus dem auf einer Skala vermerkten Abstand zwischen Scheibe und Auge konnte dann der Durchmesser der Sonne abgeleitet werden.

In modernen Geschichts- und Mathematikbüchern wird Archimedes als ein brillanter Mathematiker und Geometer beschrieben, der maßgeblich zur Berechnung des Kreises und der Kugel beigetragen hat. Archimedes stand regelmäßig mit Eratosthenes in Verbindung, übermittelte ihm seine Entdeckungen und Methoden und widmete ihm sein bedeutendstes Werk, *Die Methode*. Der hat es sicher begrüßt, in Archimedes einen fast ebenso eklektischen Gelehrten zu kennen.

Eratosthenes versuchte, neue geistige Horizonte zu erobern. War es da nicht folgerichtig, wenn er nicht nur zu wissen begehrte, was jenseits dieser Horizonte war, sondern auch, wie weit »jenseits« war? Es entsprach seiner Neigung, die Dinge zu kartieren und geographisch zu systematisieren. Mußte es ihn nicht ungemein reizen, die Ausdehnung der gesamten Erde zu kennen? Wäre es nicht erstaunlich, wenn sich tatsächlich herausstellen sollte, daß die Erde, wie Aristoteles vermutet hatte, »eine Kugel von geringer Größe« ist? Eratosthenes kannte frühere Versuche, die Erde zu vermessen beziehungsweise ihren Umfang abzuschätzen. Da war es sicher für ihn naheliegend, sich selbst an diese Aufgabe zu machen und dabei die neuere Geometrie von Euklid und Archimedes zugrunde zu legen.

Hier muß noch ein weiterer Umstand erwähnt werden, ein trivialer Sachverhalt, ohne den jedoch die erfolgreiche Messung des Erdumfangs durch Eratosthenes nicht möglich gewesen wäre. Vielleicht war es ja ein Zufall, daß eine so unscheinbare, aber wertvolle Information gerade dem Mann zu Ohren kam, der begriff, was sie bedeutete und was man mit ihr anfangen konnte. Allerdings hatte der Umstand, daß ihn diese Nachricht erreichte, durchaus etwas mit dem erweiterten geistigen Horizont der Zeit zu tun, mit der verbesserten Kommunikation mit fernen Gegenden, mit der Tatsache, daß Eratosthenes in Nordafrika lebte, und mit seiner Gewohnheit, Augen und Ohren offenzuhalten, um über alles und jedes informiert zu sein. Er war tatsächlich zur rechten Zeit am rechten Ort. Und er war der richtige Mann. Wahrscheinlich hätte kein anderer als er dieser kleinen Nachricht Beachtung geschenkt und ihren Wert erkannt:

In Syene (in der Nähe des heutigen Assuan) drang am Tag der Sommersonnenwende ein Sonnenstrahl direkt bis auf den Grund eines Brunnens.

Für Eratosthenes war das durchaus keine triviale Information. Sie bedeutete, daß die Sonne nicht schräg, sondern senkrecht über Syene stand, und er erkannte, daß Syene folglich auf dem Wendekreis lag. Ein Stock, den man in Syene am Tag der Sommersonnenwende um zwölf Uhr mittags senkrecht in den Boden steckte, würde keinen Schatten werfen, wohl aber ein Stock,

Abbildung 1.1

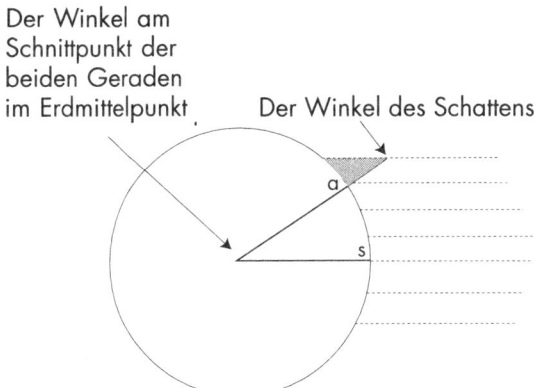

Der Winkel am
Schnittpunkt der
beiden Geraden
im Erdmittelpunkt

Der Winkel des Schattens

Die Sonnenstrahlen fallen parallel auf die Erde. Zieht man daher von Alexandria (a), wo der Stock einen Schatten wirft, sowie von Syene (s), wo er keinen Schatten wirft, jeweils eine Gerade zum Erdmittelpunkt, ist der Winkel am Schnittpunkt der beiden Geraden derselbe wie der Winkel des Schattens in Alexandria.

den man in Alexandria aufstellte (das nach seiner Meinung auf demselben Längengrad lag). Also steckte er am Tag der Sommersonnenwende in Alexandria einen Stock in die Erde und maß den Winkel des Schattens, als dieser am kürzesten war.

Abbildung 1.1 zeigt den Stock in Alexandria und seinen Schatten; man erkennt, was mit »Winkel des Schattens« gemeint ist. Dies muß zugleich der dem Kreisbogen Syene-Alexandria gegenüberliegende Winkel im Erdmittelpunkt sein. Einfacher ausgedrückt: Wenn wir von dem mit Alexandria markierten Punkt (wo der Stock einen Schatten wirft) eine Gerade zum Erdmittelpunkt ziehen und von dem mit Syene markierten Punkt (wo der Stock keinen Schatten wirft) eine zweite Gerade ebenfalls zum Erdmittelpunkt, dann treffen sich diese Geraden natürlich im Erdmittelpunkt. Wir wollen nun wissen, welchen Winkel diese beiden Geraden in ihrem Schnittpunkt bilden. Aus der Geometrie wissen wir (und das wußte auch Era-

29

tosthenes), daß der Winkel im Erdmittelpunkt und der Winkel des Schattens in Alexandria gleich groß sind.

Abbildung 1.2 illustriert die Messung des Eratosthenes.

Er ermittelte, daß der Winkel des Schattens in Alexandria 7 1/5° betrug, und so wußte er, daß der Winkel zwischen den »Syene-Alexandria-Geraden« (die sich im Erdmittelpunkt schneiden) ebenfalls 7 1/5° betrug. Der Kreis hat 360°, und man kann leicht ausrechnen, wie viele Syene-Alexandria-Winkel von 7 1/5° in 360° enthalten sind. Stellen Sie sich den Querschnitt der Erde als einen Kuchen vor, aus dem die von Syene und Alexandria kommenden Geraden ein Stück herausschneiden. Wie viele solche Stücke lassen sich aus dem Kuchen herausschneiden? Teilen wir 360 durch 7 1/5, ergeben sich 50 Stücke. Wenn wir nun (mit Eratosthenes) sagen, daß die Entfernung zwischen Syene und Alexandria auf der Erdoberfläche (am Rand des Kuchens) »5000 Stadien« beträgt, und 5000 mit 50 multiplizieren, ergibt sich, daß der Erdumfang 250 000 Stadien beträgt. Bei einer erneuten Berechnung kam Eratosthenes auf 252 000 Stadien.

Was für eine eigenartige Maßeinheit ist »das Stadium«? Diese Frage weist auf ein Problem bei der Bewertung von Eratosthenes' Ergebnis hin. Ob dieses Ergebnis mit modernen Berechnungen des Erdumfangs übereinstimmt oder nicht, hängt davon ab, wie lang ein »Stadium« war, und das wissen wir nicht genau. Falls es 157,5 Meter betrug, kam Eratosthenes auf einen Erdumfang von 39 690 Kilometern. Das stimmt recht gut mit der modernen Berechnung überein: 40 009 Kilometer über die Pole und 40 079 Kilometer um den Äquator. Nachdem er den Umfang berechnet hatte, ermittelte Eratosthenes den Durchmesser der Erde mit 12 631 Kilometern, was dem heutigen Mittelwert (12 740 Kilometer) sehr nahekommt.

Ein Stadium kann aber auch als 1/8 oder 1/10 einer römischen Meile berechnet werden. Dann wäre Eratosthenes' Ergebnis zu hoch ausgefallen. Es gab noch ein kleines Problem. Eratosthenes nahm an, Syene liege auf demselben Längengrad wie Alexandria, und das stimmt nicht.

Abbildung 1.2

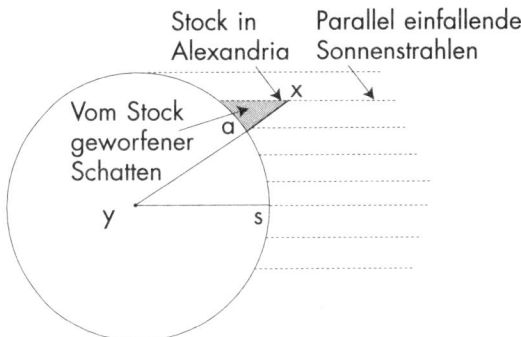

Aus der Tatsache, daß das Sonnenlicht in Syene (s) direkt bis auf den Grund des Brunnens drang, folgerte Eratosthenes, daß die Sonne dort senkrecht über der Erde stand. In Alexandria, wo die Sonne nicht senkrecht über der Erde stand, stellte er einen Stock auf und maß den Winkel (x) des Schattens, den der Stock warf. Da die Sonnenstrahlen parallel auf die Erde treffen, mußte der Winkel (y) an der Stelle, wo sich die zwei von Alexandria beziehungsweise Syene senkrecht zum Erdmittelpunkt gezogenen Geraden schneiden, derselbe sein wie der Winkel des von dem Stock geworfenen Schattens (x). Lag Syene südlich von Alexandria, mußte die Entfernung zwischen Syene und Alexandria genau denselben Bruchteil vom Erdumfang ausmachen, den der Winkel bei x oder y von 360° ausmacht.

Das zu kritisieren wäre kleinlich! Doch wir brauchen Eratosthenes nicht zu rechtfertigen. Zum einen kam er den heutigen Meßergebnissen erstaunlich nahe. Zum anderen war er wohl, bei all seinem innovativen Denken, so sehr ein Kind seiner Zeit, daß er die schwierige Frage, wie dieses Problem elegant geometrisch zu lösen sei, mindestens so spannend fand wie das Meßergebnis selbst. Die Methode ist ausgeklügelt, und sie ist einwandfrei. Zwar ist das Ergebnis ein wenig unklar, weil über die Länge eines Stadiums keine Einigkeit besteht und der Längengrad sich nicht genau bestimmen ließ, aber dennoch sollten wir anerkennen, daß dies eine glanzvolle Leistung war und die Erkenntnis, daß und wie sie zu schaffen war, einen gewaltigen geistigen Fortschritt darstellte.

Eratosthenes beschränkte sich bei seinen Berechnungen nicht nur auf die Erde; er beschäftigte sich auch mit der Astronomie. Bei der Bemessung der Entfernung zur Sonne und zum Mond war ihm sicherlich bewußt, daß ihm diesmal keine hilfreichen Informationen wie die über den Brunnen in Syene zur Verfügung standen. Trotzdem machte er sich an die Arbeit, allerdings längst nicht so erfolgreich wie bei der Bestimmung des Erdumfangs.

Auch ein anderer hellenistischer Gelehrter, Aristarch von Samos, versuchte, die Entfernung der Erde zum Mond und zur Sonne zu messen. Über ihn selbst wissen wir wenig. Er lebte von etwa 310 bis 230 v. Chr. und war somit schon ein erwachsener Mann, als Eratosthenes geboren wurde. Zu Aristarchs Lebzeiten stand die Insel Samos unter ptolemäischer Herrschaft; es ist daher gut möglich, daß auch er in Alexandria gelebt und gearbeitet hat. Archimedes waren seine Werke auf jeden Fall bekannt.

Das einzige schriftliche Werk von Aristarch, das erhalten geblieben ist, ist ein Büchlein mit dem Titel *Über die Größen und Entfernungen der Sonne und des Mondes*. Darin beschreibt er, wie er vorging, um diese Maße zu ermitteln, und welche Resultate er erhielt.

Das Buch beginnt mit sechs Hypothesen:

1. Der Mond erhält sein Licht von der Sonne.
2. Die Bahn des Mondes beschreibt eine Kugel, und im Mittelpunkt dieser Kugel befindet sich die Erde.
3. Bei Halbmond blicken wir entlang dem Kreis, der die dunkle von der hellen Region des Mondes trennt. (Wir sehen den Schatten also vom Rand her.)
4. Bei Halbmond beträgt der Winkel, den die Erde mit Sonne und Mond bildet, 87° (wie in Abbildung 1.3 annähernd dargestellt).
5. Die Breite des Erdschattens (an der Stelle, an der der Mond ihn während einer Mondfinsternis durchläuft) entspricht der Breite von zwei Monden.
6. Der Teil des Himmels, den der Mond verdeckt, hat die Größe von 1/15 eines Tierkreiszeichens.

Abbildung 1.3

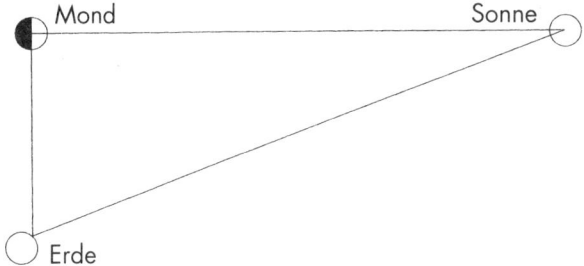

Aristarchs Messung der relativen Entfernung zum Mond und zur Sonne: Bei Halbmond muß der Winkel am Mond (in diesem Dreieck) gleich 90° sein. Mißt man den Winkel auf der Erde, hat man das Verhältnis der Strecke von der Erde zum Mond zur Strecke von der Erde zur Sonne, anders gesagt, das Verhältnis der Entfernung des Mondes zur Entfernung der Sonne.

Aristarchs vierte und sechste Hypothese sind alles andere als genau. Der Winkel der Erde in Aristarchs Dreieck beträgt in Wirklichkeit nicht 87°, sondern 89° 52′, und das sind beinahe 90°. Der Winkel des Mondes beträgt exakt 90°. Die Strecken Mond-Sonne und Erde-Sonne verlaufen daher beinahe parallel, so daß sich kein Dreieck mehr ergäbe. Der Teil des Tierkreiszeichens, den der Mond verdeckt, beträgt nicht 1/15, und es ist unverständlich, warum Aristarch, der dies aus Beobachtungen gewußt haben muß, diesen Wert gewählt hat.

Aristarchs Ergebnisse entsprechen nicht unseren heutigen Messungen. Nach seiner Berechnung beträgt die Entfernung zur Sonne etwa das 19fache der Entfernung zum Mond, und die Sonne ist 19mal so groß wie der Mond. Nach moderner Berechnung beträgt das Verhältnis zwischen diesen Entfernungen 400 zu 1. Mit den Instrumenten, die Aristarch zur Verfügung standen, waren die Messungen äußerst schwierig. Es ist kein einfaches Unterfangen, den Mittelpunkt der Sonne und des Mondes oder den Zeitpunkt, wann der Mond ein Halbmond ist, genau zu bestimmen. Vielleicht wählte Aristarch einen so kleinen Winkel, um zu einem glaubwürdigen Verhältnis zu gelangen. In der Antike und im Mittelalter wurde das Verhältnis zwischen der Entfernung von der Erde zur Sonne und der zum Mond nicht in der richtigen Größenordnung gesehen.

Aristarch bestimmte nicht nur das relative Verhältnis, sondern entwickelte Methoden, um davon Zahlenwerte für die Entfernungen zur Sonne und zum Mond sowie für den Durchmesser der beiden Himmelskörper abzuleiten. Er erkannte, daß die scheinbare Größe von Mond und Sonne (also die Größe, in der sie von der Erde aus erscheinen) etwa gleich ist. Bei einer Sonnenfinsternis verdeckt der Mond die Sonne fast zur Gänze. Fachmännisch ausgedrückt: Beide haben annähernd die gleiche »Winkelgröße«. Diese Größe gibt an, welche Fläche des Himmels ein Körper »verdeckt«; sie wird in »Bogengrad« gemessen (für eine nähere Erläuterung dieser Begriffe siehe Abbildung 4.4). Die beiden Körper müssen also nicht wirklich gleich groß sein, denn wie groß sie von der Erde aus erscheinen, hängt auch von ihrer Entfernung ab (siehe Abbildung 1.4a). Aristarch vermutete, daß die Sonne sehr viel größer ist als die Erde und daß der Schatten, den die Erde wirft, etwa die gleiche Winkelgröße hat wie die Sonne und der Mond, nämlich 1/2 Bogengrad (siehe Abbildung 1.4b).

Seine fünfte oben genannte Hypothese – die Breite des Erdschattens (an der Stelle, an der der Mond ihn während einer Mondfinsternis durchläuft) entspricht der Breite von zwei Monden – stellte Aristarch auf, als er eine Mondfinsternis von maximaler Dauer beobachtete, also eine solche, bei der der Mond genau den Mittelpunkt des Erdschattens durchläuft. Er maß die Zeit von dem Augenblick, als der Mond den Rand des Erdschattens erreichte, bis zum Augenblick, als er vollständig verdeckt war. Diese Zeitspanne war, wie er feststellte, mit der identisch, in der der Mond völlig verdeckt war. Daraus folgerte Aristarch, daß die Breite des Erdschattens dort, wo der Mond ihn durchläuft, ungefähr das Zweifache des Durchmessers des Mondes beträgt (Abbildung 1.4c). Wenn, wie er annahm, der Winkel, der an der Spitze des Erdschattens gebildet wurde, der gleiche war wie die Winkelgröße des Mondes, gab es für die

Abbildung 1.4

a) Überraschenderweise scheinen diese drei Körper von der Erde aus gesehen alle dieselbe Größe zu haben. Was wir aber von einem Himmelskörper wie dem Mond oder der Sonne sehen, ist die »Winkelgröße«, nicht die tatsächliche Größe. Ob er klein und nah oder groß und weit entfernt ist, die Winkelgröße bleibt dieselbe. Aristarch sah, daß Mond und Sonne annähernd dieselbe Winkelgröße haben, also von der Erde aus gleich groß zu sein scheinen, aber er wußte, daß sie nicht dieselbe tatsächliche Größe haben.

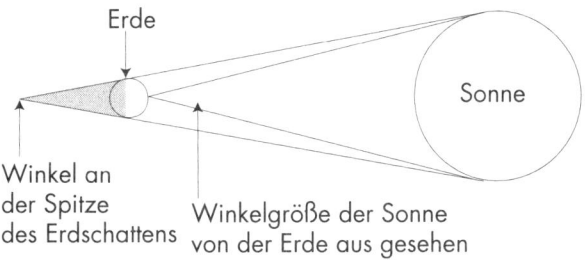

b) Aristarch nahm an, daß die Sonne sehr viel größer ist als die Erde. Wenn das stimmt, ist der Winkel an der Spitze des Erdschattens annähernd gleich der Winkelgröße der Sonne von der Erde aus gesehen.

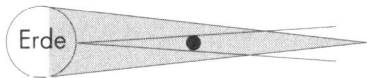

c) Aus der Beobachtung einer Mondfinsternis folgerte Aristarch, daß der Erdschatten dort, wo der Mond ihn durchläuft, annähernd doppelt so breit ist wie der Durchmesser des Mondes. Er kannte den Winkel an der Spitze des Erdschattens und die Winkelgröße des Mondes. Es gab nur eine bestimmte Entfernung, bei der der Mond die Hälfte der Fläche des Schattens einnehmen konnte.

Anmerkung: Diese Zeichnungen sind nicht maßstabsgerecht.

Entfernung des Mondes nur einen Wert, bei dem dieser die halbe Fläche des Erdschattens einnahm.

Aristarch folgerte daraus, daß der Mond ein Viertel so groß ist wie die Erde und daß die Entfernung zum Mond etwa das 60fache des Erdradius beträgt. Beide Werte kommen den heute bekannten Meßergebnissen nahe. Auf der Grundlage von Eratosthenes' Berechnung des Erdradius ermittelte Aristarch die Entfernung von der Erde zum Mond in Stadien. Bei dem Versuch, die Entfernung zur Sonne zu bestimmen, hatte er weniger Erfolg. Seine erste Berechnung, der zufolge die Entfernung zur Sonne das 19fache der Entfernung zum Mond beträgt, war falsch. Der zweite Versuch, den er unternahm, war zwar genial und in der Vorgehensweise richtig, setzte aber voraus, daß die zeitliche Dauer der einzelnen Mondphasen mit einer damals nicht zu erreichenden Genauigkeit gemessen werden könnte.

Es war eine andere Idee Aristarchs, die ihm seinen Platz in den Annalen der Astronomie sicherte. Man fröstelt förmlich angesichts dieser prophetischen Vision. Aristarch vermutete nämlich schon 17 Jahrhunderte vor Kopernikus, daß die Erde nicht der ruhende Mittelpunkt der Welt ist, sondern um die Sonne kreist und daß das Universum um ein Vielfaches größer ist, als man seinerzeit glaubte – vielleicht sogar unendlich groß.

Seit Jahrhunderten hatte man angenommen, daß die Erde der Mittelpunkt des Alls sei. Das herrschende Bild vom Kosmos bestand aus einer Reihe konzentrischer, ineinanderliegender Sphären, deren Zentrum die unbewegliche Erde bildete (siehe Abbildung 1.5).

Platon und sein jüngerer Zeitgenosse Eudoxos von Knidos hatten dieses Modell eingeführt, und Aristoteles' Modell des Universums war eine Weiterentwicklung desselben, wobei Aristoteles allerdings im Hinblick auf die Zahl und die Natur der Sphären von Eudoxos abwich. Es wäre jedoch falsch zu glauben, die Erde sei seit Anbeginn menschlichen Denkens als unbewegliches Zentrum des Universums angesehen worden. Überwiegend aus Gründen der Religion und der symbolischen Stimmigkeit hatten einige pythagoreische Denker im fünften vorchristlichen Jahrhundert bestimmt, daß die Erde ein Planet

Abbildung 1.5

Erde
Mond
Merkur
Venus
Sonne
Mars
Jupiter
Saturn
Sterne

ist und daß der Mittelpunkt des Universums ein unsichtbares Feuer sein müsse. Herakleides Pontikos, ein Mitglied von Platons Akademie, war der Ansicht, der tägliche Auf- und Untergang aller Himmelskörper ließe sich dadurch erklären, daß die Erde sich binnen 24 Stunden einmal um ihre Achse drehe.

Aristarch ging noch weiter. Wir wissen von seiner Theorie eines heliozentrischen Kosmos zwar nur aus zweiter Hand, doch wird von niemandem bestritten, daß er der Urheber der Idee ist, weil es eine Fülle von Sekundärquellen dafür gibt. So heißt es bei Archimedes:

Aristarch hat eine Schrift mit gewissen Hypothesen herausgebracht, aus denen als Konsequenz der gemachten Annahmen hervorgeht, daß das Universum viele Male größer ist als das gerade erwähnte (traditionell angenommene) Univer-

37

sum. Seine Annahmen lauten, daß die Fixsterne und die Sonne unbewegt sind, daß die Erde in einer Kreisbahn um die Sonne läuft, daß die Sonne in der Mitte der Umlaufbahn ruht und daß die Fixsternschale, deren Zentrum mit dem der Sonne zusammenfällt, so groß ist, daß die Kreisbahn, die er für die Erde annimmt, sich zur Entfernung der Fixsterne verhält wie der Mittelpunkt einer Kugel zu ihrer Oberfläche.

Aristarch hatte nichts Geringeres geleistet, als den Mittelpunkt des Kosmos in die Sonne zu verlegen. Durch diese erstaunliche Wende wandert die Erde um die Sonne, und statt der Umwälzung der Himmel, die die Sphäre der Fixsterne alle 24 Stunden vollführt, ist es die Erde, die sich dreht, die um ihre Achse rotiert, wie auch von Herakleides vermutet worden war. Und die Sterne sind sehr, sehr weit entfernt. Gemeint ist: unendlich weit.

Hat Aristarch auch geahnt, daß die anderen Planeten um die Sonne wandern? Es wäre eigentlich der nächstliegende logische Schritt, aber es gibt dafür keinen historischen Beleg. Jedenfalls dürfte er kaum die enorme Bedeutung seines Modells verstanden haben, eines Modells, mit dem man auf Anhieb die Positionen und Bewegungen der Planeten weit einfacher zu erklären vermag als mit einem Modell, das die Erde zum Mittelpunkt hat. Aus den überlieferten Quellen geht nicht hervor, ob Aristarch selbst zu der Auffassung neigte, daß die Erde um die Sonne kreist, oder ob er sie nur als Diskussionsgrundlage vortrug, im Sinne von: »Nehmen wir einmal an, es wäre so.« Weshalb wurde diese revolutionäre Vermutung gerade zu dieser Zeit und an diesem Ort angestellt? Vielleicht war es einfach das geistige Umfeld, das das Aufstellen von Vermutungen und Hypothesen begünstigte – auch von Hypothesen, von denen man wußte, daß ihre Grundannahmen falsch waren, und die somit keinerlei Wahrheitsanspruch erhoben –, um von ihnen ausgehend einer interessanten Fragestellung nachzugehen. Wir müssen übrigens bei Aristarch nicht nur fragen, warum diese Idee zu diesem Zeitpunkt aufkam, sondern auch, warum sie von vornherein eine Totgeburt war. Seleukos von Seleukeia, ein chaldäischer oder babylonischer Astronom (Seleukeia lag am Tigris) des zweiten vorchristlichen Jahrhunderts, nahm Aristarchs Idee ernst, statt sie nur als Hypothese abzutun. Seleukos war überzeugt, daß Aristarch recht hatte. Doch die übrige antike Welt teilte seine Ansicht nicht – und die Antike war, was die Astronomie betrifft, durchaus kein dunkles Zeitalter. Diese Ablehnung läßt sich nur zum Teil auf eine Ideologie zurückführen, die die Erde und den Menschen als Mittelpunkt des Alls sehen wollte.

Wenn man den überlieferten Quellen trauen kann, fand Aristarchs Idee praktisch kein öffentliches Echo. Wahrscheinlich erregte sie deshalb keine Aufmerksamkeit, weil sie für das allgemeine Weltverständnis zu abgehoben war. Der Stoiker Kleanthes (die Stoiker waren angeblich schwach in Naturwissenschaft und sogar »wissenschaftsfeindlich«) soll dem Historiker Plutarch zufolge gefordert haben, Aristarch von Samos wegen Gottlosigkeit anzuklagen, weil er den »Herd des Kosmos« in *Bewegung* versetzt habe. Es ist nicht bekannt, daß jemand den Rat des Kleanthes befolgt hätte. Einige Philosophen schalten Aristarch, er habe sich unerlaubt auf ein Wissensgebiet gewagt, das ausschließlich ihre Domäne sei, und es gab Vorwürfe, er untergrabe die Kunst der Weissagung.

Für die Astronomen zählte vor allem, daß die ungeheuren Entfernungen zu den Sternen, die sich aus Aristarchs Modell ergaben, durch keinerlei Beobachtung gestützt wurden. Umgekehrt gab es tatsächlich Beobachtungen und physikalische Beweise, die gegen seine heliozentrische Ordnung sprachen:

1. Falls die Erde um die Sonne kreist, sollte man auf der Erde beobachten können, daß die Positionen der Sterne sich relativ zueinander ändern, wenn wir sie von unterschiedlichen Punkten auf der Umlaufbahn der Erde aus betrachten. Solche Veränderungen hatte aber niemand beobachtet (und mit dem damals verfügbaren Instrumentarium auch nicht beobachten können). Aristarch erkannte, daß dieser Einwand nicht stichhaltig war, wenn die Sterne nur weit genug entfernt wären. Deshalb seine Behauptung, sie seien tatsächlich sehr

weit entfernt, vielleicht sogar unendlich weit. Erst Mitte des 19. Jahrhunderts wurde durch Beobachtungen bestätigt, daß sich die Positionen der Sterne relativ zueinander während der Umlaufbewegung der Erde durchaus verändern, daß es eine »parallaktische Verschiebung der Sterne« gibt.

2. Falls die Erde sich um ihre Achse dreht, ja, falls sie sich überhaupt bewegt, sollte sich dies merklich darauf auswirken, wie Objekte sich durch die Luft bewegen. Den Astronomen der Antike war klar: Sollte sich die Erde wirklich in 24 Stunden einmal um ihre Achse drehen, müßte sich jeder Punkt auf ihrer Oberfläche mit sehr großer Geschwindigkeit bewegen. Wie konnten dann Wolken oder in die Luft geworfene Gegenstände gegen diese Bewegung ankommen? Wie konnten sie sich jemals ostwärts bewegen? Auch wenn nicht nur die Erde, sondern auch die Lufthülle um die Erdachse rotierte, müßte sich bei Festkörpern, die sich durch die Luft bewegen, ein gewisser Einfluß der Erdrotation bemerkbar machen.

3. Jeder weiß, daß schwere Gegenstände dem Erdmittelpunkt zustreben. Falls dieses Gesetz für alle schweren Gegenstände im Universum gilt, muß der Erdmittelpunkt auch für diese Objekte der Schwerpunkt sein. Außerdem kommt ein schwerer Gegenstand zur Ruhe, wenn er den Ort erreicht hat, zu dem seine natürliche Bewegung ihn streben läßt. Wendet man dies auf die Erde an, kommt man unausweichlich zu dem Schluß, daß sich die Erde im Mittelpunkt des Universums im Ruhezustand befinden muß und daß sie nicht bewegt werden kann außer durch eine Kraft, die stark genug ist, ihre natürliche Ruheposition zu überwinden. Diese Schlußfolgerung beruhte auf Aristoteles' Konzept von »natürlichen« Orten und »natürlichen« Bewegungen. Man kann sie eher nachvollziehen, wenn man weiß, daß für Aristoteles alles jenseits des Mondes aus Äther bestand, der »weder schwer noch leicht« ist.

4. Das heliozentrische Modell trug nichts zur Lösung eines Problems bei, mit dem die Astronomen lange gerungen hatten: die ungleiche Länge der vier Jahreszeiten, die von den zwei Sonnenwenden und Tagundnachtgleichen begrenzt werden.

Zu behaupten, Aristarchs heliozentrisches Modell sei wegen der Ignoranz und Engstirnigkeit seiner Zeitgenossen unterdrückt worden, wäre diesen gegenüber ungerecht und unzutreffend. Tatsächlich aber hatte Aristarch nur etwas genial erraten, was wir heute mit Bestimmtheit wissen. Er stützte sich auf keinerlei Beobachtung, die sein Modell gegenüber dem traditionellen Bild des Universums – dem seit Jahrhunderten geltenden geozentrischen Weltbild – hätte durchsetzen können. Der Astronom Claudius Ptolemäus hatte dieses Modell vier Jahrhunderte nach Aristarchs Tod zu höchster Perfektion gebracht. Basierend auf der Annahme, daß die Erde den Mittelpunkt bildet, erklärte Ptolemäus' Modell die Bewegung der Planeten auf glänzende Weise und löste so die damaligen Probleme der Astronomie besser, als Aristoteles' Modell es konnte. Aristarchs Idee war ein Samen, der allzu früh gesät wurde und deshalb nicht keimen und Wurzeln schlagen konnte. Ptolemäus' geozentrische Astronomie sollte bis ins 16. Jahrhundert n. Chr. das Bild vom Kosmos beherrschen.

Das heißt nicht, daß die Erforschung der Himmelserscheinungen im Alterum keine Fortschritte gemacht hätte.

Hipparch von Nizäa, der im zweiten vorchristlichen Jahrhundert lebte, war einer der fähigsten Astronomen, die die Welt je gesehen hat, und er schaffte die Grundlagen für viele spätere Entwicklungen. Ihm stand eine unschätzbar wertvolle Sammlung babylonischer astronomischer Aufzeichnungen – eine Hinterlassenschaft von Alexanders Eroberungen – zur Verfügung, und er nutzte sie intensiv für seine eigenen astronomischen Forschungen, indem er die über Jahrhunderte hinweg notierten Positionen und Muster von Sternen und Planeten sorgfältig mit den von ihm selbst beobachteten verglich. Hipparch suchte, wie vor ihm Aristarch und Eratosthenes, nach einer Möglichkeit, die Entfernung und Größe von Sonne und Mond zu berechnen. Unter den Hinterlassenschaften der Babylonier waren Aufzeichnungen über Sonnen- und Mondfinsternisse aus mehreren Jahrhunderten. Er machte sich außerdem eine neue Überlegung zunutze: Wenn wir uns auf der Erdoberfläche von einem Punkt zum anderen bewegen, gibt es keine erkennbare Veränderung in der Position der Sonne gegenüber dem Sternenhintergrund, wissenschaftlich ausgedrückt, es gibt keine »parallaktische Verschiebung der Sonne«. Hipparch ging von der Annahme aus, daß Beobachter auf der Erde die Sonnenparallaxe nicht sehen konnten, weil sie zu gering war, um vom menschlichen Auge wahrgenommen zu werden, doch war ihm dabei, verglichen mit modernen Berechnungen, wenig Erfolg beschieden.

Zu einer seiner beeindruckendsten Leistungen gelangte Hipparch durch den Vergleich seiner Beobachtungen mit solchen, die 160 Jahre früher gemacht worden waren: Er entdeckte, daß sich die relative Position der Äquinoktialpunkte und der Fixsterne verändert. Das bedeutet: Wenn wir am Abend der Frühlings-Tagundnachtgleiche die Sterne betrachten und ihren Stand einige Jahre später wieder am gleichen Ort und zur gleichen Zeit überprüfen, hat sich ihre Position verändert. Sie werden sogar erst nach 26 000 Jahren wieder am selben Ort sein! Dieses Phänomen nennt man die »Präzession der Tagundnachtgleichen«. Die Ursache fand Hipparch nicht, doch gab er eine genaue Berechnung der Größe dieser Veränderung.

Von allen Schriften Hipparchs ist nur ein kleineres Jugendwerk erhalten. Über sein Leben und wo er es verbracht hat, wissen wir praktisch nichts, nur daß sein Name verrät, daß er aus Nizäa im Norden der heutigen Türkei stammte. Von seinen Leistungen erfahren wir nur aus den Hinweisen anderer, darunter vor allem Ptolemäus, doch wird daraus hinreichend deutlich, daß Hipparch ein exzellenter Astronom war und daß er die Beobachtungstechniken enorm verbesserte.

Wo stand Hipparch im Konflikt zwischen Aristarchs Modell und dem traditionellen? Eindeutig auf seiten des letzteren. Er gehörte zu denen, die Aristarchs heliozentrischen Kosmos nicht akzeptierten, und er bewog andere, dieses Modell abzulehnen. Er glaubte, sich an die beobachtbaren Fakten halten zu müssen – die beobachtende Astronomie war ja eine seiner Stärken –, und wie wir gesehen haben, sprach die Beobachtung nicht für Aristarch und die riesigen Entfernungen, die aus dem heliozentrischen Modell folgten. Hipparchs eigene Arbeit trug erheblich zu Ptolemäus' späterem geozentrischem Modell des Kosmos bei. Nach Ansicht einiger Gelehrter war die Astronomie des Ptolemäus sogar im großen und ganzen nur eine Wiederauflage der Hipparchs'; Hipparch sei das Genie gewesen und Ptolemäus der Lehrbuchverfasser.

Der römische Historiker Plinius der Ältere schrieb über Hipparch:

Hipparch (…) wagte ein auch für die Gottheit verwegenes Unternehmen – für die Nachwelt die Sterne zu zählen und die Gestirne mit Namen aufzuführen. Er hatte sich nämlich Instrumente ausgedacht, um damit den Standort und die Größe der einzelnen Sterne zu bestimmen, so daß man auf diese Weise nicht nur leicht unterscheiden konnte, ob sie verschwänden oder entstünden, sondern auch, ob überhaupt welche vorbeizögen und sich bewegten, ebenso, ob sie größer oder kleiner würden. Damit hinterließ er allen den Himmel als Erbe, wenn nur einer sich fände, dieses Vermächtnis anzutreten.

»Wenn nur einer sich fände, dieses Vermächtnis anzutreten …«

2. KAPITEL

Himmlische Kreisbewegungen
100-1600 n. Chr.

Der größte Teil der Gelehrten stimmt freilich darin überein, daß die Erde in der Mitte der Welt ruhe, so daß sie es für unbegreiflich und sogar lächerlich halten, das Gegenteil zu behaupten; wenn man jedoch die Sache sorgfältig erwägt, so wird man einsehen, daß diese Frage noch nicht gelöst und deshalb keineswegs geringzuachten ist.
NIKOLAUS KOPERNIKUS, De revolutionibus orbium coelestium

Der Harvard-Astrophysiker und Wissenschaftshistoriker Owen Gingerich erhielt vor einigen Jahren mit der Post einen Rundbrief. Darin wurde ein Preis von 1000 Dollar ausgelobt für den »eindeutigen wissenschaftlichen Beweis, daß die Erde sich bewegt«. Der Initiator, ein gewisser Elmendorf, schrieb: »Als Ingenieur bin ich erstaunt, daß die Frage, ob die Erde sich bewegt, nach all diesen Jahren anscheinend nicht ›ganz geklärt‹ ist. Wenn wir das nicht wissen, was wissen wir dann überhaupt?«

Tatsächlich kann die Frage, ob die Erde sich bewegt, nicht gerade als eines der großen ungelösten Rätsel der Wissenschaft gelten. Die meisten von uns haben schon in ihrer Kindheit die Tatsache akzeptiert, daß wir auf einem Planeten leben, der sich um seine Achse dreht und um die Sonne kreist. Wir haben in der Schule gelernt, daß Nikolaus Kopernikus diese umstrittene Idee im 16. Jahrhundert entwickelte und daß einige Männer verfolgt wurden, weil sie an diese These glaubten. Doch am Ende war der Fall »ganz geklärt« und abgeschlossen. Das ist über 400 Jahre her. Weshalb, möchten wir Elmendorf fragen, nun dieser Wirbel? Und wieso hat niemand die 1000 Dollar gewonnen?

Geschichte und Wissenschaft sind offenbar weitaus komplexer und unklarer, als wir es in der Schule gelernt haben.

Es gibt gewiß keine wissenschaftliche Erkenntnis, die im gleichen Maße als wahr gilt wie die, daß die Sonne das Zentrum unseres Planetensystems ist und daß die Erde und die anderen Planeten sie umkreisen. Doch wenn es darum geht zu beweisen, ob es einen unbewegten »Mittelpunkt« gibt und wenn ja, wo er ist, weicht die Wissenschaft von heute aus und sagt, niemand könne hieb- und stichfest beweisen, daß eine bestimmte Antwort *falsch* sei. Ganz egal, ob es der Mond, der Mars, die Sonne, die Erde oder der Eßtisch Ihrer Großtante ist, immer wird es möglich sein, eine mathematische Darstellung unseres Planetensystems zu geben, in der genau dieses den »Mittelpunkt« bildet. Und warum sich auf unser Planetensystem beschränken? Man könnte sogar das ganze Universum beschreiben und dabei einen beliebigen Punkt als unbewegten Mittelpunkt wählen – und niemand könnte beweisen: »Da irren Sie, das Ding bewegt sich doch!«

Es geht hier – das müssen wir Elmendorf und uns selbst ins Gedächtnis rufen – nur um eine Relativbewegung. Die Bewegung eines Objekts können wir nur in Relation zu anderen Objekten im Universum messen. Am besten stellen wir uns vor, daß alles in Bewegung ist und nichts den Mittelpunkt bildet. Wir könnten jedoch, wenn wir unbedingt wollen, die Erde als Mittelpunkt wählen, wie es unsere Vorfahren getan haben, und alles andere in Relation zu diesem Mittelpunkt beschreiben, um so zu beweisen, daß die Erde wirklich der Mittelpunkt ist und das einzige Objekt, das sich nicht bewegt. Wenn unsere mathematische Darstellung gut genug ist, könnte niemand beweisen, daß unsere Wahl falsch war. Natürlich könnten wir wiederum nicht beweisen, daß wir recht haben, denn wir könnten ebensogut die Venus, die Sonne, Alpha Centauri oder ein Schwarzes Loch im Andromedanebel als Mittelpunkt wählen und diese als Mittelpunkt deklarieren.

Wenn uns die Implikationen, die sich aus den wissenschaftlichen Erkenntnissen des 20. Jahrhunderts ergeben, nicht bewußt sein sollten, könnten wir wie Elmendorf verärgert sein über die Einsicht, daß – eben wegen des Begriffs der Relativbewegung – niemand hieb- und stichfest zu beweisen vermag, daß die Erde sich bewegt. Haben wir irgend etwas von Kopernikus gelernt? Lassen wir diese Frage einstweilen ruhen, denn die Relativbewegung ist nicht das einzige Problem von Elmendorf. Es ist ein wissenschaftlicher Grundsatz, daß eine Erklärung, mag sie auch äußerst überzeugend und brauchbar sein, niemals als »endgültig« oder »bewiesen« oder »wahr« betrachtet werden sollte. Alle wissenschaftlichen Erklärungen kann man grundsätzlich revidieren, und sie können sogar gänzlich verworfen werden, wenn bessere auftauchen. Henri Poincaré, Wissenschaftler und Wissenschaftstheoretiker, meinte diese konzeptionelle Offenheit, als er schrieb: »Für ein Phänomen, das sich vollständig auf mechanische Weise erklären läßt, gibt es eine unendliche Zahl anderer mechanischer Erklärungen, welche die durch das Experiment enthüllten Eigentümlichkeiten ebenso gut zu erklären vermögen.« Gilt dies auch für die Bewegung des Sonnensystems? Durchaus, denn dies ist das Beispiel, auf das Poincaré sich bezog.

Ungeachtet dieser erst im 20. Jahrhundert gewonnenen Einsicht (die für manche rein formell ist) möchte jede Generation an die Absolutheit ihrer eigenen wissenschaftlichen Erkenntnisse glauben, und jede Generation hat dafür einen guten Grund: Unsere Erfahrungswelt stellt uns vor Rätsel. Wir glauben an plausible Lösungen, von denen wir sagen können: »Natürlich, das ist der Grund!« Wir entscheiden uns für jene Erklärungen, die das, was wir wissen, und das, was (soweit wir das vorhersehen können) künftige Generationen wissen werden, einleuchtend erklären. Mehr kann man von der Wissenschaft der jeweiligen Epoche nicht verlangen. Aber das ist nicht die endgültige, unanfechtbare Wahrheit. Während wir unseren Vorfahren vorwerfen, dies nicht bedacht zu haben, verfallen wir selbst immer wieder demselben Irrtum.

Es ist bekanntlich nicht ratsam, unsere moderne Weltauffassung zum Maßstab zu machen, wenn wir uns in die Vergangenheit begeben, doch hin und wieder wird es vielleicht nicht schlecht sein, wenn wir in diesem und im nächsten Kapitel so verfahren: Legen wir den Szientismus ab, die verbreitete Ansicht, daß die Wissenschaft von heute die endgültige Wahrheit ermittle. Machen wir uns vielmehr eine weniger naive wissenschaftliche Weltauffassung zu eigen, die die Relativität wissenschaftlicher Erkenntnisse akzeptiert. Versuchen wir, das Konzept der Relativbewegung zu verstehen. Dann werden wir in der Lage sein, angemessen zu würdigen, was zwei der glänzendsten Köpfe in der Geschichte der Astronomie geleistet haben, als sie die beobachtete Bewegung von Lichterscheinungen am Himmel zu erklären versuchten.

Über das Leben und die Persönlichkeit von Claudius Ptolemäus ist fast nichts bekannt, außer daß er im zweiten nachchristlichen Jahrhundert in Alexandria gelebt hat und um das Jahr 180 gestorben ist. Nirgendwo ist verzeichnet, wo er geboren wurde. Ptolemäus interessierte sich wie Eratosthenes für die unterschiedlichsten Dinge, darunter die Musiktheorie, die Optik, die beschreibende Geographie und die Kartographie. Noch im ausgehenden 16. Jahrhundert benutzte man die eine oder andere seiner Landkarten. Ptolemäus baute aus älteren Ideen und Erkenntnissen und seinen eigenen genialen mathematischen Einfällen eine Astronomie auf, die fast 1400 Jahre lang die westlichen Vorstellungen über das Universum bestimmen sollte.

Ptolemäus stand in einer geistigen Tradition, die eine unbewegliche Erde als Mittelpunkt des Universums ansah und alle Himmelsbewegungen als vollkommene Kreise oder Kugeln deutete. Die Mehrzahl seiner Zeitgenossen, die über solche Dinge nachdachten, war zu der Annahme gelangt, daß man die äußere Erscheinung der Dinge wirklich betrachten müsse, wenn man die Struktur des Universums ergründen wollte. Eine glaubwürdige Erklärung mußte »die Erscheinung berücksichtigen«. Dies mag uns so selbstverständlich erscheinen, daß es kaum der Erwähnung bedarf, doch wird diese Annahme weder von allen Kulturen geteilt, noch wurde sie von allen Denkrichtungen der griechischen und hellenistischen Welt bejaht.

Zum »Äußeren der Dinge« gehörte für Ptolemäus, was Hipparch und andere in Sternkatalogen aufgezeichnet hatten. Was Ptolemäus überdies zu seiner selbstgestellten Aufgabe befähigte, war die fundierte Kenntnis früherer Versuche, die Bewegungen der Planeten, wie sie von der Erde aus erscheinen, zu erklären und vorherzusagen. Das Bedürfnis, diese Bewegungen zu verstehen, ist so alt wie die Menschheit. Platon faßte es im vierten Jahrhundert vor Christus in der Frage zusammen: »Welches sind die gleichförmigen und geordneten Bewegungen, durch deren Annahme die scheinbaren Bewegungen der Planeten erklärt werden können?« Die Gelehrten der Antike, angefangen mit Platons Schüler Eudoxos von Knidos, versuchten auf geniale Weise, diese Frage zu beantworten. Unter Wissenschaftshistorikern ist umstritten, inwieweit Ptolemäus' Werk eine Synthese dieser früheren Ideen war und inwieweit sein eigenes Genie es geschaffen hat. Auf jeden Fall war er ein brillanter Mathematiker, und seine Verdienste um die Wissenschaft suchen ihresgleichen.

Um Ptolemäus besser zu verstehen, sollte man sich in Gedanken auf einen Rummelplatz versetzen.

Da ist zunächst ein Karussell für die ganz Kleinen. Die Pferde bewegen sich in einem großen Kreis. Auf den Kopf eines Pferdes stecken wir ein Licht, dann löschen wir alle anderen Lichter und nehmen in der Mitte des Karussells Aufstellung, so daß wir uns nicht mit dem Karussell drehen, und setzen es in Bewegung. Das Licht kreist stetig um uns, mit gleichbleibender Geschwindigkeit und Helligkeit, ohne je die Richtung zu ändern.

Wäre die Erde der Mittelpunkt und würde sie sich weder bewegen noch sich um die eigene Achse drehen und würden alle Planeten sich auf Kreisbahnen bewegen, würden wir jeden Planeten so wahrnehmen wie das Licht auf diesem Karussell. Ungefähr so sehen wir den Mond und die Sonne, wenngleich deren Bewegungen Unregelmäßigkeiten aufweisen, die jedes Bemühen, sie so einfach zu beschreiben, zunichte machen. Nun nehmen wir aber ganz eindeutig die Bewegungen der Planeten nicht auf diese Weise wahr, ebensowenig wie die Astronomen und Sterngucker der Antike. Denen, die den Himmel studierten, war schon zu Platons und Eudoxos' Zeiten klar, daß ein Modell mit einfachen Kreisbahnen um die Erde als Mittelpunkt das Geschehen dort oben nicht hinreichend zu erklären vermag.

Stellen wir uns – um ein besonders rätselhaftes Problem zu illustrieren – einmal vor, wir sähen das Licht auf dem abgedunkelten Karussell eine Zeitlang in eine Richtung fahren, dann stillstehen, dann die Gegenrichtung einschlagen, dann wieder vorwärts laufen. Dieses Muster wiederholt sich ständig. Wie soll man sich diese Bewegung erklären? Vielleicht, könnte man denken, ist das Licht gar nicht am Kopf eines Pferdes befestigt, sondern an der Mütze des Mannes, der die Tickets einsammelt und zwischen den Pferden hin und her geht. Doch dafür ist die Bewegung zu regelmäßig, nicht zufällig genug. Versuchen wir es anders. Vielleicht befindet sich das Licht am Ende eines langen Seils, das jemand, der auf einem der Pferde sitzt, über dem Kopf schwingt, wie einen Stein in einer langen Schleuder, bevor man ihn losfliegen läßt. Wenn man diese Bewegung mit der kreisförmigen Bewegung des ganzen Karussells zusammennimmt, erklärt sich vielleicht die scheinbare Rückwärtsbewegung, die das Licht macht, wenn es auf seiner Kreisbahn um den Kopf des Karussellfahrers nach hinten schwingt. Oder wenn wir bei der Vorstellung bleiben wollen, daß das Licht am Kopf eines Pferdes befestigt ist, könnte es sein, daß das Pferd nicht direkt auf dem Boden des Karussells steht, sondern zu einem Minikarussell gehört, das seinerseits am Rand des großen Karussells befestigt ist. Es würde dann nicht nur den großen Kreis des Karussells durchlaufen, sondern, seinem eigenen Schweif hinterherjagend, einen kleineren Kreis beschreiben. Das entspräche in etwa der Abbildung 2.1. Wir könnten nach wie vor sagen, daß wir uns in der Mitte des Karussells befinden und alles, was darauf ist, sich um uns bewegt. Außerdem vollzieht jede Bewegung sich auf vollkommenen Kreisbahnen, mag es uns auch noch so kompliziert und wenig kreisförmig erscheinen.

Abbildung 2.2 zeigt ein idealisiertes Bild der Spur, die ein solches Licht auf einem Zeitrafferfoto hinterlassen würde, das von einem Hubschrauber über dem Karussell aus aufgenommen würde. Die Schleifen würden wir von unserem Standort im Mit-

Abbildung 2.1

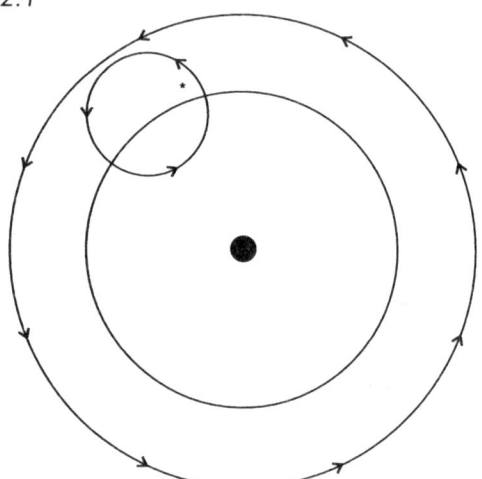

Am Rand des rotierenden Karussells dreht sich die kleinere Scheibe um ihre eigene Achse, so daß das Pferd mit dem Licht am Kopf (kleiner Punkt) seinem eigenen Schwanz hinterherjagt. Für den Betrachter im Zentrum des Karussells hat es den Anschein, als würde das Licht vorwärts laufen, anhalten, eine Weile rückwärts laufen, dann wieder anhalten und erneut vorwärts laufen.

Abbildung 2.2

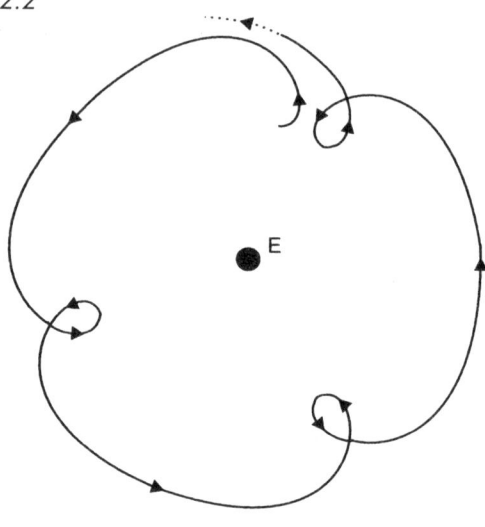

telpunkt aus nicht sehen. Wir würden nur wahrnehmen, daß das Licht vorwärts läuft, dann stillsteht, dann rückwärts läuft, dann stillsteht, dann wieder vorwärts und so weiter.

Wenn alles hell beleuchtet ist, kann man eine Bewegung wie diese leicht mit Hilfe von vollkommenen Kreisbahnen erklären, aber wenn man nur ein paar sich bewegende Lichter sieht, braucht man dafür schon einen erheblichen mathematischen Aufwand.

Diejenigen, die vor der Erfindung des Fernrohrs mit bloßem Auge die Bewegungen der Sterne, der Sonne, des Mondes und der Planeten studierten und jeweils nur einen Ausschnitt des Himmels sahen, konnten sich das, was sie sahen, praktisch nur so erklären, wie wir uns die Erscheinungen des Rummelplatzes bei Dunkelheit würden erklären müssen. Winzige Lichter, die sich eine Zeitlang gleichmäßig bewegen, dann stillstehen und rückwärts laufen, die bald heller, bald dunkler, bald schneller, bald langsamer zu werden scheinen. Und genau das sahen Aristoteles, Platon, Aristarch und Ptolemäus. Auch Kopernikus sah nichts anderes, denn auch er lebte, bevor es Fernrohre gab. Und sie besaßen nur Karten und Kataloge von dem, was ihre Vorfahren beobachtet hatten. Selbst wenn man annimmt (was nicht immer der Fall war), daß diese Aufzeichnungen mit größter Sorgfalt angefertigt wurden, war ihre Interpretation keine einfache Angelegenheit, denn es gab kein einheitliches Verfahren, und die Kalender der einzelnen Länder und Kulturen wichen voneinander ab. Fernrohre gab es zwar schon im 17. Jahrhundert, aber bis ins 20. Jahrhundert konnte man die Planeten nur von der Erde aus betrachten. Es mußte wirklich als unlösbare Aufgabe erscheinen, das alles zu verstehen und sich gewissermaßen Karussellfahrten auszudenken, die all diesen Bewegungen möglicherweise zugrunde lagen und sie zu erklären vermochten.

Die Anordnung, in der kleine Karussells auf großen kreisen, entspricht einem der Modelle, die Ptolemäus (lange bevor es solche Karussells gab) von seinen Vordenkern übernahm und in sein Modell der Astronomie einbaute. Es gibt dafür auch Fachbegriffe: Wenn ein Planet rückwärts zu laufen scheint,

Abbildung 2.3

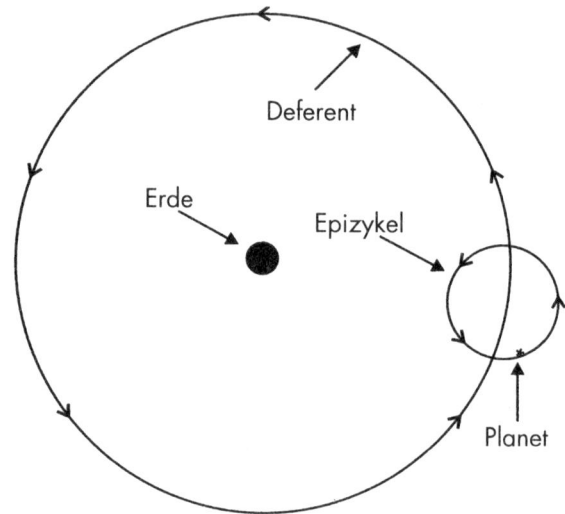

Der Planet bewegt sich auf einer kleinen Kreisbahn (Epizykel), die sich längs einer großen Kreisbahn (Deferent) verschiebt. Der Mittelpunkt des Deferenten ist die Erde.

spricht man von einer *rückläufigen* Bewegung. Die kleineren Kreise, auf denen die Planeten sich bewegen (und ihrem eigenen Schweif hinterherjagen), nennt man *Epizykel*. Der Rand des Karussells, auf dem die Mittelpunkte der Epizykel befestigt sind, ist der *Deferent*.

Wenn man Größe, Richtung und Geschwindigkeit der Epizykel entsprechend wählt, lassen sich viele Unregelmäßigkeiten bei den Planetenbewegungen, die in einem geozentrischen System von der Erde aus beobachtet werden, erklären. Erklärbar werden auch Unregelmäßigkeiten in den Bewegungen der Sonne und des Mondes und Schwankungen in der Helligkeit eines Planeten, denn durch die Epizykel ist der Planet bald näher, bald weiter von uns entfernt.

Ein anderer Kunstgriff, den Ptolemäus von seinen Vorgängern übernahm und der ihm als Erklärung für die Bewegung der Sonne mehr zusagte, bestand darin, den Mittelpunkt der Kreisbahn,

Abbildung 2.4

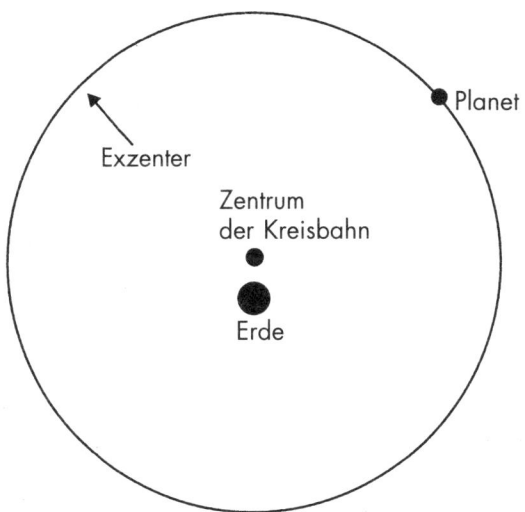

In diesem Modell liegt der Mittelpunkt der Kreisbahn (des Exzenters) in einer geringen Entfernung von der Erde.

auf der der Planet beziehungsweise die Sonne lief, nicht direkt in die Erde zu verlegen, sondern in einem gewissen Abstand von ihr, wie in Abbildung 2.4 dargestellt. Den verschobenen Kreis nennt man *Exzenter*. Auch in diesem Modell ist der Planet auf seiner Umlaufbahn der Erde bald näher, bald ist er weiter entfernt, was sowohl seine von der Erde aus beobachtbaren Helligkeitsschwankungen als auch seine sich scheinbar ändernde Geschwindigkeit erklärt.

Einen weiteren Kunstgriff, den *Ausgleichspunkt*, entwickelte Ptolemäus selbst. Der Ausgleichspunkt ist ein imaginärer Punkt, der von der Erde aus gesehen vom Zentrum des Exzenters aus in entgegengesetzter Richtung lag. Vom Ausgleichspunkt betrachtet, konnte ein Planet seine gleichförmige Bewegung beibehalten, während seine Geschwindigkeit von der Erde aus gesehen zu schwanken schien. Dank dieses Kunstgriffs konnte Ptolemäus die sich ändernde Geschwindigkeit eines Planeten (wie sie von der Erde aus erscheint) fast ebenso gut vorhersagen wie Johannes Kepler im 17. Jahrhundert. Die moderne Astronomie löst das Problem nach Keplers Methode, doch Ptolemäus' Lösung kann fast als ihr geometrisches Äquivalent betrachtet werden.

Ptolemäus integrierte diese Kunstgriffe – Epizykel/Deferent, Exzenter, Ausgleichspunkt – in ein kompliziertes und sehr überzeugendes Modell der Himmelsbewegungen. Mit einer Genauigkeit, die uns staunen läßt – uns, die wir uns in dieser Hinsicht weit klüger dünken –, lieferte dieses Modell Vorhersagen und Erklärungen für die beobachteten Bewegungen der damals bekannten fünf Planeten sowie der Sonne und des Mondes, ohne die Erde aus ihrer Stellung als unbeweglicher Mittelpunkt zu verrücken. Ptolemäus siedelte die Mittelpunkte der sieben Bahnen nicht in einem Punkt an, sondern in sieben verschiedenen erdnahen Punkten. Durch eine entsprechende Wahl von Epizykeln, Deferenten, Exzentern und Ausgleichspunkten gelang ihm, was seine Vorläufer sich so lange erhofft hatten: die Konstruktion eines Systems, das alle beobachteten Bewegungen am Himmel mit Sphären und Kreisen erklären konnte.

Wenn die Astronomen der Antike und des Mittelalters, aber auch noch die frühen Kopernikaner, von »Sphären« sprachen, meinten sie nicht die Planeten selbst. Seit Aristoteles – lange vor Ptolemäus – die Idee eingeführt hatte, hatten die meisten Astronomen das Bild von Planeten, die sich innerhalb einer eigenen, unsichtbaren »kristallenen Sphäre« bewegen, übernommen. Über die Natur und die Mechanik dieser Sphären herrschte Uneinigkeit.

Um dieses Konzept richtig zu verstehen, darf man nicht an eine flache Zeichnung von Kreisen innerhalb von Kreisen denken, sondern muß sich statt dessen ein dreidimensionales gläsernes Objekt aus durchsichtigen (unsichtbaren) Sphären innerhalb von Sphären innerhalb von Sphären vorstellen, die ineinandergeschachtelt sind wie russische Puppen oder wie Seifenblasen in Seifenblasen, die ein geschickter Seifenbläser zu erzeugen vermag. Im Modell des Ptolemäus befindet sich die Erde im Mittelpunkt, sie ist umgeben von einer Sphäre, innerhalb derer sich der Mond bewegt, und beide sind umgeben von einer größeren Sphäre, die die Ebene repräsentiert, auf der sich Merkur bewegt, der wiederum umgeben ist von einer noch größeren Sphäre, die die Ebene repräsentiert, auf der sich Venus bewegt. Die drei Sphären umgibt eine Sphäre, die die Ebene repräsentiert, auf der sich die Sonne bewegt, und so folgen weitere, immer größer werdende, ineinander verschachtelte Sphären, die jeweils die Ebene repräsentieren, auf der sich die anderen Planeten bewegen. Die äußerste Sphäre repräsentiert die Ebene der Fixsterne. Im Modell des Ptolemäus bietet die jeweilige Sphäre genügend Raum für alle Epizykel des entsprechenden Planeten.

Sie läßt jedoch keinen Raum für mehr als das. Von Aristoteles übernahm Ptolemäus die Vorstellung, daß der Kosmos ein »Plenum« ist, daß er also »voll« ist in dem Sinne, daß es zwischen den Sphären der Planeten keinen leeren Raum geben kann. Im Unterschied zu den russischen Puppen und den Seifenblasen kennt die Anordnung keinen Raum, der nicht Teil einer Sphäre ist. Die Sphären berühren sich. So hat die Sphäre des Jupiter, definiert durch die geringste und die größte Entfernung des Jupiter von der Erde, zum Beispiel eine »innere Grenze«, die direkt an die »äußere Grenze« der Sphäre des Mars stößt, und Gleiches gilt für die Sphären eines jeden Planeten und seines Nachbarn. Außerdem setzten die Sphären einander in Bewegung. So wurde die von der Sphäre der Sterne ausgehende Bewegung auf die Sphäre der Planeten übertragen, wodurch diese zu zirkulieren begann.

In seinem berühmtesten Werk, dem *Almagest*, ging es Ptolemäus vor allem darum, die Positionen der Himmelskörper vorherzusagen, und nicht darum, ihre Entfernungen zu ermitteln. Ausgehend von der Anordnung der Planeten, wie sie Ptolemäus in diesem Buch festlegt, läßt sich jedoch das Verhältnis zwischen den größten und den geringsten relativen Entfernungen der Planeten von der Erde berechnen, und Ptolemäus betonte später, daß man diese in *absolute* Entfernungen umwandeln könne. Er berechnete zunächst die Entfernung zum Mond und fand, daß sie im geringsten Fall das 33fache und im äußersten Fall das 64fache des (aus Eratosthenes' Messung bekannten) Erdradius beträgt. In einem auf den *Almagest* folgenden Werk mit dem Titel *Hypothesen der Planeten* wandte er diese Überlegung auf die Planeten und die Sonne an, wobei er das im *Almagest* benutzte Schema, das überwiegend von mathematischer Bedeutung war, als »real« im Sinne absoluter Entfernungen behandelte. Wenn dies auch nicht ganz fehlerfrei vonstatten ging, so sprach es doch sehr für seine Methode, daß die Ergebnisse bei nur geringfügigen Abweichungen weitgehend mit denen der Studie über die Sonnen- und Mondfinsternisse übereinstimmten.

Ptolemäus faßte die Resultate folgendermaßen zusammen: Die Entfernung bis zu den Grenzen der Region »von Luft und Feuer« (der »sublunaren« Region) beträgt das 33fache des Radius der Erdoberfläche (»der Oberfläche der Sphäre von Erde und Wasser«). Danach beginnt die Sphäre des Mondes. Deren äußere Grenze liegt beim 64fachen des Erdradius (das war in etwa die von Aristarch ermittelte Entfernung des Mondes), und dort beginnt die Sphäre des Merkur. Die äußere Grenze der Sphäre des Merkur liegt beim 166fachen des Erdradius, die der Venus beim 1079fachen, die der Sonne beim 1260fachen (im Einklang mit Aristarchs fehlerhafter Messung der Entfernung der Sonne), die des Mars beim 8820fachen, die des Jupiter beim 14 189fachen und die des Saturn beim 19 865fachen. Bei diesem Radius beginnt die Sphäre der Fixsterne. Ptolemäus schrieb: »Die Grenze zwischen der Sphäre des Saturn und der Sphäre der Fixsterne liegt in einer Entfernung von fünf Myriaden Myriaden und 6946 Myriaden Stadien und einem Drittel von Myriaden Stadien.« Das ergibt 569 463 333 Stadien. Nach unseren Maßen sind das etwa 105 Millionen Kilometer. Die Entfernung zum nächsten Stern beträgt nach heutigen Messungen über 40 Billionen Kilometer.

Der Ausdruck »ptolemäische Astronomie« ist ein wenig irreführend. Er bezeichnet nicht bestimmte Lösungen, die von Ptolemäus oder einem seiner Nachfolger stammen. Vielmehr bezieht er sich auf Ptolemäus' immer wieder neu kombinierbare Methoden, wie sie im Laufe der Jahrhunderte von den Astronomen angewendet wurden. Es entbehrt nicht der Ironie, daß die Physiker und Astronomen von heute, die fest überzeugt sind, daß die Erde sich bewegt, die Leistungsfähigkeit dieser Methoden besser erkennen können als die ptolemäischen Astronomen des 16. Jahrhunderts. Um zu würdigen, was das ältere System zu leisten vermochte, bedarf es der kopernikanischen Astronomie, und einer höherentwickelten Mathematik, als sie den Gelehrten der Antike und des Mittelalters zur Verfügung stand.

Das Werk des Ptolemäus ging mit dem Niedergang der antiken Zivilisationen nicht verloren. Es war im achten Jahrhundert nach Christus nach Bagdad gelangt und wurde dort ins Arabische übersetzt. *Almagest* ist arabisch und bedeutet »Der Größte«. Bis ins 13. und 14. Jahrhundert hinein vollzog sich die Weiterentwicklung der »westlichen« Mathematik, Astronomie und Astrologie (Astronomie und Astrologie waren eine Disziplin und blieben es bis ins 17. Jahrhundert) nicht in Europa, das von der griechischen und römischen Antike geprägt wurde, sondern im Nahen Osten, in Nordafrika und im maurischen Spanien. Die Gelehrten, die diese Entwicklung vorantrieben, waren überwiegend Moslems, doch in diesen kosmopolitischen Ländern wurden auch nichtmoslemische Wissenschaftler durchaus geduldet. Mathematiker und Astronomen verbesserten die von den Griechen und Ptolemäus entwickelten mathematischen Methoden; in Bagdad, Kairo, Damaskus und anderen bedeutenden Städten wurden Observatorien gebaut. Auch wenn es dort natürlich keine Fernrohre gab, so halfen doch ausgeklügelte Apparate – teils noch aus der Antike stammend, teils neuere Erfindungen –, die Bewegungen der Planeten festzuhalten. Es gab sowohl massige, aus Mauerwerk errichtete astronomische Instrumente als auch kleinere, tragbare Modelle.

Die islamischen Astronomen scheinen das geozentrische Modell nie in Zweifel gezogen zu haben. Allerdings übten sie in kleineren Dingen Kritik an Ptolemäus, namentlich wegen des Ausgleichspunkts, der unter allen seinen Kunstgriffen am ehesten die Forderung nach einer gleichförmigen Kreisbahn zu mißachten schien. Als die ptolemäische Astronomie später in europäischen Zentren der Gelehrsamkeit zu einem regulären Studienfach wurde, vergaßen die Gelehrten nicht, was sie den Denkern des Islam zu verdanken hatten. Kopernikus erwähnte in seinem Buch *De Revolutionibus* einige seiner islamischen wissenschaftlichen Vorläufer mit Namen.

Die islamischen Astronomen versuchten, die Entfernungen zu den Planeten und Sternen zu berechnen. Einer von ihnen war al-Farghani, ein arabischer Astronom des 9. Jahrhunderts, der die Größe der einzelnen Sphären zu ermitteln suchte und die Größenverhältnisse bestimmte. Wie schon Ptolemäus bemaß er die einzelne Sphäre so groß, daß sie die Epizykel des Planeten aufnehmen konnte. Ausgehend von einem Erdradius von 3250 römischen Meilen, errechnete er dann anhand dieser Größenverhältnisse die Entfernungen zu allen bekannten Planeten und zur Sphäre der Fixsterne. Diese waren nach seinen Berechnungen über 75 Millionen Meilen von der Erde entfernt, anderthalbmal so weit, wie Ptolemäus angenommen hatte. Die Entfernung zum nächsten Stern ist modernen Messungen zufolge rund einmillionmal größer als die von al-Farghani ermittelte Entfernung zur Sphäre der Sterne, doch 75 Millionen Meilen von der Erde waren immer noch eine gewaltige Entfernung, und die sublunare Region (unterhalb des Mondes) in al-Farghanis Universum war dagegen winzig.

Von islamischen Gelehrten bewahrt und verbessert, gelangte die ptolemäische Astronomie vom 11. Jahrhundert an allmählich ins Abendland, doch übernahmen die europäischen Gelehrten andere Elemente des antiken Denkens schneller und waren weitaus stärker von ihnen beeinflußt. Besonders stark wirkte sich die Übersetzung von Aristoteles' Werken ins Lateinische im 12. Jahrhundert aus. Er wurde von den Gelehrten bald nicht nur als ein Philosoph verehrt, sondern als »der Philosoph« und als höchste Autorität in Sachen Wissenschaft und Kosmologie. Im Laufe der Zeit verschmolz die aristotelische Kosmologie, wie sie von den Gelehrten des Mittelalters interpretiert wurde, mit dem christlichen Denken und, etwas später, der ptolemäischen Astronomie, die in vieler, aber nicht in jeder Hinsicht mit der des Aristoteles übereinstimmte. Die Gelehrten, die damals gleichzeitig auch Geistliche waren, einigten sich schließlich nach langen Streitigkeiten auf Mittel und Wege, die Bibel mit Aristoteles in Einklang zu bringen. Dazu mußten sie freilich die Heilige Schrift weniger wörtlich und mehr metaphorisch auslegen. Zu ihrer Befriedigung gelang es ihnen am Ende auch, die Widersprüche zwischen Ptolemäus, Aristoteles und anderen antiken Denkern aufzulösen und so zu einem kohärenten philosophischen, religiösen und wissenschaftlichen Gedankengebäude zu gelangen.

Die aristotelisch-ptolemäische Astronomie lieferte eine anschauliche geometrische Struktur für das abstrakte jüdisch-christliche Denken des Mittelalters: Die Schöpfung konzentriert sich auf die unbewegte Erde, auf der auch die Menschheit beheimatet ist – in der Philosophie des Aristoteles ein ausgesprochen ungastlicher Ort, im jüdisch-christlichen Weltbild bei Gott in Ungnade gefallen und al-Farghani zufolge ein winziger Planet. Im 13. Jahrhundert war diese Weltsicht für gebildete Europäer Realität; auch Dante nahm im 14. Jahrhundert in seiner *Göttlichen Komödie* darauf Bezug und etablierte sie damit noch mehr. Er beschrieb den Abstieg durch die neun Kreise der Hölle zum Mittelpunkt der Erde, dem übelsten Ort des Universums, und einen Aufstieg durch die himmlischen Sphären, in denen sich die Planeten bewegen, zum Thron Gottes.

Zur Zeit von Kopernikus' Geburt im 15. Jahrhundert hatte sich für europäische Denker das einfache Weltbild des Aristoteles seit wenigstens zweihundert Jahren mit der (von den Arabern vermittelten) komplexen Astronomie des Ptolemäus vermengt. Von Dante in poetische Bilder gekleidet, vermochte dieses aristotelisch-ptolemäisch-jüdisch-christliche Modell des Universums nicht nur einigermaßen genau die Himmelsbewegungen zu beschreiben und vorherzusagen und diente nicht nur als Karte des physischen Universums, sondern es umfaßte auch die Conditio humana und die Geographie des geistigen Universums: Unter allen Geschöpfen waren es allein die Menschen, in denen sich, mochten sie auch gefallen sein, das Materielle mit dem Geistigen vereinigte. Zwischen diesen beiden Polen hin und her gerissen, war die Menschheit an die verderbte, elende Erde gebunden, den Blick immer auf die heiligen, reinen und unwandelbaren Gefilde jenseits gerichtet.

Dabei war die Vorstellung, daß das aristotelisch-ptolemäische Weltbild falsch sein könnte, dem europäischen Denken nicht gänzlich fremd. Es war kein Angriff auf Ptolemäus, sondern auf Aristoteles, als der Pariser Nikolaus Oresme sich in einem kritischen Kommentar gegen Aristoteles' Auffassung wandte, daß die Erde sich nicht bewege. Oresme sagte nicht, daß die Erde sich auf einer Kreisbahn bewege. Er sagte auch nicht, daß sie sich um die eigene Achse drehe, sondern lediglich, daß Aristoteles nicht bewiesen habe, daß sie sich *nicht* dreht. Kardinal Nikolaus von Kues, ein Gelehrter, der neun Jahre vor Kopernikus' Geburt starb, schrieb ein Jahrhundert nach Oresme ebenfalls, daß die Erde nicht unbewegt im Mittelpunkt des Universums ruhe. Wo der Mittelpunkt aber liegt, sagte Nikolaus freilich nicht. Der folgende und weit heftigere Angriff auf Aristoteles, Ptolemäus und Dante sollte von Kopernikus kommen.

In der polnischen Stadt Thorn (Torun) an den Ufern der Weichsel stehen heute Hochhäuser, doch in der Altstadt gibt es noch immer schmale Gassen mit Kopfsteinpflaster, die sich nicht sehr verändert haben können, seit Nikolaus Kopernikus (auf polnisch Nikolaj Kopernik) dort im Jahr 1473 geboren wurde. In Gelehrtenkreisen war es damals üblich, seinen Namen zu latinisieren, und so wurde aus Nikolaj Kopernik Nicolaus Copernicus.

Polen wurde im Lauf seiner bewegten Geschichte des öfteren von ausländischen Mächten geteilt und unterworfen, doch Kopernikus lebte in einer verhältnismäßig friedlichen, glücklichen Zeit. Vater und Großvater waren offenbar Kaufleute, wohlhabend, wenn auch nicht reich, und die Mutter entstammte einer angesehenen Thorner Familie. Als Kopernikus zehn war, starb sein Vater, und der Bruder seiner Mutter übernahm seine Erziehung und Ausbildung. Dieser Onkel wurde dann Bischof von Ermland, eine einflußreiche Stellung, in der er die Karriere seines Neffen fördern konnte.

Als Kopernikus 18 und sein Bruder Andrzej (latinisiert zu Andreas) zwanzig Jahre alt waren, schrieben sich die beiden jungen Männer an der Jagiellonen-Universität in Krakau ein, eine der bekanntesten Stätten der Gelehrsamkeit Europas, das besonders für seine astronomische Forschung und Lehre berühmt war. Als Student kaufte sich Kopernikus dort die sogenannten Alfonsinischen Tafeln. Diese Tafeln, mit deren Hilfe man auf der Grundlage der ptolemäischen Theorien und Beobachtungen arabischer Wissenschaftler die Positionen der Sonne, des Mondes und der Planeten bestimmte, waren im 13. Jahrhundert auf Geheiß des Königs Alfons von Kastilien berechnet worden. Kopernikus' Exemplar existiert heute noch.

Als Kopernikus 22 Jahre alt war, gingen er und sein Bruder (wie die Legende besagt) »über die Alpen« nach Italien, um dort ihre Studien fortzusetzen. Der einflußreiche Onkel hatte seinen Doktor der Rechte in Bologna erworben, an der ältesten Universität Italiens, die besonders für ihre juristische Fakultät berühmt war. Er hoffte, Kopernikus' Neigungen von der Astronomie fort und auf die Juristerei hin zu lenken. Doch Kopernikus ließ sich die Gelegenheit nicht entgehen, in Bologna die führenden Gelehrten der Astronomie und Astrologie kennenzulernen.

Vermutlich hat ihn dort ein bedeutender Lehrer, Maria de Novara, der nicht Astronom, sondern Mathematiker war, stark beeinflußt. Novara war Neuplatoniker, und Kopernikus hatte bereits eine gewisse Neigung zu neuplatonischen Ansichten gezeigt. Der Neuplatonismus suchte hinter der scheinbaren Komplexität der Natur die ihr zugrundeliegende einfache mathematische und geometrische Realität zu entdecken. An Pythagoras anknüpfend, sahen die Neuplatoniker die Sonne als Quelle aller lebenswichtigen Prinzipien und Energien im Universum. Novara selbst vertrat die Auffassung, daß eine so komplizierte und umständliche Theorie wie die des Ptolemäus die Wahrheit nicht korrekt wiedergeben könne.

Kopernikus war Mathematiker genug, um die komplizierte ptolemäische Astronomie für unpraktisch zu halten. Irgendwann – den genauen Zeitpunkt kennen wir nicht – löste sich Kopernikus von diesem Weltbild und gelangte schließlich zu der Überzeugung, daß ein einfacheres Modell das Universum weitaus genauer beschreibt. Daß er Ptolemäus' Weltbild in Frage stellte, ohne daß Beobachtungen einen zwingenden Grund dafür geliefert hätten, mag auch auf die Beziehung zwischen Kopernikus und Novara zurückzuführen sein.

Der Onkel sorgte als Bischof dafür, daß Kopernikus und sein Bruder zu Domherren von Ermland ernannt wurden, eine Stellung, die sowohl kirchliche als auch weltliche Befugnisse umfaßte. Das Domkapitel ließ Kopernikus gern ziehen, als er seine Absicht bekundete, Medizin zu studieren, denn es mangelte an Ärzten. So brach Kopernikus im Jahr 1501 erneut auf, diesmal zur Universität Padua und ihrer berühmten medizinischen Fakultät. Er widmete sich denn auch mit gebührendem Eifer der Medizin, doch der akademische Grad, den er schließlich erwarb, war rätselhafterweise der eines Doktors des Kirchenrechts der Universität Ferrara. Der Ortswechsel ist möglicherweise damit zu erklären, daß er in Ferrara niemanden kannte und sich daher die Ausgaben für die üblicherweise fällige Promotionsfeier ersparen konnte.

1503 kehrte Kopernikus nach Polen zurück, um es – was nach einem derart kosmopolitischen Auftakt überrascht – nie wieder zu verlassen. Er erwarb sich einen Ruf als exzellenter Arzt und soll während einer schweren Epidemie im Jahr 1519 viele Menschenleben gerettet haben. Von 1503 bis 1512, inzwischen in den Dreißigern, lebte Kopernikus auf Schloß Heilsberg (Lidzbark), dem Sitz seines Onkels, des Bischofs von Ermland. Er war Sekretär und Leibarzt seines Onkels und dank seiner in Bologna erworbenen Rechtskenntnisse eine einflußreiche Persönlichkeit in der ermländischen Politik. Daneben fand er Zeit für astronomische Beobachtungen, die er sorgfältig festhielt. Noch als Mitglied des Heilsberger Kapitels schrieb er um 1507 ein Buch, in dem er behauptete, die ptolemäische Theorie sei falsch. Das Buch war kurz, etwa zwanzig Manuskriptseiten. In dieser Form (es wurde nicht gedruckt) kursierte es zunächst als anonyme Schrift und mit unbekanntem Titel unter den Wissenschaftlern, die Kopernikus kannte. Später erhielt es den Titel *Nicolai Copernici de Hypothesibus Motuum Coelestium a se Constitutis Commentariolus*, gewöhnlich abgekürzt mit *Commentariolus* (kurzer Kommentar).

Die von Kopernikus im *Commentariolus* erstmals dargelegte heliozentrische Astronomie löste keineswegs alle Probleme, die die ptolemäische Astronomie unbeantwortet gelassen hatte. In dem Bemühen, den Ausgleichspunkt abzuschaffen, der ihm ein besonderer Dorn im Auge war, mußte er, da er die kreisförmigen Umlaufbahnen beibehielt, Epizykel benutzen, um die Bewegung der Planeten zu erklären. Der *Commentariolus* enthält nur wenige mathematische Überlegungen; er ist kaum mehr als ein Entwurf. Dennoch stellte er einen enormen Schritt nach vorne dar. Kopernikus behauptete darin, daß man die Himmelsbewegungen einfacher und logischer erklären könne, als es die ptolemäische Astronomie getan hatte, wenn man die Sonne in den Mittelpunkt rücke.

Auch das Universum, wie es Kopernikus im *Commentariolus* beschrieb, bestand aus Sphären. Doch statt der Erde bildete jetzt die Sonne den Mittelpunkt des Modells, und es gab eine Sphäre, die die Entfernung der Erde von der Sonne darstellt, in der sich die Erde bewegt, eine Sphäre, die die Sonne und die Sphären von Merkur und Venus einschließt. Die kleine Sphäre, in der sich der Mond bewegt, ist die einzige, die die Erde zum Mittelpunkt hat.

Kopernikus legte sieben Hypothesen vor:

1. Alle Himmelssphären haben nicht nur einen gemeinsamen Mittelpunkt.
2. Der Mittelpunkt der Erde ist nicht der Mittelpunkt des Universums, der Mittelpunkt der Erde ist aber das Zentrum der Schwerkraft und der Sphäre des Mondes.
3. Alle Sphären (außer der des Mondes) drehen sich um die Sonne, als wäre die Sonne ihr Mittelpunkt, also liegt der Mittelpunkt des Universums in der Nähe der Sonne.
4. Das Sternenfirmament ist extrem weit entfernt. Verglichen mit der Entfernung von der Erde zum Firmament ist die Entfernung von der Erde zur Sonne verschwindend klein.
5. Was wir als Bewegungen am Sternenfirmament wahrnehmen, sind nicht dessen Bewegungen, sondern die der Erde. Die Erde mit den ihr zugehörigen Elementen Luft und Was-

ser rotiert einmal täglich um ihre Pole, während das Firmament bewegungslos bleibt.

6. Was wir als Bewegungen der Sonne wahrnehmen, ist in Wirklichkeit die Bewegung der Erde und der Sphäre, mit der wir in der gleichen Weise um die Sonne kreisen, in der die anderen Planeten in ihren Sphären kreisen.

7. Was uns als Rückwärts- und Vorwärtsbewegung der Planeten erscheint, ist nicht deren Bewegung, sondern die der Erde. Die Bewegung der Erde allein reicht aus, um viele unterschiedliche Himmelsphänomene zu erklären.

Kopernikus schreibt anschließend: »Die Himmelskreise umfassen sich in folgender Reihenfolge: Der höchste kommt den Fixsternen zu, er ist unbeweglich, enthält alles, und nach ihm richtet sich alles. Unter ihm befindet sich der des Saturn, auf den der des Jupiter folgt. Darunter kommt der des Mars. Diesem wieder eingefügt ist der Bahnkreis, in dem wir herumbewegt werden. Dann folgt der der Venus, und der letzte ist der des Merkur. Der Bahnkreis des Mondes aber dreht sich um den Mittelpunkt der Erde.«

Kopernikus hatte damit zwar eine Bombe gezündet, aber es gab keine Explosion. Außerhalb Polens erfuhr kaum jemand von seinem Buch. Seine Hypothesen wurden weder öffentlich diskutiert noch angefochten. Die katholische Kirche wurde auf ihn aufmerksam, hielt seine Idee aber offensichtlich nicht für bedrohlich. Ideen gegenüber, die die traditionelle Astronomie in Frage stellten, hatte die Kirche seit mindestens zwei Jahrhunderten die tolerante Haltung des Laisser-faire eingenommen, auch gegenüber den Ideen des Nikolaus von Kues, der immerhin Kardinal war. Falls eingefleischte ptolemäische Astronomen in Kopernikus eine potentielle Gefahr gewittert haben sollten, so werden sie zu dem weisen Schluß gelangt sein, die beste Verteidigung gegen das neue Modell bestehe in seiner Nichtbeachtung. Sollte es doch der Vergessenheit anheimfallen.

Als Kopernikus' Onkel 1512 starb, nahm dessen Leben eine neue Wendung. Er zog von Schloß Heilsberg nach Frauenburg (Frombork), denn er war Kanzler des Domkapitels von Ermland, und Frauenburg war der Sitz des Kapitels. Dort sollte er in einem Turm neben dem Dom sein wichtigstes Werk verfassen. Seinen Wohnort bezeichnete er als »den entlegensten Winkel der Erde«, was ihn aber offensichtlich nicht übermäßig störte und auch nicht von seiner wissenschaftlichen Arbeit abhielt. Kopernikus war ein bescheidener, ruhiger Mensch, der nichts dagegen einzuwenden hatte, daß er sich und die Erde aus dem Zentrum der Dinge entfernt hatte.

Während seiner Zeit in Frauenburg führte Kopernikus eine Reihe astronomischer Beobachtungen durch – nicht so exakt wie die der Griechen, denn Kopernikus war in der beobachtenden Astronomie nicht sonderlich erfahren. Auch begann er mit einem zweiten Buch (oder setzte die Arbeit daran fort). Man hätte meinen können, der Tod seines Onkels hätte ihm mehr Zeit für seine Astronomie gelassen, doch mußte er sich mit ernsten Problemen befassen. Er mußte mit dem Deutschen Ritterorden verhandeln, einer der Mächte, die Polen immer wieder zu teilen drohten. Als die Diplomatie versagte, kam es zu kriegerischen Auseinandersetzungen. Kopernikus zog nach Allenstein, denn er war zu halsstarrig, um sich mit den übrigen Domherren nach Danzig zurückzuziehen; er blieb im belagerten Allenstein und organisierte den Widerstand. Als die Belagerung schließlich aufgehoben und die Kämpfe eingestellt wurden, leitete er diverse »Aufräumarbeiten«. Während des Wiederaufbaus nach diesem Krieg wurde Kopernikus auch mit wirtschaftlichen Problemen konfrontiert, und er schrieb ein kurzes, aufschlußreiches Traktat, in dem er eine Reform des Münzwesens vorschlug. Hätte Kopernikus nicht die heliozentrische Astronomie eingeführt, wäre er möglicherweise durch seinen bescheidenen Beitrag zur Ökonomie in Erinnerung geblieben.

Schließlich kehrte Kopernikus nach Frauenburg zurück, wo seine Pflichten als Verwalter und Arzt vermutlich den größten Teil seiner Zeit in Anspruch nahmen. Dennoch setzte er die Arbeit an seinem Buch fort. Es war vermutlich im wesentlichen fertig, doch er war ein sorgfältiger Mensch, der auch Details berücksichtigte und die Probleme anging, die sich aus den ihm verfügbaren astronomischen Daten ergaben. Er versuchte zum

Beispiel vergeblich zu erklären, warum die Kreisbahn der Erde zu schwingen schien. Bei diesen Schwingungen, von ihm »Zittern« genannt, handelte sich aber, wie Astronomen später herausfanden, um eine Täuschung. Worüber Kopernikus sich den Kopf zerbrochen hatte, war letztendlich das Resultat unzulänglicher Daten. Fred Hoyle, einer der großen Astronomen unseres Jahrhunderts, schreibt in seinem Buch *Nicolaus Copernicus: An Essay on His Life and Work* über seine Vorgänger:

> Die frühen Astronomen konnten nicht wissen, welche Probleme sie würden lösen können. Also mußten sie alles ausprobieren. Die Tatsache, daß unlösbare Probleme mit lösbaren vermengt waren, erschwerte ihnen auch die Beschäftigung mit den lösbaren. Das muß man immer bedenken, um die Schwierigkeiten zu verstehen, mit denen Ptolemäus und Kopernikus zu kämpfen hatten. Beide gaben sich große Mühe, den Mond zu verstehen, wären aber vermutlich mit weniger Mühe weiter gekommen, wenn sie dieses Problem ignoriert hätten.

Freunde drängten Kopernikus, sein Buch zu veröffentlichen, aber er klagte immer noch, es sei nicht ganz fertig. Das erinnert uns an Johannes Brahms, der das vollständige Manuskript seiner ersten Symphonie in der Manteltasche mit sich herumtrug, weil er es nicht über sich brachte, es der Öffentlichkeit zu präsentieren. Kopernikus war im Begriff, ein Weltbild vorzustellen, das im Widerspruch zu dem stand, was fast alle intelligenten, gebildeten Menschen seit Jahrtausenden gedacht hatten. Er war inzwischen ein bekannter und angesehener Astronom, und er wollte nicht unbedingt als exzentrischer Narr gelten. Es heißt oft, der Konflikt mit den damaligen Astronomen habe sich an Kopernikus' gesamtem Weltbild entzündet, doch ihm ging es um technische und mathematische Einzelheiten. Solange er diese Details nicht zu seiner Zufriedenheit klären konnte, war er von seinem Erfolg nicht überzeugt. Und trotz all seiner Bemühungen wies sein Modell Mängel auf. Kopernikus war überzeugt, daß seine neue Ordnung des Universums zu einer schlüssigeren und effektiveren Astronomie führen könne, es gelang ihm allerdings nicht, diese Verbesserung so deutlich zu machen, wie er es sich gewünscht hätte.

Doch sein Buch war nicht seine einzige Sorge. Inzwischen in den Sechzigern, war er nicht mehr bei bester Gesundheit. Gnapheus, ein unbedeutender Dramatiker, schrieb eine Komödie mit dem Titel *Der weise Narr*, in der Kopernikus verspottet wurde. Gerüchtweise hieß es, Martin Luther habe bei Tisch unbedachte spöttische Bemerkungen darüber gemacht, daß nun auch die Erde bewegt werde. Und in seiner Heimat geriet Kopernikus in eine unrühmliche Auseinandersetzung mit dem neuen Bischof von Ermland. Aus den Dokumenten geht nicht eindeutig hervor, ob er die Wahl dieses Mannes unterstützte oder verhindern wollte und ob der Bischof vielleicht aus Rachsucht handelte, als er anordnete, Kopernikus' Haushälterin Anna Schillings, eine Witwe, die mütterlicherseits entfernt mit Kopernikus verwandt war, solle ihre Stellung kündigen. Der Bischof (angeblich selbst kein Ausbund an Tugend) hielt es für fragwürdig und unschicklich, daß sich die hübsche, gebildete Frau in Kopernikus' Haus aufhielt. Nachdem er sich über ein Jahr lang geweigert hatte, gab Kopernikus schließlich nach und entließ sie.

Trotz dieser Ärgernisse und Verzögerungen hatte Kopernikus Ende der 1530er Jahre, in etwa 1800 Jahre nach Aristarch, das Buch fast abgeschlossen, welches letztendlich diesen antiken Astromen rehabilitierte und zu einem der bedeutendsten Wendepunkte in der Geistesgeschichte der Menschheit werden sollte: *De Revolutionibus Orbium Coelestium* (Über die Umläufe der Himmelskörper). Kopernikus schrieb das Manuskript eigenhändig in Langschrift, genau wie den *Commentariolus*. Es umfaßte über zweihundert Seiten. In dem Buch arbeitete er den Entwurf aus, den er im *Commentariolus* geliefert hatte, wobei die zentrale These auch wieder die war, daß nicht die Erde, sondern die Sonne der Mittelpunkt des Systems ist.

Noch während Kopernikus an der Ausarbeitung von *De Revolutionibus* saß, sickerte durch, daß in Frauenburg eine radikale Umwälzung im Gange sei. Der *Commentariolus* hatte nur gerin-

67

ge Verbreitung gefunden, war aber dennoch wahrgenommen worden, und Kopernikus' Freunde und Förderer äußerten sich begeistert, besonders Bischof Tiedemann Giese. Papst Clemens VII. ließ sich schon 1533 die neue heliozentrische Lehre von seinem Sekretär erläutern. Nikolaus Kardinal Schönberg von Capua erkundigte sich 1536 bei Kopernikus nach seinen Theorien, und dieser schickte ihm einige Erklärungen und Tabellen. Daraufhin wechselte der Kardinal überzeugt ins kopernikanische Lager über. Er drängte Kopernikus, sein Buch der Allgemeinheit zugänglich zu machen, und erbot sich, Veröffentlichung und Druck zu finanzieren. Leider verstarb der Kardinal, bevor er sein Angebot einlösen konnte, doch Kopernikus erwähnte in der Widmung des Buches, daß er durch ihn und durch Bischof Tiedemann Giese zu seinem Werk ermutigt worden sei. Es war jedoch kein katholischer Kirchenmann, sondern ein junger Mathematiker namens Rheticus aus dem protestantischen Wittenberg, der Kopernikus schließlich dazu bewegen konnte, sein Werk zu publizieren.

Rheticus hatte eine Jugend hinter sich, um die man ihn wahrlich nicht beneiden konnte. Sein Vater war wegen Hexerei enthauptet worden, als Rheticus noch ein Knabe war, und er änderte seinen Namen von Georg Joachim von Lauchen in Rheticus, da er aus Rätien stammte. Als junger Professor an der Universität Wittenberg war er von dem, was er über Kopernikus' Ideen hörte, tief beeindruckt. 1539 reiste er nach Frauenburg, um Kopernikus persönlich kennenzulernen. An Mut mangelte es Rheticus offensichtlich nicht, war doch seine Universität Wittenberg das Zentrum des Luthertums, während Ermland, wo Kopernikus Domherr war, katholisch und entschieden antilutherisch war. Doch die beiden Männer, der eine 66, der andere 22, haben sich offenbar glänzend verstanden, denn Rheticus blieb ganze zwei Jahre. Er schrieb eine knappe Zusammenfassung der kopernikanischen Theorie, deren Veröffentlichung positiv aufgenommen wurde, woraufhin Kopernikus sich endlich bereit fand, *De Revolutionibus* herauszugeben.

Der Fortgang der Geschichte ist kompliziert. Nach der gängigen Version mußte Rheticus nach Wittenberg zurück, bevor

Kopernikus wirklich bereit war, das Manuskript seines Buches aus der Hand zu geben. Rheticus nahm nur die ersten, mathematischen Kapitel mit. Kurz darauf schickte Bischof Giese Rheticus das vollständige Manuskript, mit Kopernikus' Zustimmung. Rheticus brachte es einem Nürnberger Drucker und hatte zunächst vor, den Druck zu überwachen. Doch dann wurde er auf eine neue, besser bezahlte Professur in Leipzig berufen und überließ die Korrektur der restlichen Druckfahnen Andreas Osiander, einem lutherischen Theologen, der sich wegen der möglichen Reaktionen der Kirche größere Sorgen machte als Rheticus. Die katholische Kirche hatte sich weder in der einen noch in der anderen Richtung geäußert, sieht man von der Unterstützung durch Kardinal Schönberg und Bischof Giese ab, doch Luther hatte, wie bereits erwähnt, negativ dazu Stellung genommen. Osiander drängte Kopernikus, möglichen Angriffen zuvorzukommen und in einem Vorwort zu erklären, seine Theorie sei lediglich als Hypothese ohne Wahrheitsanspruch zu verstehen. Das lehnte Kopernikus ab. Er widmete das Buch Papst Paul III., einem Gelehrten, der sich für Naturwissenschaft interessierte. Osiander beschloß, das Vorwort, das Kopernikus nicht schreiben wollte, selbst zu verfassen. Er ließ es ohne Angabe seines Namens drucken, wohl in der Befürchtung, sein Ruf als Papstfeind könne Kopernikus verdächtig machen.

Am 24. Mai 1543, rund einen Monat nachdem der Druck von *De Revolutionibus* beendet war, starb Kopernikus. Es heißt, er habe das fertige Buch noch gesehen. Da er nach einem Schlaganfall bettlägerig und möglicherweise nicht mehr bei Bewußtsein war, sind Zweifel an dieser Version angebracht. So ist vielleicht nicht zu seiner Kenntnis gelangt, daß Osiander das von ihm selbst verweigerte Vorwort anonym geschrieben hatte, ein Vorwort, in dem es hieß, sein neues Schema sei bloße Hypothese, und das die Warnung enthielt: »Niemand sollte etwas Sicheres von der Astronomie erwarten, auf daß er nicht seine Studien als größerer Narr denn vorher beende.« Sollte Kopernikus davon erfahren haben, so ist doch nichts über seine Reaktion bekannt.

Obwohl Kopernikus Erstaunliches geleistet und die Veröffentlichung immer wieder verschoben hatte, waren etliche Mängel geblieben, und *De Revolutionibus* setzte die heliozentrische Astronomie nicht in dem Maße durch, wie er es sich erhofft hatte. Er hatte es zwar geschafft, auf den Ausgleichspunkt zu verzichten, doch mußte er, um die Bewegungen der Planeten zu erklären, auf Epizykel und Exzenter zurückgreifen. Das Ergebnis war kaum weniger kompliziert und unhandlich als die ptolemäische Astronomie.

Trotzdem hatte das neue System eindeutige Vorzüge. Dank der neuen Ordnung des Himmels konnte Kopernikus das rätselhafte Problem der »rückläufigen« (oder retrograden) Bewegung der Planeten auf ganz unkonventionelle Weise angehen. Die rückläufige Bewegung tritt auf, wenn ein Planet in »Opposition« ist, wenn er also von der Sonne aus betrachtet der Erde gegenübersteht. (Nur Mars, Jupiter, Saturn und die übrigen, seit Kopernikus' Zeit entdeckten Planeten können in Opposition sein. Venus und Merkur, deren Bahnen näher zur Sonne verlaufen als die der Erde, können nie in Opposition sein.) Gewöhnlich ziehen die Planeten vor dem Sternhintergrund von Westen nach Osten. Doch vor und nach einer Opposition scheint es, als ziehe der Planet von Osten nach Westen. Ptolemäus hatte zur Lösung dieses Problems Epizykel benutzt. In Kopernikus' Modell, in dem alle Planeten einschließlich der Erde die Sonne umkreisen, »holt die Erde auf« und eilt dem anderen Planeten voraus, wenn dieser in Opposition ist. Man kann sich zum Vergleich zwei Rennwagen denken, von denen einer auf einer inneren und der andere auf einer äußeren Bahn fährt. Das Stadion ist vollkommen dunkel bis auf ein Licht auf dem Dach des Wagens auf der äußeren Bahn und ein paar Straßenlampen in der Ferne. Wenn unser Wagen den anderen einholt und ihm vorausfährt, kommt es uns (vor dem Hintergrund der Straßenlampen) so vor, als führe das Licht rückwärts. Wenn die Bewegung unseres Wagens so gleichmäßig und erschütterungsfrei ist, daß wir den Eindruck haben stillzustehen, können wir zu dem Schluß kommen, der andere Wagen habe kurz angehalten, sei rückwärts gefahren, habe erneut angehalten und dann seine Vorwärtsfahrt fortgesetzt (siehe Abbildung 2.5).

De Revolutionibus machte auch die Tatsache verständlich, daß Merkur und Venus sich nie weit von der Sonne bewegen. Die ptolemäische Astronomie hatte zur Erklärung dieses Rätsels auf Deferenten und Epizykel zurückgegriffen. In Kopernikus' Modell liegen die Umlaufbahnen von Merkur und Venus innerhalb der Umlaufbahn der Erde, und das Rätsel ist keines mehr. Von der Erde aus kann man diese Planeten nur als in Sonnennähe beobachten. Diese Erklärung der Umlaufbahnen von Merkur und Venus war einer der Pluspunkte von Kopernikus' Modell, den viele seiner Zeitgenossen unmittelbar erkennen und schätzen konnten.

Kopernikus ging auch auf die Einwände ein, die in der Antike gegen die Idee erhoben wurden, daß die Erde um ihre Achse rotiert und sich auf einer Kreisbahn bewegt. Von der Vermutung Aristarchs, nicht die Erde, sondern die Sonne bilde den Mittelpunkt des Universums, wußte er vermutlich nicht, als er den *Commentariolus* schrieb; dieser Ansicht ist die Mehrheit der Fachleute, die sich auf die Verfügbarkeit bestimmter Bücher zu seinen Lebzeiten berufen. Er hatte jedoch davon gehört, als er *De Revolutionibus* schrieb, wie bestimmte Passagen in diesem Buch erkennen lassen. Kopernikus erklärte, daß die Atmosphäre sich mit der Erde drehe, und wie Aristarch beharrte er darauf, daß man aus der Tatsache, daß wir keine Sternenparallaxe beobachten, folgern müsse, daß die Sterne extrem weit entfernt sind. Nach den Berechnungen von al-Farghani lag die Entfernung zur Sphäre der Sterne bei mehr als 120 Millionen Kilometer. Im kopernikanischen Modell betrug diese Entfernung das 75fache davon. In einer Illustration aus *De Revolutionibus* (siehe Bildteil) ist der riesige leere Raum, der dadurch zwischen der Sphäre des Saturn und der Sphäre der Sterne klafft, jedoch nicht erkennbar. Sie zeigt Sol, die Sonne, im Mittelpunkt des Universums, umgeben von sieben Planeten in ihren Sphären. Jenseits dieser Sphären gibt es eine weitere namens »Stellarum Fixarum Sphaera Immobilis«, die »unbewegliche Sphäre der

Abbildung 2.5

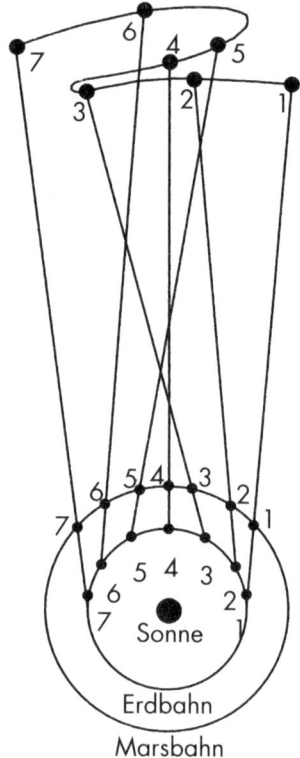

Kopernikus' Erklärung für die rückläufige Bewegung eines Planeten

Die Sonne befindet sich im Zentrum. Der innere Ring ist die Erdbahn.
Der äußere Ring ist die Bahn des Planeten Mars. Versetzen Sie sich
während des Umlaufs der Erde an die Orte 1, dann 2 usw. Die durch
den entsprechenden Punkt auf der Marsbahn gezogenen Geraden
zeigen, wo sich der Planet jeweils in Ihrer Sichtlinie befindet. Der
Schnörkel im oberen Teil der Zeichnung zeigt das Muster, das diese Ortsveränderungen (der Erde und des Planeten) relativ zum fernen Sternhintergrund erzeugen werden, und man erkennt, warum
der Planet »umzukehren« scheint.

Fixsterne«. Kopernikus glaubte, anders als Ptolemäus und die ptolemäischen Astronomen, die Sterne würden sich nicht bewegen.

1551, acht Jahre nach Kopernikus' Tod und der Veröffentlichung seines Buches, erschienen die ersten, einfach zu handhabenden Tafeln, die auf der kopernikanischen Theorie basierten. Gegenüber den ptolemäischen Tafeln stellten sie eine erhebliche Verbesserung dar (was auch daran lag, daß es seit langem keine neuen Tafeln gegeben hatte), doch von absoluter Genauigkeit waren sie noch weit entfernt, weil die Astronomen sich noch überwiegend auf die Beobachtungen des Ptolemäus stützten.

In der Geschichte der menschlichen Reflexion über das Universum und die Stellung der Menschheit in ihm gibt es keinen Abschnitt, der so verwickelt und letztendlich so entscheidend gewesen wäre wie die anderthalb Jahrhunderte nach dem Erscheinen von *De Revolutionibus* im Jahre 1543. Die Historiker sprechen von einer wissenschaftlichen »Revolution«. Hundertfünfzig Jahre – das ist nach politischen Maßstäben eine lange und langsame Revolution, doch keine politische Revolution hat tiefergreifende Auswirkungen gehabt. Es ist erstaunlich, daß der Schuß, den man schließlich auf der ganzen Welt vernahm, so lange gebraucht hatte, um an die Ohren der Menschen zu dringen, und daß er von einem hochspezialisierten Buch ausgegangen war, das nur fachlich gebildete Mathematiker und Astronomen verstehen konnten, einem Buch, dessen Verfasser seine Sache nicht sehr überzeugend vertrat. Doch im Lauf von anderthalb Jahrhunderten lösten sich immer mehr Menschen von der Vorstellung eines geozentrischen Universums und eigneten sich die Vorstellung eines heliozentrischen, unendlichen Universums an. Die Wissenschaft wurde für viele zur entscheidenden Instanz über wahr und unwahr.

Daß es anfangs keine Reaktion auf Kopernikus' Buch gab, lag auch daran, daß es selbst dem gebildeten Publikum an Fachwissen mangelte, um *De Revolutionibus* zu verstehen.

Unter denen, die das Buch verstehen konnten, glaubten nur wenige, Kopernikus habe seine Argumente mit einem Wahrheitsanspruch versehen. Osianders Vorwort, das nach Meinung vieler von Kopernikus selbst stammte, trug zu diesem Eindruck nicht unwesentlich bei. Aber auch in der ptolemäischen Tradition wurden neue wissenschaftliche Theorien normalerweise als brauchbare Modelle aufgefaßt, um Vorhersagen über die Stellungen der Planeten zu machen, und nicht als Behauptungen, die das Weltbild der Menschheit verändern sollten. Als dann tatsächlich Widerspruch gegen seine zentrale These laut wurde, hatten – und das war äußerst förderlich für die kopernikanische Astronomie – die meisten Gelehrten sich so an die nützlichen mathematischen Verfahren des Kopernikus gewöhnt, daß sie nicht mehr darauf verzichten wollten. Dank dieser Verfahren etablierte sich die kopernikanische Theorie allmählich in der Gelehrtenwelt. Die Ablösung von der ptolemäischen Astronomie verlief jedoch sehr langsam, und der Historiker John Hedley Brooke weist darauf hin, daß in den Jahren zwischen 1543 und 1600 nur zehn Menschen in dem Sinne als »prokopernikanisch« bekannt sind, daß sie sich ausdrücklich zu der Ansicht bekannten, die Erde bewege sich.

Manche Gelehrten stimmten Kopernikus' These zu, daß die Erde sich um ihre Achse dreht, nicht aber der, daß sie die Sonne umkreist. Andere stimmten der Auffassung zu, daß die Planeten um die Sonne kreisen, ließen aber die Sonne ihrerseits mitsamt den Planeten um die Erde kreisen. Dieses Schema ging zurück auf den großen dänischen Astronomen Tycho Brahe und auf Nikolaus Reymers Baer (besser bekannt unter dem lateinischen Namen Ursus = Bär), den kaiserlichen Hofmathematiker Rudolfs II. Beide bezichtigten einander des Plagiats. Ausgehend vom Konzept der Relativbewegung, war dies durchaus kein lächerliches Modell, und geometrisch entsprach es vollkommen dem kopernikanischen.

Als sich immer mehr Menschen mit dem Buch beschäftigten und sich Gerüchte über seinen Inhalt ausbreiteten, kam es zu Auseinandersetzungen über *De Revolutionibus*, die nicht ausschließlich an astronomischen oder mathematischen Aussagen festgemacht waren und sich nicht auf diejenigen beschränkten, die das Buch verstanden hatten. Die Reaktionen der astronomischen Laien waren überwiegend negativ, zum Teil sogar sehr heftig, denn die heliozentrische Astronomie des Kopernikus stellte ein Weltbild in Frage, das die Menschen auch Jahrhunderte vor Christi Geburt schon als selbstverständlich betrachtet hatten. Die gebildete Welt zeigte noch immer Ehrfurcht vor Aristoteles. Kopernikus hatte die Erde unter die übrigen Planeten eingereiht, aber wußte man nicht von Aristoteles, daß die Erde aus anderem Stoff gemacht war als die Planeten? Die Planeten bestanden aus einem fünften Element, das in dem verderbten Bereich unterhalb des Mondes nicht vorkam.

Tycho Brahe gab dem Zweifel am aristotelischen Weltbild neue Nahrung, als er zeigte, daß eine Nova, die im Jahre 1572 beobachtet wurde, der große Komet von 1577 und fünf weitere Kometen in den folgenden zwanzig Jahren allesamt weiter entfernt waren als der Mond. Das waren schockierende Nachrichten, hatte Aristoteles doch gelehrt, daß Geburt, Tod und Wandel auf den sublunaren Teil der Welt beschränkt seien und es jenseits des Mondes nur die ewigen, unwandelbaren himmlischen Sphären gebe. Man könnte meinen, Tychos Entdeckung habe entschieden für Kopernikus gesprochen, doch ließ sie sich genausogut mit seiner Vorstellung vereinbaren, daß alle Planeten um die Sonne kreisen und die Sonne ihrerseits um die Erde.

Daß die Menschheit ihrer Stellung im Mittelpunkt des Universums beraubt wurde, sollte immer wieder als Einwand gegen Kopernikus' System vorgebracht werden, doch konnte man dies auch als eine harmlose oder sogar positive Veränderung deuten: Kopernikus zufolge mußte aus der Tatsache, daß von der Erde auf ihrer Umlaufbahn aus keine Sternenparallaxe zu beobachten war, gefolgert werden, daß die Sterne extrem weit entfernt sind. Folglich sind die Menschen im kopernikanischen System dem Mittelpunkt des Ganzen noch sehr nahe. Da die Entfernungen so groß sind, befinden wir uns eigentlich sogar noch im Mittelpunkt. Andere wiesen darauf hin, daß das Zentrum des Ganzen im aristotelischen Modell durchaus keine erstklassig gelegene Immobilie war, herrschte doch jenseits der

Mondbahn Vollkommenheit, darunter jedoch Verderbnis, mit der Erde als deren Mittelpunkt. Hier war das Reich des Verfalls und des Wandels. Das Christentum verband diesen Verfall mit dem Sündenfall der Menschheit. Im Mittelpunkt, im Erdinneren, war die Hölle, Satans Reich. Doch warum sollte man so hartnäckig an der Vorstellung festhalten, wir lebten im erbärmlichsten Winkel der Welt? Wieviel schöner war doch die Erkenntnis, daß wir weit davon entfernt waren, uns bewegten und reinere Luft atmen konnten! Es wurde sogar Kritik am kopernikanischen System laut, weil es den Menschen über seine wahre Stellung hinaus erhöhe.

Man fragte sich, ob es möglicherweise außerirdisches Leben gebe, und diese Frage wurde in kirchlichen Kreisen und Schriften erörtert. Wenn die Erde ein Planet wie alle anderen war, könnten dann die anderen nicht auch bewohnt sein? Hatten sie, genau wie wir, die Gunst Gottes verloren? War Christus auch für sie ans Kreuz geschlagen worden? Diese Fragen gaben Anlaß zu allerlei Befürchtungen, doch sah die Mehrheit der Theologen darin keinen Grund, das kopernikanische System abzulehnen, wenngleich einige Gegner sich lautstark zu Wort meldeten. Ein anderes Problem: Im prä-kopernikanischen Weltbild waren Himmel und Hölle in völlig unterschiedlichen Regionen beheimatet. Der Himmel lag jenseits der äußersten Sphäre, die Hölle tief im Inneren der Erde. Mußte man jetzt mit dem neuen System annehmen, daß die Hölle durch den Raum wirbelte und Dante sich in seinem Grabe umdrehte?

Bis ins erste Jahrzehnt des 17. Jahrhunderts hinein unternahm die katholische Kirche nichts gegen Kopernikus' Theorien. *De Revolutionibus* wurde gelesen, diskutiert und gelegentlich sogar an katholischen Universitäten gelehrt, und Kopernikus' Arbeit war für katholische Gelehrte die Berechnungsgrundlage für den neuen, 1582 eingeführten Gregorianischen Kalender. Im protestantischen Lager enthielt sich Luther weiterer feindseliger Aussagen. Calvin äußerte, der Heilige Geist habe »nicht die Absicht, Astronomie zu lehren«. Die antikopernikanischen Aussagen, die Calvin häufig zugeschrieben werden, sind eine Erfindung des späten 19. Jahrhunderts. Anders als die christlichen Fundamentalisten von heute hielten weder Luther noch Calvin die Bibel für die oberste Instanz in Fragen, die nicht unmittelbar mit dem Glauben und dem rechten Lebenswandel zusammenhingen. Von den zehn oben erwähnten Kopernikanern zwischen 1543 und 1600 waren sieben Protestanten und drei Katholiken. Doch wie der Dichter John Donne richtig beobachtete, »lebten und glaubten die meisten Menschen, wie sie zuvor getan«.

Mit dem ausgehenden 16. Jahrhundert erschienen Kopernikus' Lösungen und Verfahren und die kopernikanischen Tafeln den nachfolgenden Generationen von Mathematikern und Astronomen immer überzeugender und unentbehrlicher, und jede neue Generation entfernte sich weiter vom ptolemäischen Weltbild. Owen Gingerich, den wir zu Beginn dieses Kapitels erwähnten, hat sich vorgenommen, noch erhaltene frühe Ausgaben von *De Revolutionibus* aufzuspüren, zu katalogisieren und auf Anmerkungen hin zu untersuchen, die von Gelehrten des 16. Jahrhunderts in Form von aus dem Mittelalter überkommenen »Glossen« am Rand notiert wurden. Randbemerkungen, Erläuterungen und Einwände wurden, wie er festgestellt hat, vom Lehrer an den Schüler weitergegeben, manchmal über Generationen hinweg, und verzweigen sich nach Art eines Stammbaums. In seinem Buch *The Great Copernicus Chase* schreibt er: »Diese Anmerkungen aus zweiter Hand zeigen, daß Kopernikus' revolutionäre neue Lehre zwar nicht in die regulären Lehrpläne der Universitäten Eingang fand, daß aber ein Netz von Astronomieprofessoren den Text aufs genaueste studierte und ihre Schützlinge die Bemerkungen sorgfältig abschrieben und auf dem Rand nachgedruckter Exemplare des Buches festhielten, mit einer Genauigkeit, die durch mündliche Überlieferung allein unmöglich zu erreichen ist.« Es ist außer Zweifel, daß Kopernikus' Ideen sich verbreiteten und zunehmend Wirkung zeigten. Wie es schien, ging die kopernikanische Astronomie einem friedlichen Sieg entgegen, und die Bibel konnte neu ausgelegt werden, damit sie mit dem neuen Weltbild übereinstimmen würde.

In der hellenistischen Welt hatte Aristarchs Auffassung die geozentrische Astronomie nicht umzustürzen vermocht. Was hatte sich jetzt geändert, daß die Neuerung akzeptiert wurde? Zum einen hatte Aristarch einfach nur die Vermutung geäußert, nicht die Erde, sondern die Sonne liege im Mittelpunkt des Universums, während Kopernikus seinen Lesern eine Menge Mathematik lieferte, die ihnen zu denken gab und die sie anregend und nützlich fanden, auch wenn sie nicht ganz seiner Meinung waren. Hinzu kamen zu Beginn des nächsten Jahrhunderts die starke Unterstützung von seiten der beobachtenden Astronomie, sowie neue Beobachtungsdaten, die die ptolemäische Astronomie jener Zeit nur schwer, die kopernikanische Astronomie dagegen leicht zu erklären vermochte.

Um aber richtig zu verstehen, warum eine Idee, die in der Antike ignoriert worden war, sich 17 Jahrhunderte später durchsetzte, darf man sich nicht auf Astronomie und Mathematik beschränken. Im 16. und zu Beginn des 17. Jahrhunderts gärte es in Europa in Wissenschaft, Religion, Politik und Kultur. Auf allen Gebieten begann man sich gegen das Alte aufzulehnen und überkommene Annahmen anzuzweifeln. Der Antiaristotelismus und der Humanismus stellten das bisherige wissenschaftliche Denken in Frage und formten es um, und der Neuplatonismus strebte nach geometrischer und mathematischer Harmonie und Einfachheit, wie man sie in der ptolemäischen Astronomie vergeblich suchte. Luther, Calvin und deren Nachfolger, aber auch Heinrich VIII. von England widersetzten sich der Autorität der römisch-katholischen Kirche und boten statt einer einzigen Autorität und Lehre eine verwirrend große Vielfalt. Auch die katholische Kirche hatte sich in unterschiedliche Lager und Strömungen untergliedert, so daß man eigentlich nicht von »der Kirche« als einem Monolithen sprechen kann. Das Zeitalter der großen Entdeckungen war angebrochen. Als Kopernikus knapp zwanzig Jahre alt war, segelte Kolumbus Richtung Neue Welt. Die alten Karten des Ptolemäus erwiesen sich als ungenau. Gab es vielleicht Gründe, auch seine Astronomie in Frage zu stellen? Nachdem antike Kopien von Ptolemäus' Werk aufgetaucht waren, konnte man auch nicht mehr hoffen, daß die Probleme seiner Astronomie auf Fehlinterpretationen durch die Araber zurückzuführen waren, die man korrigieren könnte, wenn den Gelehrten erst einmal der originale Wortlaut von Ptolemäus bekannt sein würde. Die Welt damals war also bereit für die Erkenntnis, daß sie durch das koperni-kanische Weltbild nicht nur wieder auf dem Wissensstand der Antike war, sondern diesen sogar hinter sich gelassen hatte und nun ohne den Ballast der Vergangenheit vorwärtsschreiten konnte.

Es war nicht Nikolaus Kopernikus allein, der das seit der Anti-ke herrschende geozentrische Weltbild zu Fall brachte. Doch er öffnete die Tür, die zu unserem modernen Verständnis des Uni-versums führen sollte. Diesmal sollte die Tür nicht wieder zufal-len. Hoyle faßt es so: »Kopernikus' Leistung halten wir heute für so bedeutsam, weil er die Aufmerksamkeit der Welt genau auf den richtigen Punkt lenkte, an dem die Natur ihre Geheim-nisse einfach preisgeben mußte.« Und bedient sich eines Aus-drucks aus der Bergsteigersprache: Kopernikus habe den »Angriffspunkt« entdeckt. Andere sollten bald zu ihrer Ausrü-stung greifen, um den Aufstieg zu wagen.

3. Kapitel

Verstärkung für das bloße Auge
1564-1642

*Daß derselbe Gott, der uns mit Sinnen, Verstand und Urteilsvermögen aus-
gestattet hat, uns deren Anwendung nicht erlauben will, das bin ich, scheint
mir, nicht verpflichtet zu glauben.*

GALILEO GALILEI

Man kann sich kaum zwei gebildete Männer derselben historischen Epoche vorstellen, die sich in ihrer Herkunft und Persönlichkeit stärker voneinander unterschieden als Johannes
Kepler und Galileo Galilei. Kepler war ein stiller, in sich gekehr-
ter Mann aus Weil der Stadt, in Württemberg, an den Ausläufern des Schwarzwalds nahe Stuttgart gelegen. Galilei war eine
schillernde, lebhafte, beeindruckende Persönlichkeit und lebte
in Florenz und Pisa, als diese beiden Städte bedeutende wirt-
schaftliche und politische Machtzentren waren, von denen die
künstlerische und geistige Erneuerung ausging.

Kepler kam eigentlich aus einer angesehenen Familie – sein
Großvater war Bürgermeister gewesen –, aber sein Vater war ein
übellauniger Taugenichts, der seine Familie im Stich ließ, und
seine Mutter eine bösartige Intrigantin, die sich mit Okkultis-
mus befaßte und beinahe als Hexe auf dem Scheiterhaufen
gelandet wäre. Galileis Vater hingegen war ein gebildeter Kauf-
mann, der in den intellektuellen Kreisen von Florenz hohes
Ansehen als exzellenter Musiker und Musiktheoretiker genoß.

Kepler war ein bescheidener, zurückhaltender Mensch, der
nicht leicht Freundschaften schloß; er verdiente sich seinen
Lebensunterhalt mehr schlecht als recht, indem er Unterricht
erteilte, womit er nicht sonderlich erfolgreich war, und indem
er Horoskope erstellte, womit er durchaus sehr erfolgreich

gewesen sein soll; daneben widmete er sich seinen wahren Leidenschaften, der Mathematik, der Astronomie und der Philosophie. Galilei dagegen gewann leicht Freunde, und ebenso schnell machte er sich Feinde; er genoß es, im Rampenlicht zu stehen, und er war bekannt, ja sogar berühmt. Er war sehr von sich überzeugt, wußte sich gut in Szene zu setzen, und er konnte seine wissenschaftlichen Ideen wissenschaftlichen Laien erstaunlich gut verständlich machen, darunter auch hochgestellten Persönlichkeiten, bei denen er sich lieb Kind machen wollte.

Kepler war ein frommer Protestant, Galilei ein überzeugter Katholik.

Doch bedeutsamer als all diese Unterschiede war ihre gegensätzliche wissenschaftliche Vorgehensweise. Kepler ließ sich von seiner Intuition und von spontanen Eingebungen leiten. Er war ein Anhänger des neuplatonischen christlichen Glaubens, daß dem von Gott erschaffenen Universum eine schöne, verborgene Harmonie innewohnen müsse, daß so unterschiedlich geartete Dinge wie die Musik, die Geometrie und die Kosmologie miteinander zusammenhängen müßten, daß sie sich zu einem Ganzen fügen und sich gegenseitig erklären müßten. Galilei irrte zwar – so behauptete er zum Beispiel, die Gezeiten seien ein eindeutiger Beweis für die kopernikanische Theorie –, doch aus heutiger Sicht kam er der Wahrheit sehr viel näher als Kepler, in dessen Gesamtwerk sich die berühmten Entdeckungen wie kleine Inseln von verblüffendem Scharfsinn in einem Meer wirrer Gedanken ausnehmen. Vieles von dem, was er schrieb, kommt uns sogar völlig verrückt vor. Doch wir müssen daran denken, daß auch seine bedeutendsten Beiträge zu unserem Verständnis des Universums auf intuitiven Eingebungen beruhen und von seiner Sehnsucht motiviert sind, verborgene Harmonien, Symmetrien und Beziehungen zu entdecken. Um diese tatsächlich bestehenden Zusammenhänge aufzuspüren, brauchte es einen Menschen wie Kepler, der auf solche »abwegigen« Gedanken kam und der viele falsche Spuren verfolgte, um dann aber mit größter mathematischer Stringenz seine Ideen auszuformulieren. Galilei dagegen ging von

seinen Beobachtungen aus, sei es nun ein schwingender Kron-
leuchter in einer Kirche in Pisa oder seien es winzige Sterne,
die rings um den Planeten Jupiter prangten. Er war fest davon
überzeugt, daß man die Wahrheit über die Natur nur herausfinden kann, indem man sie unmittelbar betrachtet und untersucht. Es drängte ihn zwar herauszufinden, welche Konse-
quenzen seine Entdeckungen haben würden, und er wäre auch
durchaus in der Lage dazu gewesen, doch wollte er sich weder
in der Öffentlichkeit noch allein im Freundeskreis für Ideen einsetzen, die nicht eindeutig durch seine eigenen Experimente
und Beobachtungen gestützt wurden.

Bei aller Genialität kam beiden Männern doch auch der Zufall
zu Hilfe. Sie hätten ihre berühmtesten Entdeckungen nicht
machen können, hätten sie nicht von bestimmten Umständen
profitiert. Bei Kepler waren es die mit bloßem Auge vorgenommenen astronomischen Beobachtungen des großen dänischen
Astronomen Tycho Brahe, bei Galilei das Fernrohr.

Beide, Kepler und Galilei, verhalfen der kopernikanischen
Astronomie zum Durchbruch, doch sind sie einander nie begegnet.

Johannes Kepler wurde am 27. Dezember 1571 geboren, 28 Jahre nach dem Tod von Kopernikus und der Veröffentlichung von
De Revolutionibus. Seine Kindheit in Weil der Stadt, mit seiner
boshaften Mutter und seinem verantwortungslosen Vater, in
einem Haus, das sie mit anderen mißlaunigen, unglücklichen
Verwandten teilten, muß man sich schlimmer vorstellen als
alles, was Charles Dickens je geschrieben hat. Kepler war von
schlechter Gesundheit, von einer Kinderkrankheit behielt er
einen Sehschaden zurück. Dennoch wurde früh deutlich, daß
er über außergewöhnliche intellektuelle Fähigkeiten verfügte
und tiefreligiös war, doch trug ihm beides nicht die Zuneigung
seiner Lehrer ein.

Kepler hoffte, protestantischer Geistlicher zu werden; nach
der örtlichen Lateinschule besuchte er eine Klosterschule für
die Kinder »armer und frommer Menschen« (Keplers Eltern
erfüllten die erste, wenn auch nicht die zweite Bedingung) und

anschließend die Universität Tübingen, wofür ihm ein Stipendium gewährt wurde. Der Senat der Universität bescheinigte ihm »ein fürtreffliches und herrliches Ingenium, daß seinethalben etwas Sonderliches zu hoffen« ist. In Tübingen wurde noch die ptolemäische Astronomie gelehrt, doch in seiner Universitätszeit wurde Kepler Kopernikaner; vielleicht unter dem Einfluß der persönlichen Ansichten des Astronomen Michael Maestlin, der einer seiner Lehrer war. Um sich ein Bild von der Astronomie vor der Einführung des Fernrohrs zu machen: Maestlin, der die Nova von 1572 untersuchte und dabei als einziges Hilfsmittel ein Stück Faden benutzte, kam zu genaueren Ergebnissen als alle anderen Astronomen, darunter auch Tycho Brahe.

1594, als Kepler 22 Jahre alt war und vor dem Abschluß seines Theologiestudiums stand, wurde an einer Grazer Stiftsschule eine Lehrerstelle in Mathematik und Astronomie frei, für die Kepler von der Universität vorgeschlagen wurde. Kepler war überrascht und ein wenig besorgt über die plötzliche Änderung seiner Laufbahn, ging aber auf das Angebot ein.

Ein guter Lehrer war Kepler nicht, doch ließ ihm seine neue Aufgabe offenbar genügend Zeit, sich der Wissenschaft und Philosophie zu widmen, denn schon zwei Jahre nach Antritt dieses Postens veröffentlichte er das seit *De Revolutionibus* erste Buch, das die kopernikanische Theorie vertrat, und zwar mit weitaus mehr Erfolg als Kopernikus selbst. Der aus 24 Wörtern bestehende Titel von Keplers Buch wird gewöhnlich zu *Mysterium Cosmographicum* verkürzt, zu deutsch *Das Weltgeheimnis*. Bei heutigen Lesern ruft es allenfalls ein nachsichtiges Lächeln hervor, obwohl es sich für Kopernikus ausspricht und in seinem Ansatz genial ist. Kepler versuchte die Anzahl der Planeten und die Größe ihrer Bahnen durch die Beziehung zwischen den einzelnen Planetensphären und den fünf regulären Körpern der Geometrie zu erklären: dem Würfel, dem Tetraeder, dem Dodekaeder, dem Ikosaeder und dem Oktaeder (siehe Abbildung 3.1).

Die Veröffentlichung des *Weltgeheimnisses* führte zum ersten Kontakt zwischen Kepler und Galilei, von dem wir wissen. Gali-

Abbildung 3.1

a) Die fünf regulären oder »kosmischen« Körper. Es sind jeweils alle Seiten gleich, und sie setzen sich allein aus gleichseitigen Figuren zusammen. Dies sind die einzig möglichen regulären oder »kosmischen« Körper.

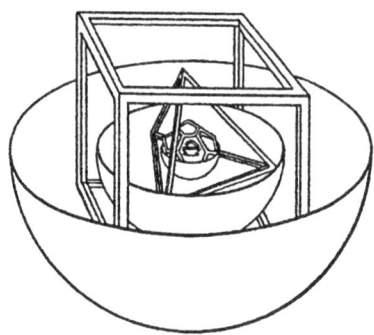

b) So ordnete Kepler sie im Verhältnis zu den Sphären der Planeten an. Die Sphäre des Saturn liegt außerhalb des Würfels. Die Sphäre des Jupiter befindet sich zwischen dem Würfel und dem Tetraeder. Die Sphäre des Mars liegt zwischen dem Tetraeder und dem Dodekaeder. Die Sphäre der Erde liegt zwischen dem Dodekaeder und dem Ikosaeder. Die Sphäre der Venus liegt zwischen dem Ikosaeder und dem Oktaeder. Die Sphäre des Merkur liegt innerhalb des Oktaeders.

lei lehrte damals in Padua, und dort gelangte ein Exemplar von Keplers Buch in seine Hände. Er schrieb an Kepler, er freue sich auf die Lektüre; er sei seit langem von Kopernikus' Theorie überzeugt, habe es jedoch nicht öffentlich geäußert, um sich nicht der Lächerlichkeit preiszugeben. Kepler schrieb zurück, Galilei möge öffentlich für seine Meinung einstehen. Diesem Rat folgte Galilei nicht.

Kepler hielt sich in Graz als wenig erfolgreicher Lehrer nach wie vor mühsam über Wasser, setzte seine astronomischen Untersuchungen fort, schrieb einige Bücher über Astrologie und heiratete – die Ehe hielt, auch wenn es Anzeichen dafür gibt, daß sie nicht ganz glücklich war. Dann begann Erzherzog Ferdinand im Jahr 1598, den lutherischen Führern und Lehrern das Leben schwerzumachen. Die Repressionen verschärften sich, bis Kepler schließlich gezwungen wurde, Graz von einem Tag auf den anderen zu verlassen. Da ihm andernfalls die Todesstrafe drohte, ging er. Bald wurde deutlich, daß der Erzherzog nicht von seiner unnachgiebigen Haltung abrücken würde und Kepler nicht mehr in Graz würde leben und arbeiten können.

Doch Kepler stand nicht völlig allein, denn es hatte sich die Möglichkeit einer Zusammenarbeit mit Tycho Brahe in Prag ergeben. Kepler hatte Tycho, der deutlich älter war als er selbst, ein Exemplar des *Weltgeheimnisses* geschickt, und dieser hatte Keplers Talent erkannt. Kepler sorgte sich verständlicherweise, ob er mit Tycho auskommen würde, der in dem Ruf stand, ein launenhafter Mensch von eitlem, herrischem Gebaren zu sein. Bei einem Duell war ihm ein Stück von der Nase abgesäbelt worden, und er selbst hatte den fehlenden Teil durch ein Gebilde aus Gold, Silber und Wachs ersetzt. Andererseits war Tycho aber auch der größte Astronom seiner Generation – und Kepler brauchte eine Anstellung. Also ging er, inzwischen 29 Jahre alt, im Jahr 1601 nach Prag. Doch selbst wenn es schwierig war, mit Tycho zusammenzuarbeiten – lange brauchte Kepler darunter nicht zu leiden, denn zwei Jahre später war Tycho tot. Kepler löste ihn als Kaiserlicher Mathematiker ab.

Die neue Stellung bedeutete gegenüber der Grazer Lehrerstelle eine erhebliche Verbesserung, aber sie hatte einen Nachteil. Kepler übernahm zwar den beeindruckenden Titel Tychos, bekam aber ein weit geringeres Salär, das obendrein oft auf sich warten ließ. Er mußte viel Zeit darauf verwenden, das ihm zustehende Geld einzutreiben. Gleichwohl hatte die Stellung als Kaiserlicher Mathematiker und Hofastronom auch ihre Vorzüge, denn trotz der Einwände von Tychos Verwandten und zum Glück für die Astronomie erbte Kepler die gesammelten astronomischen Beobachtungen Tychos, die besten, die bis dahin gemacht worden waren. Tycho hatte festgestellt, daß die wirklichen Umläufe der Planeten mit den angenommenen Kreisbahnen nicht übereinstimmten, und er hatte umfassende Beobachtungen angestellt, von denen er sich eine Lösung des Problems versprach. Niemand war besser geeignet als Kepler, dieses kostbare Erbe optimal zu nutzen.

Einerseits war Kepler fest von der kopernikanischen Astronomie überzeugt, andererseits mochte er nicht hinnehmen, daß Tychos mit Geschick und Sorgfalt gewonnene Beobachtungsergebnisse fehlerhaft sein könnten. Obwohl Tycho selbst die kopernikanische Theorie verworfen und sich für das Schema ausgesprochen hatte, in dem die Sonne um die Erde und die übrigen Planeten um die Sonne kreisen, mußte beides irgendwie in Einklang gebracht werden. Zudem mußte Kepler in diese Aufgabe auch noch seine eigene Vorstellung integrieren, daß nämlich die Sonne die Planeten durch eine »kreisende Kraft« bewegt, die ihren Mittelpunkt in der Sonne selbst hat. Umlaufbahnen mit einem Mittelpunkt außerhalb der Sonne konnte es demnach nicht geben.

Tycho Brahe hatte sich besonders mit dem Planeten Mars befaßt, und bei dem Versuch, die entsprechenden Beobachtungen zu erklären, mußte Kepler schließlich die Vorstellung von den kreisförmigen Umlaufbahnen fallenlassen. Damit beseitigte er den Stolperstein, der die kopernikanische Astronomie von Anfang an in ihrer Entwicklung behindert hatte. Mit elliptischen Bahnen, erkannte er, ließen sich Tychos Beobachtungen erklären. Von Freude und Erstaunen über seine Erkenntnis überwältigt, sank Kepler auf die Knie und rief aus: »Mein Gott, ich denke deine Gedanken nach dir.« Diejenigen, die Kepler als einen nüchternen, leidenschaftslosen Menschen und sein Leben als eintönig und freudlos beschreiben, haben einfach nicht erkannt, was ihn wirklich bewegte.

Keplers Entdeckung und Tychos vorangegangene Beobachtungen (ohne Fernrohr), die sie erst ermöglichten, erfüllen auch moderne Astronomen noch mit Bewunderung. Die Ellipse, auf der die Erde läuft, kommt einem Kreis so nahe, daß jeder Versuch, sie in einer maßstabsgerechten Zeichnung erkennbar als

Abbildung 3.2

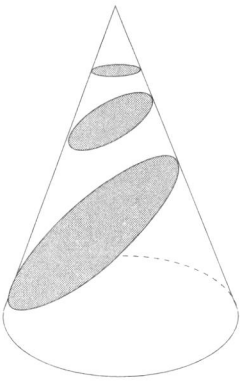

Ellipse darzustellen, auf eine Verzerrung hinausläuft. Auch die Ellipsenform der Bahn des Mars ist nur wenig besser zu erkennen. Doch durch diese scheinbar geringfügige geometrische Änderung wurde das kopernikanische System stimmig. Kepler, der sich der Größe seiner Entdeckung und der Reaktion, die sie unausweichlich auslösen mußte, durchaus bewußt war, bemerkte trocken, er habe mit der Einführung elliptischer Bahnen »ein riesiges Ei gelegt«. Das hatte er in der Tat, und selbst unter denen, die seine sonstigen Arbeiten bewunderten, fanden es viele schwerverdaulich. Galilei zum Beispiel akzeptierte diese Neuerung nie.

Eine Ellipse als »Eiform« oder als »Oval« zu bezeichnen ist nicht ganz korrekt. Es gibt zwei gute Methoden, um zu verdeutlichen, was eine Ellipse ist. Man kann zum Beispiel einen Schnitt durch einen Kegel machen. Nicht jedes beliebige Oval oder jede Eiform kommt durch einen Kegelschnitt zustande, und so ist auch nicht jedes Oval und jede Eiform eine Ellipse. Ein Kreis ist dagegen eine Ellipse, nämlich ein Schnitt, der waagerecht durch einen Kegel gemacht wird (siehe Abbildung 3.2).

Etwas umständlicher zu beschreiben ist die andere Möglichkeit, die Form einer Ellipse zu verdeutlichen, aber sie führt zum gleichen Resultat. Stellen Sie sich vor, vor Ihnen liegt ein Stück dicke Pappe. Stecken Sie in einem gewissen Abstand zwei

Heftzwecken hinein. Jetzt befestigen Sie ein Stück Bindfaden, das länger ist als der Abstand zwischen den Heftzwecken, mit den Enden an den Heftzwecken, wie in Abbildung 3.3 gezeigt.

Abbildung 3.3

Nehmen Sie jetzt einen Bleistift, setzen Sie ihn auf die Pappe und ziehen Sie damit den Bindfaden straff (Abbildung 3.4).

Abbildung 3.4

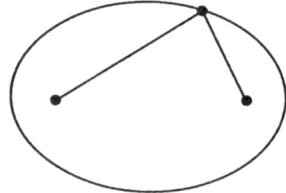

Wenn Sie nun mit dem Bleistift an dem weiterhin straff gespannten Bindfaden entlangfahren, zeichnen Sie auf der Pappe eine Ellipse. Die Form der Ellipse ändert sich, wenn Sie einen längeren Bindfaden nehmen oder den Abstand zwischen den Heftzwecken vergrößern oder verkleinern, genauso wie sie ein anderer Neigungswinkel des Kegelschnitts verändern würde. Je kleiner der Abstand zwischen den Heftzwecken, desto kreisähnlicher wird die Ellipse. Befinden sie sich an ein und derselben Stelle, entsteht dann auch ein Kreis.

Jede Heftzwecke entspricht einem *Brennpunkt* der Ellipse; eine Ellipse hat demzufolge zwei Brennpunkte. Wenn eine Planetenbahn beinahe kreisförmig ist, müssen die Brennpunkte der Ellipse sehr dicht beieinander liegen. Bei Kometen, die auf elliptischen Bahnen um die Sonne laufen, liegen die Brennpunkte dagegen sehr weit auseinander, so daß eine extrem gestreckte Ellipse entsteht.

Das erste der beiden Gesetze über die Planetenbewegung, das Kepler in seinem Buch *Astronomia nova* (»Neue Astronomie«) formulierte, besagt, daß sich die Planeten auf elliptischen Bahnen bewegen und sich die Sonne in einem der Brennpunkte der Ellipse befindet.

Keplers zweites Gesetz betrifft die Veränderung der Geschwindigkeit, mit der ein Planet sich auf seiner Umlaufbahn bewegt. Es sagt aus, daß eine gedachte Gerade zwischen dem Mittelpunkt der Sonne und dem Mittelpunkt des Planeten (der sogenannte *Fahrstrahl* oder *Radiusvektor*) in gleichen Zeitintervallen gleiche Flächen »überstreicht«.

Abbildung 3.5

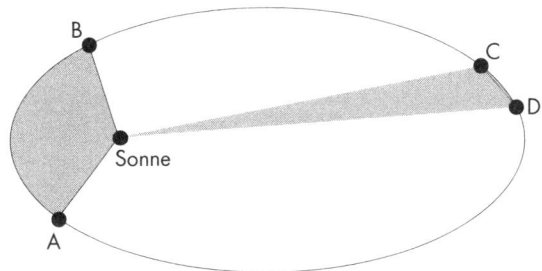

Stellen Sie sich eine Ellipse, die Sonne (einen ihrer Brennpunkte) und einen Planeten vor, der auf der Ellipse läuft (siehe Abbildung 3.5). Der Planet befindet sich am Punkt A, von dem aus Sie eine gedachte Gerade zum Mittelpunkt der Sonne ziehen. Messen Sie nun mit einer Stoppuhr die Zeit, die der Planet bis zum Punkt B braucht (der zur besseren Veranschaulichung auf dem sonnennahen Teil der Bahn gewählt werden soll). Mit dem Planeten wandert die gedachte Gerade wie der Zeiger einer Uhr und schraffiert die Fläche, über die sie wandert. Bei B endet die Schraffierung und die Zeitmessung. Das Resultat ist eine schraffierte Fläche, die während der Wanderung des Planeten von A nach B »überstrichen« wurde, wie im linken Teil von Abbildung 3.5 zu sehen. Lassen Sie jetzt den Planeten weiterlaufen, und bestimmen Sie einen Punkt C auf der sonnenfernen Seite der Ellipse. Wenn der Planet diesen Punkt erreicht, ziehen Sie wieder eine Gerade von ihm zum Mittelpunkt der Sonne, schalten Sie die Stoppuhr ein und beginnen Sie zu schraffieren. Der Planet läuft weiter und mit ihm der Fahrstrahl. Wenn der Planet dieselbe Zeit gewandert ist, die er von A nach B benötigt hat, nennen Sie den erreichten Punkt D und beenden Sie die Schraffierung.

So entsteht eine Zeichnung, wie sie Abbildung 3.5 zeigt. Was sagt sie aus? Es fällt auf, daß der Planet im linken Teil des Bildes zwischen A und B eine weit größere Strecke zurückgelegt hat als in derselben Zeit auf der rechten Seite zwischen C und D. Die beiden schraffierten, »überstrichenen« *Flächen* jedoch sind gleich groß. Keplers Gesetz sagt also aus, daß ein Planet um so schneller läuft, je näher seine Bahn der Sonne kommt. Kepler begründete die unterschiedliche Geschwindigkeit damit, daß die Entfernung von der Sonne sich darauf auswirkt, wie stark oder schwach der Planet von der »kreisenden Kraft« der Sonne erfaßt wird.

Das zweite Keplersche Gesetz erklärte also, wie die Geschwindigkeit eines Planeten sich ändert, und ermöglichte es, diese Änderungen vorherzusagen. Die Aussage: »Dieser Planet läuft stets mit einer Geschwindigkeit von soundso vielen Kilometern pro Stunde« ist in diesem System nicht möglich, wohl aber die Aussage: »Die gedachte Linie von diesem Planeten zur Sonne überstreicht stets eine Fläche von soundso vielen Quadratkilometern pro Stunde.« Das war eine von Keplers verrückten Ideen, diese »Verbindung« zwischen Astronomie und Geometrie, die er fand, weil er an die innere Harmonie eines von Gott geschaffenen Universums glaubte. Wir sind noch heute der Meinung, daß er damit ins Schwarze traf.

Keplers *Astronomia nova* enthielt mehr als diese beiden Gesetze. Er war auf dem richtigen Weg zu unserem heutigen Verständnis von Gravitation, indem er Newtons spätere Entdeckungen bezüglich der Gezeiten vorhersah und sie sehr viel besser verstand als Galilei. Kepler hatte erkannt, daß die anziehende Wirkung eines Körpers um so größer ist, je mehr Masse er hat. Er schrieb auch, daß die »kreisende Kraft« nicht vom Licht der Sonne ausgehen könne, da die Erde während einer Sonnenfinsternis nicht zum Stillstand komme.

Kepler beendete die *Astronomia nova* im Jahr 1606, veröffentlichte sie aber erst 1609 – das Jahr, in dem Galilei erstmals durch ein Fernrohr blickte.

Nachdem Keplers Frau und sein Sohn gestorben waren und die Gegenreformation den Protestanten auch in Prag, wie zuvor schon in Graz, das Leben immer schwerer machte, siedelte Kepler nach Linz über, wo er 14 Jahre blieb und ein zweites Mal heiratete. Dort veröffentlichte er 1618 seine *Harmonices mundi* (»Weltharmonik«), in der ein Zusammenhang zwischen den Umlaufgeschwindigkeiten der Planeten und Melodien postuliert wurde. Man könnte, vermutete er, den Zeitpunkt der Schöpfung ermitteln, wenn man zeitlich zurückrechne und den Moment bestimme, in dem die Bahnen der Planeten die Entsprechung der vollkommensten musikalischen Harmonie erzeugt haben mußten.

Weit bedeutender aber war das ebenfalls in *Harmonices mundi* enthaltene dritte Keplersche Gesetz der Planetenbewegung. Es stellt einen Zusammenhang zwischen den Umlaufzeiten der Planeten und ihrer Entfernung zur Sonne her. Wer mit mathematischen Gleichungen nicht vertraut ist, kann den folgenden Absatz überspringen.

Die Gleichung lautet: $(T_A / T_B)^2 = (R_A / R_B)^3$. T_A ist die Zeit, die Planet A für einen vollständigen Umlauf benötigt (seine »Umlaufzeit«), T_B die entsprechende Zeit für Planet B. R_A ist die mittlere Entfernung von Planet A zur Sonne, R_B die mittlere Entfernung von Planet B zur Sonne. Die Quadrate der Umlaufzeiten der beiden Planeten verhalten sich wie die Kuben (dritten Potenzen) ihrer mittleren Entfernung von der Sonne.

Diese Gleichung ermöglichte es theoretisch, ein maßstabsgetreues Modell des Sonnensystems zu bauen. Offen blieb jedoch die Frage nach den Maßen. Die Umlaufzeiten konnten zwar gemessen werden und waren auch bekannt, doch bot Keplers Gesetz keine Handhabe, um tatsächlich die Entfernung zwischen irgendeinem Planeten und der Sonne zu errechnen.

Das dritte Gesetz war eine Gleichung, in die noch wenigstens eine bekannte absolute Entfernung einzusetzen war.

Kepler konnte mit Hilfe seines ersten und zweiten Gesetzes weit genauere Tabellen erstellen, um die Positionen der Planeten zu einem beliebigen Zeitpunkt in der Vergangenheit oder der Zukunft zu berechnen. Er hatte mit deren Erstellung schon begonnen – eine mühsame Aufgabe –, als er das dritte Gesetz veröffentlichte. Die fertigen Tabellen ließen aber noch auf sich warten. Kepler erklärte das im Vorwort teilweise mit der fehlenden finanziellen Unterstützung (er bezahlte die Veröffentlichung letztendlich aus eigener Tasche); es liege aber auch daran, »daß meine Entdeckungen so neuartig sind und die ganze Astronomie plötzlich von fingierten Kreisen zu physikalischen Ursachen übergegangen ist«. Etwas Vergleichbares habe bisher niemand versucht. Voraussetzung war eine intensive Beschäftigung mit Tychos astronomischen Beobachtungen. Kepler untersuchte eine Umlaufbahn nach der anderen und gab bei allen auf, weil sie nach ungeheurer Rechenarbeit seinen Daten nicht entsprachen. Diese Arbeit bereitete ihm nicht übermäßig viel Freude. Einem so phantasievollen und schöpferischen Menschen muß sie ziemlich pedantisch erschienen sein. Erst 1627 veröffentlichte er seine *Rudolfinischen Tafeln* – ein Triumph der kopernikanischen Astronomie.

Seine letzten Lebensjahre verbrachte Kepler in der schlesischen Stadt Sagan. Er starb im November 1630 in Regensburg, wieder einmal vergeblich unterwegs, um sein ausstehendes Gehalt einzutreiben. Ein Jahr später hätte er die Erfüllung seiner mit den Rudolfinischen Tafeln übereinstimmenden Vorhersage erleben können, den Merkurdurchgang vor der Sonnenscheibe am 7. November 1631. Er hatte seinen Grabspruch selbst verfaßt:

Himmel hab' ich vermessen, jetzt mess' ich die Schatten der Erde/War himmlisch erhoben der Geist, sinkt nieder des Körpers Schatten.

Verglichen mit der düsteren Kindheit Keplers, verbrachte Galilei offenbar eine angenehme Jugend in einer Familie, die geistige Bestrebungen zu schätzen wußte. 1564, sieben Jahre vor Kepler, wurde er in der norditalienischen Stadt Pisa geboren und besuchte sowohl dort als auch in Florenz die Schule. Den Wünschen seines Vaters gehorchend, schrieb er sich mit 17 Jahren als Medizinstudent an der Universität Pisa ein. Zwei Jahre später durfte er mit der Erlaubnis seines Vaters das Fach wechseln, denn seine Stärke war eindeutig nicht die Medizin, sondern Mathematik und Mechanik.

Eine seiner wichtigen Entdeckungen machte Galilei noch während seiner Studienjahre. Er war zwar ein gläubiger Katholik, doch beim Gottesdienst war er offenbar nicht immer ganz bei der Sache. Seine Aufmerksamkeit wurde von einem Leuchter gefesselt, der im Dom an einem langen Seil hin und her schwang. Ihm fiel auf, daß eine volle Schwingung anscheinend immer gleich lang dauerte, unabhängig von der Strecke, die dabei zurückgelegt wurde. Neugierig geworden, machte Galilei seine eigenen Versuche und fand, daß die Zeit, die ein Pendel für eine volle Schwingung benötigt, nicht von der Weite der Schwingung abhängt, sondern nur von der Länge des Seils, an dem es hängt.

1585 endete Galileis universitäre Ausbildung, weil sein Vater das Geld für das Studium nicht mehr aufbringen konnte. Galilei kehrte heim nach Florenz, wo seine Familie sich mittlerweile niedergelassen hatte. Doch seine Studien setzte er auf eigene Faust und gemeinsam mit Gelehrten aus dem Bekanntenkreis seines Vaters unbeirrt fort. Seine Erfindungen und Entdeckungen, ein Büchlein über die Messung des spezifischen Gewichts von Körpern sowie seine offen geäußerten Zweifel an den geistigen Fähigkeiten des Aristoteles machten ihn bald zu einer lokalen Berühmtheit. In diese Jahre fällt ein sonderbar anmutendes Unternehmen: Er hielt öffentliche Vorlesungen über die Form, Größe und Lage von Dantes Hölle, ein Thema, das auch heute große Scharen von Zuhörern anziehen würde.

1589, mit 25 Jahren und vier Jahre nachdem er die Universität Pisa ohne Abschluß verlassen hatte, kehrte Galilei als Professor dorthin zurück. In Pisa wurde, wie in Tübingen, nach wie vor die ptolemäische Astronomie gelehrt. Auch Galilei lehrte sie, gleichgültig, was er persönlich davon hielt. Man weiß nicht genau, wann er zum überzeugten Kopernikaner wurde.

Eine Entdeckung, die Galilei während seiner Lehrtätigkeit in Pisa machte, ließ Aristoteles, von dem er ohnehin schon eine geringe Meinung hatte, noch weiter in seiner Achtung sinken. Die meisten Gelehrten in Galileis Zeit, darunter auch er selbst, glaubten, Aristoteles habe behauptet, daß von zwei Gegenständen, die gleichzeitig aus derselben Höhe fallen gelassen wurden, der schwerere schneller zu Boden falle. Aristoteles hatte sich allerdings ziemlich unklar zu diesem Thema geäußert, zumindest in den erhaltenen Schriften. Galilei ließ, glaubt man seinem ersten Biographen, mehr als einmal Gewichte vom Schiefen Turm von Pisa herunterfallen oder ließ sie eine schiefe Ebene hinabrollen, vielleicht auch beides. Zu seiner Befriedigung stellte er jedenfalls fest, daß das schwerere und das leichtere gleichzeitig unten ankamen. Bei diesem Experiment konnte er natürlich den Luftwiderstand nicht ausschalten, und wie der Wissenschaftshistoriker Thomas Kuhn spöttisch bemerkt hat, war es vermutlich nicht Galilei, der die berühmte öffentliche Demonstration vom Schiefen Turm aus durchführte, sondern ein Parteigänger des Aristoteles, der auf diese Weise für alle Anwesenden zweifelsfrei bewies, daß Galilei im Unrecht und Aristoteles im Recht war. Im 20. Jahrhundert haben Astronauten das Experiment in der luftlosen Umgebung des Mondes wiederholt. Galilei hatte recht.

Unvorsichtigerweise war Galilei so taktlos, am Nimbus des noch immer hochverehrten Aristoteles zu kratzen. Aristoteles habe »das Gegenteil der Wahrheit geschrieben« und sei »ignorant« gewesen. Mangelndes Einfühlungsvermögen bewies Galilei auch, als er dem Großherzog der Toskana, Ferdinand I. (der den von ihm bekleideten Lehrstuhl gestiftet hatte), unverblümt mitteilte, daß ein von dessen Schwager konstruierter Bagger nicht funktionieren werde. Dennoch wurde die Maschine gebaut, und sie funktionierte wirklich nicht, was Galileis Beliebtheit nicht gerade förderte. Als sein Vater im Jahr 1591 starb und er als der älteste Sohn die Verantwortung für die Familie übernehmen mußte, reichte sein Gehalt in Pisa bei weitem nicht aus, und die Baggergeschichte sorgte dafür, daß es vermutlich auch nicht steigen würde. Er bemühte sich um eine andere Anstellung und fand sie an der Universität Padua, wo Kopernikus neunzig Jahre zuvor Medizin studiert hatte. Die Republik Venedig, aus der die Gelder für Padua stammten, war im Vergleich zur Toskana liberal und tolerant – jedenfalls konnte ein Mann, der so radikale Ideen und eine so lockere Zunge hatte wie Galilei, in Padua und Venedig auf mehr Verständnis hoffen.

Zwar war er weiterhin in finanziellen Schwierigkeiten, doch fühlte Galilei sich im intellektuellen Umfeld von Padua und Venedig wohl, und er gewann dort bald an Einfluß. Auch privat gab es Veränderungen; er hatte drei Kinder mit Marina Gamba, die er jedoch nicht heiratete. Sie trennten sich offenbar im guten, als er schließlich nach Florenz zurückging, denn er blieb ihr und dem Mann, den sie später heiratete, freundschaftlich verbunden. Seine beiden Töchter wurden Nonnen, und eine von ihnen war ihm im Alter Trost und Hilfe.

In Padua lehrte Galilei nach wie vor die ptolemäische Astronomie. Doch ab ungefähr Mitte der neunziger Jahre war er von der kopernikanischen Astronomie überzeugt, auch wenn ihm die Beobachtungsdaten fehlten, die diesen Sinneswandel hätten begründen können – und er hütete sich immer vor öffentlichen oder schriftlichen Erklärungen, ehe er Beweise hatte. In diesem Sinne äußerte er sich auch in einem Brief, den er 1597 (zwölf Jahre, bevor er durch ein Fernrohr blickte) an einen Freund in Pisa richtete; in dieselbe Zeit fällt der Briefwechsel mit Kepler über dessen Buch *Weltgeheimnis*. Galilei war ins kopernikanische Lager übergewechselt, aber er wollte sich nicht öffentlich dazu bekennen.

Im späten Frühjahr 1609, demselben Jahr, in dem Kepler die *Astronomia nova* mit seinem ersten und zweiten Gesetz veröffentlichte, hörte Galilei in Padua von einer Erfindung aus Holland, die gerade im benachbarten Venedig ausgestellt wurde, einem Rohr, in dem Linsen so angeordnet waren, daß ferne Objekte näher erschienen. Offenbar hatte Galilei es nicht eilig, das Wunder persönlich in Augenschein zu nehmen. Einige Tage später hörte er von einem Freund in Paris über ein weiteres derartiges Instrument. Jetzt war sein Interesse geweckt, und er begann zu überlegen, wie die Linsen angeordnet sein müssen, um den besagten Effekt hervorzurufen. Venedig und die umliegenden Inseln waren Zentren einer hochentwickelten Glasherstellung, und so konnte er sich leicht die erforderlichen Linsen beschaffen, um sein eigenes, verbessertes »Perspicillum« zu bauen.

Daß man Linsen für Brillen benutzte, war nichts Neues. Schon seit dem 13. Jahrhundert waren sie in Gebrauch. Auch teleskopartige Geräte hat es vermutlich schon vor dem 17. Jahrhundert gegeben. Doch einer der ersten dokumentierten Hinweise auf ein solches Instrument nennt als Hersteller Jan Lippershey, einen Linsenschleifer aus der niederländischen Provinz Seeland. Er stellte es im Oktober 1608 den niederländischen Behörden vor, acht bis neun Monate bevor Galilei davon Kenntnis erhielt.

Offensichtlich konnte man ein solches Instrument gut gebrauchen, um Schiffe sowie Objekte an Land aus der Ferne zu sichten. Eine Broschüre vom Herbst 1608 wies außerdem darauf hin, daß es sich vorzüglich dazu eigne, »Sterne zu sehen, die wegen ihrer Kleinheit gewöhnlich nicht sichtbar sind«. Sir William Lower, ein Waliser, hat noch vor Galilei den Mond durch ein Fernrohr betrachtet und Ähnlichkeiten mit einer Torte entdeckt: »… hier etwas Helles, dort etwas Dunkles, und alles so verworren«.

Die verbreitete Ansicht, Galilei habe das Fernrohr erfunden, ist eindeutig falsch. Als er von seiner Existenz erfuhr, wurde es in Paris und wohl auch anderswo bereits seit mehreren Monaten zum Kauf angeboten. Auch daß er es als seine eigene Erfindung ausgegeben habe, entspricht nicht den Tatsachen. Wahr ist jedoch, daß Galilei sich sofort bemühte, es effizienter zu nutzen als alle anderen. Bei dieser und wohl auch bei mehreren anderen Gelegenheiten (es ist nicht immer ganz klar, woher er seine Ideen hatte) bewies Galilei sein Talent, das nicht realisierte Potential, das in der Idee oder der Erfindung eines anderen steckte, zu erkennen und so rasch und mit so viel Enthusiasmus zu entwickeln, daß er dem Urheber schon weit voraus war, wenn dieser noch in den Startlöchern steckte. Von Plagiat kann da nicht die Rede sein, doch trug es Galilei – zumindest im Fall des Fernrohrs – den Ruf ein, der Erfinder zu sein, obwohl er, wie seine Briefe beweisen, den Anteil anderer durchaus würdigte.

Galilei, der sich glänzend zu vermarkten verstand, führte seine eigene, verbesserte Version des Rohres mit Linsen dem Senat von Venedig vor, scheuchte die Herren auf den Campanile von San Marco und zeigte ihnen, daß es möglich ist, auf dem Meer Schiffe auszumachen, die mit bloßem Auge erst zwei Stunden später zu sehen sein würden. Für die Herrscher eines bedeutenden Stadtstaates, dessen Wohlstand auf dem Seehandel beruhte, lagen die militärischen und kommerziellen Vorzüge eines solchen Instruments auf der Hand. Galilei erhielt eine Anstellung auf Lebenszeit an der Universität Padua und eine stattliche Gehaltserhöhung.

Doch Galilei hatte mit seinem »Perspicillum« etwas anderes vor, als Schiffe auszumachen, gelegentlich den Mond und die Sterne zu betrachten oder sich eine Lebensstellung in Padua zu sichern. Er begann, systematische astronomische Beobachtungen zu machen, sie aufzuzeichnen und mit Hilfe seiner außerordentlichen mathematischen Kenntnisse Schlüsse daraus zu ziehen.

Im Herbst 1609 richtete Galilei eines seiner neuen Instrumente auf den Mond. Zwar hatten schon die alten Griechen den Mond als »erdähnlich, mit Bergen und Tälern« beschrieben, doch in Galileis Zeit galt er allgemein als vollkommen eben und kugelförmig. Schon für die griechischen und hellenistischen Astronomen wie für die Gelehrten des Mittelalters hatte festgestanden, daß der Mond nicht selbst strahlt, sondern das Licht der Sonne reflektiert. Als Galilei den Sonnenaufgang auf der Mondoberfläche durch sein Fernrohr betrachtete, sah er, daß sich vereinzelte helle Flecken im dunklen Teil ausweiten und miteinander verbinden. Es erinnerte ihn an das, was er beobachtet hatte, wenn die Strahlen der aufgehenden Sonne auf irdische Berggipfel trafen, und so vermutete er, daß die vereinzelten hellen Flecken Gipfel und Bergkämme sein müßten, die als erste von den Strahlen der Sonne beschienen wurden, bevor diese in die tieferen Regionen der Mondoberfläche vordringen konnten. Er kam auf die Idee, mit Hilfe der Schatten, die diese Erscheinungen warfen, die Höhe der Gipfel und Bergkämme zu messen, und gelangte zu einer geschätzten Höhe von 6500 bis 8000 Metern. Der von ihm betrachtete Teil der Mondgebirge ist modernen Messungen zufolge nicht höher als 5400 Meter. An dieser Abweichung sollten wir uns aber nicht stoßen. Entscheidender war, daß die Mondoberfläche, anders als viele vermuteten, nicht eben war.

Als Galilei sein Fernrohr auf noch weiter entfernte Objekte richtete, machte er weitere Entdeckungen. Mit einem Instrument, dessen Linsen er selbst sehr sorgfältig geschliffen hatte, entdeckte er im Januar 1610 drei winzige Lichtpunkte in der Nähe des Jupiter, die mit dem Planeten eine Reihe bildeten. Erst verwirrt, dann immer aufgeregter, beobachtete Galilei, daß die kleinen Sterne und Jupiter ihre Stellung innerhalb der Reihe wechselten und in mehreren aufeinanderfolgenden Nächten unterschiedlich hell waren (siehe Abbildung 3.6).

Galilei entschied, daß diese bemerkenswerte himmlische Quadrille »fortan mit mehr Aufmerksamkeit und Genauigkeit beobachtet werden sollte«. Bald erkannte er, daß es sich nicht um drei, sondern um vier Sterne handelte, daß die Sterne sich innerhalb eines engen Bereichs bewegten und dabei mit Jupiter und untereinander stets eine Reihe bildeten, daß sie mit dem Planeten gingen, wenn dessen Bewegung rückläufig wurde, und daß sie bei ihrer größten Entfernung von Jupiter nie, bei Annäherung an Jupiter aber gelegentlich dicht beieinander standen. Letzteres bedeutete, daß die Sterne, falls sie um Jupiter kreisen, auf unterschiedlichen Bahnen laufen. Folgten die Sterne einander auf derselben Bahn, müßten sie sich hin und wieder, wenn sie am weitesten vom Planeten entfernt sind, aus unserer Sicht zu einer engen Reihe zusammendrängen.

Galilei folgerte, daß es sich nur um Satelliten handeln konnte, »Planeten, die vom Anfang der Welt bis auf unsere Zeit nie gesehen wurden«, die Jupiter in derselben Weise umkreisen, wie

Abbildung 3.6

7. Januar 1610   *   *   O   *

Die große Scheibe in diesem Bild ist der Jupiter. Galilei glaubte zwar, die drei kleinen »Sterne« gehörten zu den Fixsternen, doch erweckten sie in ihm »eine gewisse Verwunderung«.

8. Januar 1610   O   *   *

Jupiter schien an den drei Sternen vorübergezogen zu sein, und Galilei »kamen Bedenken, ob Jupiter nicht etwa seine Richtung abweichend von der astronomischen Berechnung nehmen würde und so durch eigene Bewegung jene Sterne überholt hätte«.
Galilei erwartete die Nacht »mit größter Ungeduld«.

9. Januar 1610   Wolken

10. Januar 1610   *   O   *

Als Galilei sah, daß der dritte Stern von Jupiter verdeckt war, »da wurde aus Zweifel Staunen, und ich wußte nun, daß die aufgetretene Veränderung nicht von Jupiter, sondern von besagten Sternen herrührt«.

11. Januar 1610   *   ✱   O

Galilei bemerkte, daß einer der beiden sichtbaren Sterne größer war als vorher und auch erheblich größer als der andere Stern. Er »kam ohne Zögern zu dem Schluß, daß am Himmel drei Sterne um Jupiter kreisen«.

der Mond die Erde umkreist. Die große Tragweite seiner Entdeckung entging ihm nicht. Von nun an würde man nie wieder annehmen können, daß es nur einen Körper gibt, der den Mittelpunkt aller Bewegung im Universum darstellt.

Galilei wäre nicht Galilei, hätte er nicht bald einen Weg gefunden, seine Entdeckung zu verwerten. Er ließ in kürzester Zeit ein Buch mit dem Titel *Sidereus Nuncius* drucken, zu deutsch *Der Sternenbote*, in dem er alle Astronomen aufrief, sich mit guten Instrumenten zu versehen und sie auf Jupiter zu richten (hieraus sind die Zitate in Abbildung 3.6 entnommen). Er widmete das Buch nicht irgendeinem Adligen, sondern dem mächtigen Großherzog der Toskana, Cosimo II de' Medici, der sein Schüler gewesen war. Er beschloß, seine Entdeckung zu Ehren Cosimos die *Cosmicanischen Sterne* zu nennen, überlegte es sich dann aber anders. Es würde zu sehr wie »kosmisch« klingen, und man würde die Bedeutung des Namens nicht erkennen. Er entschied sich für *Mediceische Sterne*. Es waren ja vier Sterne, und es gab vier Medici-Brüder.

Galilei hatte sich unterdessen auch anderen Sternen und Planeten gewidmet und festgestellt, daß sein Instrument die Planeten wie Scheiben erscheinen ließ, während die Sterne weiterhin wie Lichtpunkte erschienen. Sterne gab es außerdem in einer erstaunlichen, nie zuvor gesehenen Fülle. Die Milchstraße sei, erkannte er, »nichts anderes als eine Ansammlung zahlloser, haufenförmig angeordneter Sterne … von denen einige ziemlich groß und sehr auffallend scheinen, während die Vielzahl der kleinen ganz und gar unerforschlich ist«. Im Universum gab es weit mehr zu entdecken, als irgend jemand auf der Erde je vermutet hatte. In der Mitte seines Buches fügte Galilei hastig einige Seiten ein, um von diesen Entdeckungen zu berichten.

Ein Exemplar des *Sidereus Nuncius* gelangte zu Kepler nach Prag. Er hatte schon durch seinen Freund Wacker von Wackenfels von der Entdeckung der Jupiter-Satelliten gehört. Galilei bat Kepler um seine Meinung, und dieser antwortete mit einem langen Brief, der als *Dissertatio cum nuncio sidereo* (Unterredung mit dem Sternenboten) veröffentlicht wurde. Kepler erörtert darin Galileis Entdeckungen und Theorien und bringt seine

Zustimmung zum Ausdruck. Galilei schrieb zurück: »Du bist der erste und beinahe der einzige, der … meinen Angaben vollkommen Glauben beimißt.« Auf Keplers Wink mit dem Zaunpfahl, daß er sich glücklich schätzen würde, eines von Galileis Fernrohren zu besitzen, ging er jedoch nicht ein; dabei pflegte er sie vielen einflußreichen Leuten als Geschenk zu übersenden. Eigentlich verstand Galilei die Prinzipien des Fernrohrs nicht besser als Kepler, vielleicht nicht einmal so gut wie dieser; doch Kepler hatte selbst nie eines gebaut. Er hatte sich mit Optik befassen müssen, als er mit Tychos Daten arbeitete, um Fehler, die auf der Brechung des Lichts beim Durchgang durch die Erdatmosphäre beruhen, ausschalten zu können. Ein gemeinsamer Bekannter lieh ihm eines von Galileis Fernrohren für kurze Zeit aus.

Galileis Selbstvermarktungsplan ging auf. Im März 1610 – das ging wirklich zügig – kam sein Buch heraus, und im Spätsommer nahm er das Angebot des Großherzogs an und ging nach Florenz zurück. Er war jetzt ein berühmter und wohlbestallter Wissenschaftler und Astronom.

Ungefähr um die Zeit, da Galilei vermutlich seine Gerätschaften in Florenz auspackte, erreichte der Planet Venus eine günstige Position für die Beobachtung am Abendhimmel. Galilei untersuchte den Planeten und seine Umgebung, fand aber keine Begleiter, wie er sie beim Jupiter entdeckt hatte. In einem Brief an Cosimos Bruder Giuliano, der Botschafter in Prag war, schrieb er Mitte November, daß offenbar mit Ausnahme des Jupiter keiner der Planeten Satelliten habe. Seine Beobachtung der Venus sollte jedoch andere wichtige Erkenntnisse liefern. Es ist nicht ganz eindeutig, ob Galilei oder sein ehemaliger Schüler Benedetto Castelli sich zu diesem Zeitpunkt an eine Bemerkung erinnerte, die Kopernikus in *De Revolutionibus* gemacht hatte, daß nämlich die Venus in der Beweisführung gegen ein geozentrisches Universum wichtige Hinweise liefern könne. Die meisten Gelehrten schreiben Galilei dieses Verdienst zu. Jedenfalls machte sich Galilei daran, diese Hinweise zu finden.

Im zweiten Kapitel haben wir die sich bewegenden Lichter auf dem Rummelplatz erörtert und dabei eine Möglichkeit außer acht gelassen. Versetzen wir uns noch einmal auf den in völliges Dunkel getauchten Platz. Nur am Kopf weniger Pferde sind glimmende Lichter angebracht. Wenn wir überlegen, durch welche Karussellfahrten das Bewegungsmuster entstehen und wie der Platz bei Tageslicht aussehen könnte, sollten wir bedenken, daß einige der Lichtpunkte, die wir sehen, möglicherweise gar keine Lichtquellen sind, sondern nur Licht zurückwerfen. Es könnte sein, daß eine Verzierung am Kopf eines der Karussellpferde nicht selbst Licht ausstrahlt, sondern Licht reflektiert, das von einem anderen Reiter ausgeht. Woran ließe sich der Unterschied erkennen?

Hat eines der Lichter »Phasen« wie der Mond? Erscheinen einige bisweilen als verzerrte Scheibe, als halbe Scheibe oder als Sichel? Könnte, falls wir dies beobachten, die Schlußfolgerung erlaubt sein, daß es sich wie beim Mond nicht um eine Lichtquelle handelt, sondern um die Reflexion von Licht aus einer anderen Quelle? Sollte das der Fall sein, könnten wir sein Zu- und Abnehmen vielleicht als Hinweis auf seine Lage und Bewegung sowie auf die Lage und Bewegung der Quelle benutzen, von der sein Licht kommt.

Überlegungen dieser Art stellte Galilei 1610 an, als er den Planeten Venus durch sein Fernrohr betrachtete. In der ptolemäischen Astronomie stand die Venus immer zwischen der Erde und der Sonne. Falls die Venus kein eigenes Licht aussendet, sondern nur Sonnenlicht reflektiert, wäre es daher unmöglich, daß Beobachter auf der Erde das Antlitz der Venus vollständig angestrahlt sehen. Sie dürfte also nie auch nur annähernd einem Vollmond entsprechen (siehe Abbildung 3.7).

Von August bis Oktober 1610 muß die Venus Galilei durch das Fernrohr wie eine verschwommene Scheibe erschienen sein. Im Oktober muß er gesehen haben, wie die Scheibe sich zunehmend verschmälert. In diesem Moment war Galilei sich sicher, daß die Venus das Licht der Sonne zurückwarf und nicht selber schien. Von November bis Januar schrumpfte die Venus zu einer Sichel, genau wie es beim Mond der Fall ist. Galilei war sich darüber im klaren, daß die Venus im ptolemäischen System unmöglich eine auch nur annähernd vollständige Folge von

Abbildung 3.7

Alle drei Systeme
können die Positio-
nen der Venus er-
klären, doch das
ptolemäische
System kann
nicht die Pha-
sen erklären.

Im ptolemäischen
System, in dem
Venus sich stets
zwischen Erde und
Sonne befindet und
auf einem Epizykel
auf einem Deferen-
ten wandert, dessen
Mittelpunkt die Erde
ist, könnte ein Beobach-
ter auf der Erde die Scheibe der Venus nie auch nur annähernd
voll beleuchtet sehen. Diese Abbildung zeigt Venus in drei verschiedenen Positionen.

Sonne

Bahn der
Sonne

Epizykel
der Venus

Deferent
der
Venus

Erde

Im kopernikanischen System
(unten), in dem sowohl die Venus
als auch die Erde um die Sonne
laufen, hat die Venus eine annähernd vollständige Folge von
Phasen, genau wie der Mond.

In Tycho Brahes System, in
dem die Venus um die Sonne
läuft, während diese um die
Erde läuft, hat die Venus dieselbe Folge von Phasen wie im
kopernikanischen System.

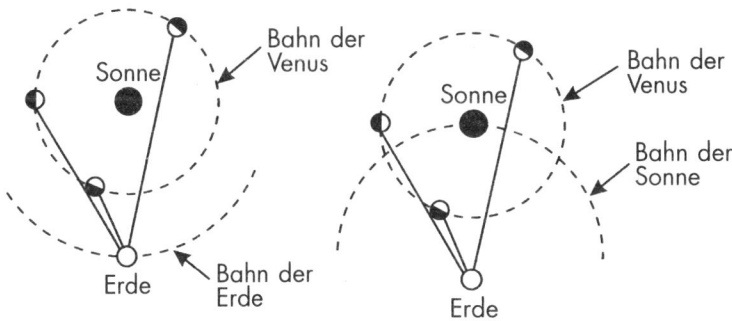

Sonne

Bahn der
Venus

Erde

Bahn der
Erde

Sonne

Bahn der
Venus

Bahn der
Sonne

Erde

Phasen haben konnte, selbst wenn der Epizykel falsch berechnet worden war und sich in Wirklichkeit auf der anderen, erdabgewandten Seite der Sonne befand. Galilei hätte also nicht sehen können, was er sah, wenn die ptolemäische Astronomie richtig gewesen wäre. Im kopernikanischen System und, wie wir gleich einräumen möchten, in Tycho Brahes System war es zu erwarten.

Endlich hatte Galilei überzeugende Beobachtungsdaten gefunden, die die Unterlegenheit der ptolemäischen gegenüber der kopernikanischen Astronomie bewiesen. Für Galilei war es im Grunde nicht der erste Beweis, den er gefunden hatte. Sechs Jahre zuvor, im Jahr 1604, hatte er erstmals öffentlich für die kopernikanische Theorie Partei ergriffen und in einer Reihe von Vorlesungen verkündet, daß die in diesem Jahr beobachtete Nova (die später den Namen *Keplers Stern* erhielt, weil Kepler ein Buch über sie schrieb) den Beweis liefere, daß einige der Argumente von Ptolemäus nicht stichhaltig seien. Da der Text seiner Vorlesungen nicht erhalten ist, bleibt es rätselhaft, worin Galilei diesen Beweis gesehen haben will. Anders ist es mit den Phasen der Venus. Diese Entdeckung war eindeutig ein schwerer Schlag gegen die ptolemäische Astronomie.

1610 erschien Galileis *Sidereus Nuncius*, und wenngleich die meisten katholischen Gläubigen sicherlich dachten, die Erde sei der Mittelpunkt des Universums, und annahmen, daß die Bibel diese Ansicht unterstütze, gab es in der katholischen Kirche doch keine offizielle Haltung zur Ordnung des Kosmos. Es war ihr, anders als man heute weithin glaubt, gelungen, sich seit dem Erscheinen von *De Revolutionibus* aus der Debatte herauszuhalten, womit sie eine seit Jahrhunderten gängige Praxis fortsetzte, in Fragen der Kosmologie unterschiedliche Standpunkte zu dulden. Nikolaus von Kues hatte schon vor Kopernikus von einer bewegten Erde gesprochen, und er war nichts Geringeres als Kardinal und päpstlicher Legat. Die Kirche hatte ihn dafür nicht kritisiert oder gar verdammt. Giordano Bruno, der stark von Nikolaus von Kues beeinflußt worden war, war auf dem Scheiterhaufen verbrannt worden, doch in erster Linie wegen seiner ketzerischen religiösen Ansichten und nicht wegen seiner wissenschaftlichen Haltung. Zwei der entschiedensten Befürworter von Kopernikus' Theorien waren mächtige Kirchenvertreter gewesen. Jetzt, nach Galileis Entdeckungen, hegten viele Kirchenleute offenbar die Hoffnung, die Kirche könne sich weiterhin einer offiziellen Äußerung zu diesem Problem enthalten, und manche legten ausdrücklich Wert darauf, daß sie in der Auslegung von Bibelpassagen, die sich auf die Kosmologie bezogen, keine fundamentalistische Haltung einnahm. Das vielfach Galilei zugeschriebene Diktum, daß die Bibel lehre, wie man in den Himmel kommt, aber nicht, wie die Himmel sich bewegen, stammt in Wirklichkeit nicht von ihm, sondern von Kardinal Baronis. Es gab offenbar so etwas wie eine generelle stillschweigende Übereinkunft, daß alle Seiten vermeiden sollten, eine Theorie des Universums oder eine kosmologische Aussage der Bibel als buchstäbliche Wahrheit beziehungsweise als *nicht wahr* zu verkünden; wurde diese Übereinkuft beachtet, würde man niemanden ins Gebet nehmen müssen, und alles würde weiterhin reibungslos laufen. Zwar wurde auf allen Seiten gegen diese Übereinkunft verstoßen, aber trotzdem hielt die Waffenruhe eine Zeitlang.

Als Galileis Entdeckungen bekannt wurden, kamen die heftigsten und dogmatischsten Reaktionen von den konservativen Astronomen der Universitäten, die in gewohnter Weise ihre abgedroschenen »Wahrheiten« herunterleierten und verlangten, daß die Autorität von Aristoteles und Ptolemäus nicht angetastet werden dürfe. Warum noch die Natur beobachten und durch ein Fernrohr blicken, wo doch Aristoteles und Ptolemäus schon die fertigen Antworten geliefert hatten? Es ging im Streit zwischen Galilei und diesen Männern nicht um die Ordnung des Universums. Diese unversöhnlichen Gelehrten stießen sich an der Art, wie er Wissenschaft betrieb, an seinem Beharren darauf, daß man die Natur untersuchen müsse, um etwas über sie zu erfahren; für sie war das im besten Falle Torheit, im schlimmsten wissenschaftliche Ketzerei.

Doch nicht allen Gegnern Galileis mangelte es im gleichen Maße an Scharfsinn und stichhaltigen Argumenten. Auch heu-

te wird von Astronomen und Wissenschaftshistorikern einge-
räumt, daß Galilei die kopernikanische Astronomie nicht so
umfassend und definitiv bewiesen habe, wie er selbst behauptete. Zeitgenossen verwiesen mit Recht darauf, daß seine »Evi-
denz« kein »Beweis« sei. Jesuitische Gelehrte machten darauf
aufmerksam, daß die kopernikanische Theorie die Entdeckungen Galileis zwar zu erklären vermöge, Tychos Theorie dies aber
ebensogut könne, ohne den Mittelpunkt des Universums zu
verändern. Viele Astronomen beriefen sich auf das, was sie für
Kopernikus' Vorwort zu *De Revolutionibus* hielten, und akzeptierten die kopernikanische Ordnung als ein exzellentes hypothetisches Modell, das »dem Anschein Rechnung trug«, ohne
daß man dabei entscheiden mußte, ob es wirklich die Realität
repräsentierte oder nicht.

Galilei selbst erhielt nicht eben viel persönliche Unterstützung, und das lag nicht allein an seinen wissenschaftlichen
Ansichten. Er hatte nie gelernt, seine spitze Zunge zu zügeln.
Mit zarten Naturen sprang er rücksichtslos um, und selbst
durchaus begründeten Widerspruch konnte er nicht einfach
hinnehmen. Tendenziell hielt er jeden, der nicht seiner Meinung
war, für einen Feind. Ätzende Kritik und kränkende Äußerun-
gen, die er in Briefen und verbal von sich gab, machten ihn bei
seinen Kollegen nicht gerade beliebt.

Es ist zu einem gut Teil Galilei selbst anzulasten, daß er die
Kirche zu der Arena machte, in der die beiden Theorien vor aller
Augen aufeinanderprallten. Angesichts der »Legende« Galilei
ist es erstaunlich, daß er nichts gegen die Kirche als wissenschaftliche Autorität hatte. Er zeigte sich im Gegenteil ungeduldig und verächtlich, weil sie zögerte, sich zu dem Problem
zu äußern. Heutige Wissenschaftler halten es für vernünftig, daß
die Kirche zum Aufbau des Universums keine offizielle Position bezog. Anders Galilei. Ihm war daran gelegen, daß die kirchliche Autorität sich in dem Streit auf *seine* Seite stellte. Er war
sich ganz sicher, daß es so kommen würde.

Nach außen hin beharrte die Kirche darauf, sich nicht öffentlich zu diesem Streit zu äußern. Man kann aber davon ausgehen, daß auf höherer Ebene von dem Problem Kenntnis genom-

men wurde und daß es als eine heikle Angelegenheit betrachtet wurde. Es gab unter den Kirchenführern gebildete Männer, die zu dem Schluß gelangt waren, daß die heliozentrische der geozentrischen Astronomie vorzuziehen sei. Und wenn das der Fall sei, sei das Heilige Offizium gut beraten, wenn es die heliozentrische Astronomie unterstütze, denn am Ende werde ihr gar nichts anderes übrigbleiben. Manche hielten es für das beste, die Politik der Nichteinmischung fortzusetzen und die Dinge von selbst in diese Richtung treiben zu lassen. Fast alle waren der Meinung, die Kirche solle bedächtig und behutsam vorgehen. Lange hatte die katholische Kirche es als ihre Pflicht angesehen, die Gläubigen, vor allem die weniger gebildeten, vor Ideen zu schützen, die den Glauben zu untergraben drohten, mochte ein solcher Glaube den gebildeteren Katholiken auch allzu schlicht erscheinen. Zum Glaubenssystem der meisten Gemeindemitglieder gehörte offensichtlich auch das aristotelisch-ptolemäische Weltbild, wenngleich schwer zu beurteilen war, wie sehr sie daran glaubten. Auch das war wohl ein Grund, einen allmählichen Wandel einem plötzlichen Umschwung auf jeden Fall vorzuziehen; er würde weniger Unruhe und Verwirrung stiften. Doch ganz abgesehen von der etwaigen Sorge um das Seelenheil ihrer Gläubigen, konnten es sich die Kirchenführer angesichts der allgemeinen Stimmung und der aktuellen Auseinandersetzung mit dem Protestantismus kaum leisten, daß ihre Schäfchen ernsthaft beunruhigt würden.

In dieser Lage verhielt sich Galilei wie der sprichwörtliche Elefant im Porzellanladen. Er war zu sehr von seiner Sache besessen, um zu erkennen, daß es nicht in seinem Interesse sein konnte, eine Entscheidung zu erzwingen. Er war ungeduldig. Er wußte, daß einflußreiche Leute seine Ansicht teilten. Andere würden gewiß einsehen müssen, daß die kopernikanische Theorie aus wissenschaftlichen und theologischen Gründen richtig und akzeptabel war.

Im Jahr 1611 reiste Galilei nach Rom, wo er überaus freundlich und respektvoll aufgenommen wurde. Doch zwei Jahre später beging er einen schweren Fehler. Er schrieb Briefe an sei-

nen ehemaligen Schüler Castelli und an die Mutter des Großherzogs von Toskana, die kopernikanische Theorie sei eine
Tatsache und es sei unklug, Passagen der Heiligen Schrift mit
Gewalt so auszulegen, daß sie eine Interpretation der Natur
stützen, die sich später als offensichtlich falsch erweisen könnte. (Galilei glaubte anscheinend, nur eine »gewaltsame« Auslegung der Bibel könne die ptolemäische Astronomie stützen.)
In hohen Kirchenkreisen waren schon ähnliche Meinungen
geäußert worden, weil man erkannt hatte, daß es hier nicht darum ging, ob die Bibel wörtlich oder metaphorisch auszulegen
sei, sondern welcher metaphorischen Auslegung man den Vorzug gebe. Was Galilei noch mehr schadete, war die Passage in
seinen Briefen, wo es heißt, die Heilige Schrift sei nicht näher
auf komplizierte wissenschaftliche Details eingegangen, die
wörtlich verstanden werden *konnten*, weil sie geschrieben sei für
das »einfache Volk, das ungebildet und unwissend ist«.

Galileis Briefe wurden weitergereicht, und rasch interpretier-
ten (besser gesagt, mißinterpretierten) ihn einige dahingehend,
daß Galilei die Gültigkeit der Heiligen Schrift anzweifle. Das
Heilige Offizium wurde eingeschaltet, entschied aber, daß der
Brief nichts Ketzerisches enthalte. Galilei erhielt jedoch einen
Brief von Kardinal Robert Bellarmin, einem einflußreichen
Jesuiten, der ihm riet, solange nicht ein strenger Beweis dafür
vorliege, daß die Erde sich bewegt, solle er diese Idee als hypo-
thetisch betrachten und sich an die übliche Bibelauslegung halten. Bellarmin gehörte zu denen, die der Ansicht waren,
Kopernikus selbst habe sein Modell in diesem Sinne verstan-
den.

1616 war Galilei wieder in Rom, um seine Kampagne für das
kopernikanische Weltbild voranzutreiben. Diesmal hielt das
Heilige Offizium bei führenden Universitätsgelehrten Umfrage,
ob die Sonne im Mittelpunkt stehe und die Erde sich bewege.
Man weiß nicht, wer die Adressaten ausgewählt hat, doch die
Antworten waren überwiegend negativ: Galilei sei wissenschaftlich im Unrecht und philosophisch ein Ketzer.

In dieser Runde hatten Galileis Gegner einen Punktsieg
errungen. Giovanfrancesco Buonamici, ein toskanischer Diplo-

mat, hält in seinem Tagebuch fest, zwei Kardinäle hätten sich gegen die Neigung des Papstes ausgesprochen, den Kopernikanismus für glaubenswidrig zu erklären. Bellarmin war der eine. Der andere war Kardinal Maffeo Barberini, ein guter Freund Galileis. Das Urteil lautete schließlich, die Lehre des Kopernikus verstoße gegen die Heilige Schrift und könne nicht verteidigt oder aufrechterhalten werden. Es wurde jedoch nicht mit dem Siegel der päpstlichen Autorität versehen, was bedeutete, daß die Lehre des Kopernikus offiziell nicht als Ketzerei galt. Das erscheint als eine belanglose juristische Spitzfindigkeit, ebenso wie die, daß Galilei über die Entscheidung der Kirche informiert und ermahnt wurde, kopernikanische Ansichten aufzugeben, solange er keinen unangreifbaren Beweis habe, daß er aber nicht bestraft und ihm nicht verboten wurde, das kopernikanische Modell zu lehren. Dieser letzte Punkt war für Galilei jedoch so wichtig, daß er Bellarmin, der ihm das Urteil der Kirche übermittelt hatte, um Erläuterungen bat, die dieser ihm auch in einem Brief gab. Galilei ließ sein Werben für die kopernikanische Lehre eine Weile ruhen und wandte sich anderer Arbeit zu, um einen politisch besser geeigneten Moment abzuwarten und dann sein Bemühen wieder aufzunehmen.

1623 schien dieser Moment gekommen zu sein. Zur Freude liberaler Katholiken wurde Kardinal Barberini zum neuen Papst Urban III. gewählt. Barberini und Galilei hatten oft bei einem guten Essen über Wissenschaft und Philosophie diskutiert. Als Kardinal hatte Barberini das päpstliche Dekret verhindern können, durch das der Kopernikanismus zur Ketzerei erklärt worden wäre. Gewissen Darstellungen zufolge ließ Barberini Galilei nun, 1623, wissen, er könne als Papst nicht mehr inoffiziell mit ihm plaudern und seine persönlichen Ansichten uneingeschränkt äußern. Galilei bat um die Erlaubnis, ein Buch über die *beiden* Systeme zu schreiben, und verstand die Antwort Barberinis, wie auch immer sie lautete, als Ermutigung.

Inzwischen hatte sich die Lage trotz des Unentschiedens, das 1616 in Italien erreicht worden war, zugunsten der kopernikanischen Astronomie gewendet. Kepler hatte die elliptischen Bahnen entdeckt und seine drei Gesetze formuliert, hinzu kamen Galileis Entdeckungen, und in Kürze sollten die Rudolfinischen Tafeln erscheinen – es schien, als sei der Sieg mit Händen zu greifen. Doch wenn Galilei geglaubt haben sollte, daß die Kirche bereit sei, ihren Widerstand aufzugeben und das heliozentrische Weltbild zu unterstützen, war er im Irrtum.

Die Geschichte wurde zunehmend verworrener. Vielleicht war Barberini nach Kräften bemüht, sowohl ein umsichtiger Kirchenführer als auch ein Freund für diesen brillanten, temperamentvollen Mann zu sein. Vielleicht hoffte er noch, daß die Sache sich langsamer entwickeln würde. Hätte jemand mit mehr politischem und diplomatischem Gespür, als Galilei es besaß, erkannt, daß ihm allenfalls eine unparteiische Darstellung der ptolemäischen und der kopernikanischen Lehre erlaubt war, was, gemessen an der Entscheidung von 1616, sogar noch eine günstige Wendung darstellte? Ein solches Buch hätte dem Kopernikanismus möglicherweise zu einem wichtigen Etappensieg verholfen, ohne daß Galilei dabei zum Märtyrer hätte werden müssen.

Man darf annehmen, daß Galilei nicht daran gedacht hat, daß er zum Märtyrer werden könnte. Aber was dachte er? Vielleicht ist er zu der durchaus verständlichen Ansicht gelangt, das Urteil von 1616 sei angesichts der früher üblichen Toleranz der Kirche nur eine vorübergehende konservative Verirrung gewesen. Jedenfalls glaubte er nun, den Beweis entdeckt zu haben, den vorzulegen man ihm bei der Verkündigung jenes Urteils geraten hatte: seine neue Theorie der Gezeiten. Vielleicht hat er Barberinis Äußerung, als Papst könne er nicht mehr inoffiziell mit ihm plaudern, so verstanden, daß er Galilei nicht direkt auffordern könne, ein prokopernikanisches Buch zu schreiben, daß er aber nichts dagegen hätte, wenn er es täte. Hätte es etwas an Galileis Schicksal oder am künftigen Verhältnis der katholischen Kirche zur kopernikanischen Theorie geändert, wenn er ein nicht so explizit pro-kopernikanisches Buch geschrieben hätte? Wahrscheinlich nicht, denn der Prozeß gegen Galilei entpuppte sich als eine reine Farce, in der Wissenschaft, Religion und sogar die Autorität der Kirche bestenfalls eine Nebenrolle spielten. Worum es eigentlich ging, ist bis heute ein Rätsel.

Auf jeden Fall arbeitete Galilei mit seinem Buch, auch wenn es auf lange Sicht den Sieg der kopernikanischen Astronomie besiegeln sollte, vorerst seinen Feinden direkt in die Hände. Das *Gespräch über das ptolemäische und das kopernikanische Weltsystem*, oft nach dem italienischen Titel kurz *Dialogo* genannt, liefert beeindruckende Beweise zugunsten von Kopernikus. Es ist, im Unterschied zu *De Revolutionibus*, kein technisches, mathematisches Buch. Es ist eine meisterhafte, unterhaltsame Darstellung in leichtverständlicher Form, verfaßt in Italienisch statt in gelehrtem Latein, dazu bestimmt, eine breite Leserschaft anzusprechen, wie es bis dahin kein Buch über die ptolemäische Astronomie, ja überhaupt kein Buch über Astronomie angestrebt hatte. Als Form wird eine lebhafte Diskussion zwischen drei Freunden gewählt, die sich über vier Tage erstreckt. Am ersten Tag werden die Ideen des Aristoteles auseinandergenommen. Der zweite und dritte Tag sind dem Beweis gewidmet, daß die Erde sich dreht und um die Sonne kreist. Am vierten Tag wird Galileis Theorie der Gezeiten diskutiert, eine falsche Theorie, die er jedoch für sein entscheidendes Argument hielt. (Er schalt Kepler als kindisch, weil dieser den Mond für die Ursache der Gezeiten hielt.)

Galilei ließ keinen Zweifel daran, daß die Gestalt des »Salviati« – er ist weit scharfsinniger als die beiden anderen und tritt eloquent für die kopernikanische Lehre ein – niemand anderen als ihn selbst repräsentiert. »Simplicio«, der die aristotelisch-ptolemäische Seite vertritt, bekommt zwar das letzte Wort, ist aber kaum mehr als ein Hanswurst, verwirrt und schwer von Begriff. Er sorgt, könnte man sagen, für das komische Element. Um auch dem letzten Leser auf die Sprünge zu helfen, schimpft die dritte Figur, »Sagredo«, ein geschickter Diskussionsleiter, der das Gespräch durch kluge Fragen vorantreibt, Simplicio wegen seiner Dummheit und Unfähigkeit, vernünftige Argumente einzusehen, und lobt ihn herablassend, wenn er tatsächlich einmal etwas begreift. Galilei war ein Meister der Verspottung, und er setzte diese Waffe im *Dialogo* gnadenlos ein. Für ihn stand es außer Zweifel, daß jeder, der angesichts der zwingenden Argumente für die kopernikanische Astronomie noch Aristoteles und Ptolemäus verteidigte, nur ein Schwachkopf sein konnte. Galilei hat auf keinen Fall glauben können, sein Buch sei unparteiisch oder andere würden es als ein solches empfinden.

Da ist es durchaus erstaunlich, daß es anfangs keine negative Reaktion gab. Das Buch durchlief die Instanzen der kirchlichen Bürokratie mit nur kleinen ärgerlichen Verzögerungen, die erst im Rückblick etwas Ominöses bekommen. Nach geringfügigen Änderungen erhielt es die Genehmigung der kirchlichen Zensoren, die unabsichtlich eine Verbesserung beisteuerten, indem sie verlangten, den Titel von *Gespräch über die Gezeiten* abzuändern in *Gespräch über das ptolemäische und das kopernikanische Weltsystem*. Daß der Teil des Buches über die Gezeiten seine einzige peinliche Schwäche darstellt, hatten die Zensoren nicht wissen können.

Man könnte an diesem Punkt den Eindruck gewinnen, Galilei habe die Lage vollkommen richtig eingeschätzt. Der *Dialogo* erschien im Februar 1632 unter lebhafter Anteilnahme der Öffentlichkeit und wurde begeistert aufgenommen. Kritik gab es natürlich auch, namentlich von einem gewissen Christoph Scheiner, einem Jesuiten, der schon zuvor mit Galilei über die Frage aneinandergeraten war, wer von ihnen als erster die Sonnenflecken entdeckt und richtig gedeutet habe. Galilei hatte Scheiner in diesem Streit eindeutig besiegt und seinen Sieg weidlich ausgekostet. Es wird niemanden überraschen, daß Scheiner über Galileis neuesten Triumph mehr als nur verstimmt war.

Da brach aus heiterem Himmel das Unglück herein. Barberini, Galileis Freund aus früheren Tagen und jetzt Papst Urban III., wandte sich mit aller Schärfe gegen ihn. Sein später Sinneswandel ist bis heute ein Rätsel geblieben. Hatte er es jetzt erst geschafft, das Buch zu lesen? Das Argument, der Papst habe durch politischen Druck und aufgrund der militärischen Lage seine Meinung über Galilei geändert, überzeugt nicht. Diese Probleme hatten mit Galilei und der kopernikanischen Frage so wenig zu tun, daß man sich kaum vorstellen kann, daß sie eine Rolle gespielt haben, außer vielleicht, die ohnehin angespannte Lage zu verschärfen. Auch das Argument, daß die Kirche in ihrem Urteil nicht schwanken dürfe, leuchtet nicht recht ein. In welchem Urteil schwankte sie? Etwa in dem von 1616? Amtlich war der Kopernikanismus damals nicht zur Ketzerei erklärt worden, und falls jemandem dieses Detail entgangen sein sollte, muß darauf verwiesen werden, daß kirchliche Zensoren Galileis Buch gerade genehmigt hatten. Gab es einen Grund, diese Entscheidung zu revidieren? Es scheint, daß Barberini den Zorn der Kirche gegen Galilei entfesselte, *obwohl* er gewußt haben muß, daß dies den Eindruck hervorrufen würde, die Kirche und er selbst handelten wankelmütig und töricht. Viele gläubige liberale Katholiken waren bestürzt, als die Kirche schließlich die kopernikanische Lehre verdammte und verbot, denn dadurch verschrieb sie sich einer Theorie, die inzwischen unhaltbar schien. Barberini muß diese Reaktion vorhergesehen haben.

Als Erklärung hört man oft, die Ratgeber des Papstes hätten ihm eingeredet, Galilei habe den Simplicio als eine Karikatur Barberinis konzipiert. Tatsächlich hatte Galilei den Fehler begangen, Simplicio ein Argument in den Mund zu legen, das Barberini einmal in ihren privaten Unterredungen geäußert hatte. Dennoch erscheint die Reaktion überzogen. Der Auslegung zufolge, die aus dieser Episode eine heftige Konfrontation zwischen Wissenschaft und Religion macht, sah der Papst durch Galilei und den Kopernikanismus den Glauben an die Gültigkeit der Heiligen Schrift und den Anspruch der Kirche, in letzter Instanz über die Wahrheit zu entscheiden, bedroht. Ein solches Motiv hätte aber einen erfahrenen Politiker – und das war Barberini – eher dazu bewogen, sich auf die Seite der Theorie zu schlagen, die wahrscheinlich den Sieg davontragen würde. Die Gründe für Barberinis Zorn waren aber vermutlich subtilerer Natur: Galilei hatte es am Ende geschafft, in der Öffentlichkeit den Eindruck zu erzeugen, die Kirche habe sich voll und ganz hinter die kopernikanische Astronomie gestellt. Wenn überhaupt, dann war es Sache der Kirche und nicht die Galileis, eine solche Entscheidung zu treffen. Mit dem Anspruch der Kirche, über die Wahrheit zu befinden, hatte das nichts zu tun. Es hatte etwas zu tun mit ihrem Recht, den ihr geeignet erscheinenden politischen Moment selbst zu bestimmen. Insofern hatte Galilei tatsächlich die vorsichtig operierenden kirchlichen Entscheidungsinstanzen überlistet und sich etwas angemaßt, das allein Barberini zustand.

Als der Drucker des *Dialogo* die überraschende Aufforderung erhielt, alle unverkauften Exemplare des Buches nach Rom zu schicken, konnte er ihr nicht nachkommen: Sie waren restlos ausverkauft. Aber bald wurde ruchbar, daß der *Dialogo* noch einmal auf ketzerische Inhalte geprüft werden solle. Das Heilige Offizium zitierte Galilei nach Rom. Er fand für einige Wochen Aufnahme beim toskanischen Botschafter, während das Heilige Offizium eilends eine schlüssige Anklage zusammenzubasteln suchte – was nicht so leicht war, da kirchliche Zensoren an Galileis Buch nichts auszusetzen gefunden hatten und die Meinung, die kopernikanische Theorie sei Ketzerei, nie offizielle Kirchenmeinung gewesen war. Dennoch taten Kirchenjuristen ihr Bestes, und Galilei mußte sich wegen des »schweren Verdachts der Ketzerei« vor Gericht verantworten. Der Brief von Kardinal Bellarmin, den Galilei vorweisen konnte und in dem es hieß, durch den Beschluß von 1616 sei es ihm nicht verboten worden, die kopernikanische Theorie zu lehren, sorgte zwar für Ärger, wurde aber als unerheblich abgetan. Noch weniger verfing Galileis klägliche Verteidigungsstrategie, seine Ankläger hätten den *Dialogo* mißverstanden. In Wahrheit unterstütze das Buch nicht Kopernikus, sondern Ptolemäus, und er könne am Schluß noch einige Seiten anfügen, um das zu verdeutlichen. Das zu glauben, konnte man selbst vom schlafmützigsten Inquisitor nicht erwarten, hatte Galilei doch im *Dialogo* die Verteidiger des Ptolemäus »dumme Idioten« genannt.

Galilei wurde nicht gefoltert, und er wurde nicht zum Tode verurteilt. Dem Papst schien es vielmehr um eine vollkommene Demütigung zu gehen. Man zwang ihn, in einer langen, erniedrigenden Erklärung dem Kopernikanismus zu entsagen, in Gegenwart einer Versammlung von hochrangigen Würdenträgern, denen bis auf den letzten Mann klar gewesen sein muß, daß der alte Mann nicht ein Wort davon ernst meinte. Beim Hinausgehen soll er gemurmelt haben: »*Eppure si muove*« (»Und sie bewegt sich doch«). Es ist nicht verbürgt, ob er die Worte tatsächlich ausgesprochen hat – jedenfalls war es das, was er dachte.

Galilei wurde verurteilt, den Rest seines Lebens in Isolation zu verbringen, unter Hausarrest in seiner Villa in Arcetri. Unter Gelehrten wird die Meinung vertreten, vor einer härteren Strafe habe ihn nur der Umstand bewahrt, daß Barberini trotz seiner unerklärlichen blinden Wut noch so viel Einsicht hatte, um zu erkennen, daß dies für ihn zu einem Pyrrhussieg würde und daß die Nachwelt und viele Kirchenvertreter seiner Zeit ihn verlachen würden, weil er an einer geozentrischen Astronomie festhielt. Tatsächlich hat die Nachwelt ihn als einen grausamen, irrationalen Frömmler in Erinnerung. Das Ansehen der Kirche sowie der katholischen Gelehrtenwelt nahm irreparablen Schaden, die Kirche verlor an Glaubwürdigkeit. Nach dem Prozeß fiel Italien mit dem Verbot der kopernikanischen Lehre quasi in ein wissenschaftliches Mittelalter zurück. Das Zentrum wissenschaftlicher Bemühungen und Erfolge verlagerte sich von da an nach Nordeuropa und England.

Galilei lebte nach seinem Prozeß noch acht Jahre. Er war über siebzig, aber immer noch aktiv. In diesen Jahren schaffte er es, einen Großteil der wissenschaftlichen Untersuchungen, die er seinerzeit in Padua gemacht hatte, zu publizieren. Er starb 1642 im Alter von 78 Jahren.

Wußte Galilei, daß er zwar eine persönliche Niederlage erlitten, aber den Kampf um die kopernikanische Lehre gewonnen hatte? Wahrscheinlich ja. Weniger wahrscheinlich ist, daß er sich bewußt war, daß er als Märtyrer der Wissenschaft und als eine Symbolfigur für all jene, die die Religion als eine Feindin der Wissenschaft (und umgekehrt) betrachten, in die Geschichte eingehen würde. Es hätte ihm bestimmt nicht gefallen. Er glaubte so fest und argumentierte so gut, daß für ihn kein Widerspruch zwischen Religion und Wissenschaft bestand.

Bei der Entscheidung von Kepler, Galilei und anderen Gelehrten des 16. und 17. Jahrhunderts, Kopernikaner zu werden, spielten auch weniger bekannte wissenschaftliche Wertvorstellungen eine Rolle. Es ging jedenfalls nicht immer nur darum, was am besten zu den Beobachtungen paßte – nicht einmal für Galilei, den man den »Vater der modernen Wissenschaft« getauft hat. Was ist sonst noch im Spiel, wenn man einem Denkmodell den Vorzug gibt?

Angenommen, wir – Sie und ich – hätten uns aus Gründen, auf die wir jetzt nicht eingehen wollen, dafür entschieden, den Mond als Mittelpunkt des Systems zu betrachten. Wir wissen, daß es hier nur um Relativbewegungen geht und daß wir ein mondzentrisches Modell präsentieren können, das mit allen vorhandenen Daten übereinstimmt und von dem niemand beweisen kann, daß es falsch ist. Woran liegt es dann, wenn jemand einem anderen Modell gegenüber dem unseren den Vorzug gibt? Was hat Kopernikus, das wir nicht haben?

Denken wir uns unser Planetensystem durch Punkte dargestellt, die sich auf dem dreidimensionalen Bildschirm eines Supercomputers bewegen. Halten wir jetzt der Reihe nach den einen oder anderen Punkt fest, und lassen wir den Computer die Bewegung der anderen Punkte in bezug auf den unbeweglichen Punkt simulieren. Wir erhalten ein Bild, das zwar in allen Fällen korrekt und genau sein mag, das aber im einen Fall weit komplizierter, im anderen weit einfacher sein wird. Wenn wir einen bestimmten Punkt, die »Sonne«, als Mittelpunkt wählen, ergibt sich ein stimmiges Bild, das bemerkenswert einfach und harmonisch erscheint. Wir haben das Gefühl, als hätten wir den Code geknackt. Weshalb sollten wir uns mit den anderen Möglichkeiten abgeben, wenn das einzige, was für sie spricht, der zufällige Umstand ist, daß sie nicht »falsch« sind? Es ist diese Überlegung, die Wissenschaftler veranlaßte, dem kopernikanischen Modell gegenüber dem Tycho Brahes den Vorzug zu geben.

Einfachheit und Harmonie sind deutliche Indikatoren, aber keine absolut zwingenden Beweise von der Art, wie Herr Elmendorf sie sich erhoffte. Es gibt andere Kriterien. In der modernen Wissenschaft müssen wir neben der Frage, wie das Sonnensystem sich bewegt, eine andere beantworten, nämlich: *warum*? Man kann nicht nur behaupten, ein Modell sei imstande vorherzusagen, wo sich all die Planeten in einem Monat, einem Jahr oder einem Jahrhundert befinden werden. Man muß auch sagen können, wie sie dorthin kommen. Wissenschaftlicher ausgedrückt: Welche »Dynamik« veranlaßt sie, sich auf diese statt auf eine andere Weise zu bewegen? Was ist überhaupt dafür verantwortlich, daß sie sich bewegen und nicht stillstehen? Die ptolemäische Astronomie sah den Ursprung der Bewegung des Universums in der Sphäre der Sterne, die auf die planetarischen Sphären übertragen wurde. Manche glaubten, Gott habe jeden einzelnen Planeten im Moment der Schöpfung in Schwung versetzt und diese Bewegung werde sich in alle Ewigkeit fortsetzen. Andere glaubten, die Sphären würden von Engeln bewegt. Kopernikus versuchte nicht zu erklären, warum sich die Planeten so bewegen, wie er glaubte, daß sie es tun, er erkannte aber die Wichtigkeit des Problems. Kepler glaubte, eine von der Sonne ausgehende kreisende Kraft bewege die Planeten und das könne nur funktionieren, wenn sich die Sonne im Mittelpunkt befindet. Doch erst Isaac Newton und Albert Einstein benannten mit ihren Erklärungen der Gravitation und der Krümmung der Raumzeit die Gründe, die wir heute als allgemeingültige Erklärung dafür akzeptieren, daß die Planeten sich in der beobachteten Weise bewegen.

Wissen wir daher, daß Kopernikus recht hatte? Nicht ganz. Fred Hoyle hat in seinem Buch über Kopernikus behauptet, die eingehende Beschäftigung mit Einsteins Theorien zeige, daß sie sogar eine leichte Tendenz zugunsten eines geozentrischen Modells besitzen. Hätte Galilei Hoyle an seiner Seite gehabt, hätte er vielleicht ein Buch geschrieben, das dem Papst gefallen hätte, und wäre nicht wegen Ketzerei verfolgt worden!

Woran liegt es dann, daß Ptolemäus den kürzeren zog? Der ungeheure Erfolg der ptolemäischen Astronomie ist, so paradox es klingen mag, kein Argument, das für sie spricht: Sie kann alle scheinbaren Bewegungen am Himmel erklären. Sie könnte auch viele Dingen erklären, die wir nie wahrnehmen werden. Sie erlaubt zuviel. Die kopernikanische Astronomie in ihrer heutigen Gestalt erlaubt weit weniger. Es ist leichter, sich Phänomene vorzustellen, die in der kopernikanischen Theorie nicht zulässig sind. Die kopernikanische Theorie ist, wissenschaftlicher ausgedrückt, leichter »falsifizierbar« als die ptolemäische, also leichter zu widerlegen. Falsifizierbarkeit zeichnet eine gute Theorie aus. Wenn eine Theorie ein hinreichend klares Profil hat und dadurch zahlreiche Möglichkeiten bietet, sie zu Fall zu bringen, und das dann niemandem gelingt – wenn neue Entdeckungen sie nicht ausheben, sondern sie nahtlos ergänzen, wie es bei Galileis Entdeckungen mit seinem Fernrohr der Fall war –, wenn das Bild mit der Zeit nicht komplizierter, sondern harmonischer wird, dann können wir nach einer Weile sagen, daß die Theorie sich in die richtige Richtung bewegt.

Es gibt noch ein Kriterium, anhand dessen Theorien bewertet werden. Danach sind die modernen Wissenschaftler jenen von ihnen verachteten sturen Gelehrten des 17. Jahrhunderts nicht unähnlich. Wenn neue Theorien und die Implikationen neuer Entdeckungen nicht in das Bild passen, das ein Wissenschaftler vom Funktionieren des Universums hat, dann sträubt er sich, sie zu akzeptieren. Beispiele hierfür sind Einsteins Widerstand gegen die Vorstellung von einem expandierenden Universum oder das Unbehagen, das viele Wissenschaftler gegenüber der Möglichkeit empfinden, daß das Universum weit weniger vorhersagbar sein könnte als bisher angenommen. Man muß nicht engstirnig oder wissenschaftsfeindlich sein, um eine Theorie aus dem Grund abzulehnen, daß sie das eigene wissenschaftlich-ästhetische Empfinden verletzt. »Sie kann nicht stimmen, weil mein Gefühl mir sagt, daß sie falsch ist.«

In den letzten Absätzen haben wir den Wettstreit der Weltbilder aus der Sicht der Wissenschaftstheorie des 20. Jahrhunderts betrachtet, am Ende eines Jahrhunderts, das sich sehr ausgiebig mit der Frage befaßt hat, woher wir wissen, was wir wissen. Die modernen Überlegungen fielen jedoch nicht vom Himmel. Sie wurzeln in einem Denken, das schon in der Antike, auf jeden Fall aber zu Keplers und Galileis Zeit entwickelt war. Auf die Relativbewegung im Sinne des 20. Jahrhunderts sind die Gelehrten nicht gekommen, aber sie wußten, daß es andere, ebenso stichhaltige geometrische Erklärungen geben könnte. Was die Einfachheit als Kriterium angeht, kannten die Gelehrten noch nicht die »wissenschaftliche Methode«, die besagt, daß das ökonomischste und harmonischste Modell, das dem Augenschein Rechnung trägt, das beste Modell ist. Von Hipparch weiß man, daß er immer die unkomplizierteste Hypothese vorzog, die mit den Beobachtungen zu vereinbaren war, und der Neuplatonismus ließ die Wissenschaftler des Spätmittelalters in der Natur bevorzugt nach einfachen mathematischen und geometrischen Regelmäßigkeiten suchen. Kopernikus war fest von der höheren Harmonie seiner Anordnung überzeugt und sah in ihr ein starkes Argument zu ihren Gunsten. Auch Keplers Arbeit wurde von der Suche nach einer solchen Harmonie beflügelt. Der eine oder andere Gelehrte hat diese Präferenz auf religiöse Weise ausgedrückt: Gottes Schöpfung, die Natur, ist ein Werk von großer Eleganz und Einfachheit, und wir müssen bestrebt sein, auf gleiche Weise zu verstehen und zu erklären.

Heutige Wissenschaftler werden nie herausfinden, was im Fall Galilei wirklich vor sich gegangen ist, und nie werden sie alle Strömungen und Gegenströmungen des Denkens (und Nichtdenkens) und Handelns ergründen können, die sich zu jener Kette von Ereignissen zusammenfügten. Hinter den äußerlichen Argumenten verbargen sich Zweifel, Vermutungen und persönliche Interessen, die wir selbst dann nicht hätten enthüllen können, wenn wir unmittelbar dabeigewesen wären. Auch können Wissenschaftler und Wissenschaftstheoretiker nicht genau angeben, warum die eine Theorie zur »wissenschaftlichen Erkenntnis« erhoben, die andere dagegen dem Mülleimer der Geschichte überantwortet wird. Die Biographien von Ptolemäus, Kepler, Tycho Brahe und Galilei sollten uns zumindest von vereinfachenden Deutungen nach dem Schema: bewiesen/unbewiesen, schlechte Wissenschaft/gute Wissenschaft, Wissen/Unwissen, pro Ptolemäus/pro Kopernikus, Religion/Wissenschaft, Aufgeschlossenheit/blinder Dogmatismus abhalten, und sie sollten uns eine Warnung sein, nicht leichtfertig den verbreiteten Legenden zu trauen, die sich um historische Gestalten ranken. Verglichen mit dem Bemühen, die verwickelten menschlichen Hintergründe der kopernikanischen Revolution aufzuklären, erscheint die Aufgabe, den Nachthimmel zu erklären, als ein Kinderspiel.

4. KAPITEL

Eine Umlaufbahn mit Aussicht
1630–1900

Welch ein wunderbares und staunenswertes Schema von der erhabenen Unermeßlichkeit des Universums!

CHRISTIAAN HUYGENS

Als der französische Astronom Pierre Gassendi 1631 den Durchgang des Merkur vor der Sonnenscheibe beobachtete, wollte er seinen Augen nicht trauen. Er hatte, wie alle seine Zeitgenossen, die von Ptolemäus angegebenen Abmessungen der Himmelserscheinungen erlernt. Der winzige Punkt auf der Sonne mußte ein Sonnenfleck sein – der Planet konnte es einfach nicht sein. Auch Kepler hatte einen sehr viel größeren scheinbaren Durchmesser für Merkur erwartet. Erst als er erkannte, daß der Punkt viel zu schnell über die Sonnenscheibe wanderte, um ein Sonnenfleck sein zu können, kam er verblüfft zu dem Schluß, daß es tatsächlich der Merkur war, trotz seiner »ganz unglaublichen Kleinheit«. Ptolemäus hatte jedoch, wie man gerechterweise anmerken muß, in seinem *Almagest* geäußert, daß die scheinbare Kleinheit von Venus und Merkur der Grund dafür sein könne, daß man ihre Durchgänge bisher nicht beobachtet hatte. Wenn Ptolemäus oft so schlecht wegkommt, liegt das auch daran, daß die Astronomen ihn nicht besonders aufmerksam lasen!

Für Ptolemäus selbst waren die von ihm geschätzten Abmessungen kosmischer Erscheinungen nur ein spekulatives Randergebnis seiner mathematischen Astronomie gewesen. Im Mittelalter betrachtete man sie jedoch, wie aus gelehrten Abhandlungen und allgemein verbreiteten Schriften hervorgeht, als erwiesene Wahrheiten, und noch zu Beginn des 17. Jahrhunderts saßen die von Ptolemäus genannten Zahlen in den Köpfen der Gelehrten fest. Als dann jedoch in den dreißiger Jahren der Umgang mit dem Fernrohr für Astronomen wie Gassendi zu etwas Selbstverständlichem und die Keplerschen Gesetze allgemein bekannt wurden, verloren die antiken Entfernungsmessungen an Glaubwürdigkeit, zuerst bei den Fachleuten und dann auch bei allen anderen Gebildeten. Die von Ptolemäus genannten Entfernungen waren viel zu klein.

Der Durchgang des Merkur im Jahr 1631 erlaubte erstmals die genaue Messung seines scheinbaren Durchmessers (so wie er von der Erde aus erscheint), und acht Jahre später ergab sich dieselbe Gelegenheit für die Venus.

Die Qualität der Fernrohre wurde immer besser, und auch in verwandten Technikbereichen wurden Fortschritte gemacht. Das Fernrohr, das Galilei im Frühjahr 1610 benutzte, hatte eine 30fache Vergrößerung. Zwei Jahre später benutzte der Astronom Thomas Harriot ein Fernrohr mit 50facher Vergrößerung; allerdings war dabei das Gesichtsfeld frustrierend klein. In den dreißiger Jahren kam dann ein Instrument in Gebrauch, das man als »astronomisches Fernrohr« bezeichnet. Kepler hatte 1611 erstmals das Prinzip eines solchen Fernrohrs theoretisch beschrieben, doch bei seiner Darstellung lieferte das Fernrohr ein auf dem Kopf stehendes Bild. Nachdem dieses Problem durch eine veränderte Anordnung der Linsen behoben war, setzte sich das astronomische Fernrohr durch, das bei hohen Vergrößerungen ein sehr viel größeres Gesichtsfeld hat.

Das astronomische Fernrohr hatte einen weiteren großen Vorteil. William Gascoigne aus Yorkshire entdeckte ihn zufällig gegen Ende der dreißiger Jahre. Eine Spinne hatte sich in seinem Fernrohr ein Netz gesponnen, dessen Fäden sich deutlich von dem Hintergrundbild abhoben. Ein Objekt innerhalb eines astronomischen Fernrohrs, folgerte Gascoigne, konnte also vor einem zu beobachtenden fernen Objekt klar erkannt werden. Er konnte demnach so etwas wie ein Lineal in sein Fernrohr einbauen. Das Lineal, das er konstruierte, war ein »Mikrometer« (ein Instrument, das, wie der Name schon sagt, zur Messung äußerst kleiner Dimensionen geeignet ist) mit einem

Drahtnetz, das sich durch Drehen an einer Schraube über das Bild bewegen ließ. Vor dieser Erfindung konnte man die scheinbare Größe eines durch die Linse betrachteten Körpers nur abschätzen, und diese Schätzungen wichen stark voneinander ab. Jetzt konnte man die scheinbare Größe *messen* und sie mit einem festgelegten Standard vergleichen. Leider starb Gascoigne 1644 in der Schlacht von Marston Moor, und so blieb seine Erfindung anderen Astronomen bis in die 1660er Jahre unbekannt. Um diese Zeit hatten französische Experten eine ähnliche, auf den Astronomen Christiaan Huygens zurückgehende Idee weiterentwickelt. Die Royal Society of England machte Gascoignes Entdeckung rasch für sich geltend, doch kommt das Verdienst an der Entwicklung des Schraubenmikrometers zu einem unverzichtbaren Präzisionsinstrument vor allem den Franzosen Adrien Auzout und Jean Picard zu.

Um 1675 war unter den Astronomen eine gewisse Einigkeit über die scheinbare Größe der Planeten erreicht. Der Konsens über ihre Entfernungen ließ länger auf sich warten, nachdem man Ptolemäus in diesem Punkt nicht mehr trauen konnte.

Keplers drittes Gesetz hatte unter den Planeten einen Zusammenhang zwischen ihren Umlaufzeiten und ihrer Entfernung von der Sonne hergestellt. Beobachter auf der Erde waren sich jedoch über die absoluten Entfernungen noch immer im unklaren; sie waren kaum besser dran, als wenn sie am Fuß einer zum Himmel führenden Leiter gestanden hätten, von der sie wissen, daß die zweite Sprosse doppelt so weit entfernt ist wie die erste, die dritte dreimal so weit usw., aber ohne jeden Hinweis, wie weit es bis zur ersten Sprosse ist.

In der Südwand der Basilika von San Petronio zu Bologna befindet sich hoch oben ein kleines Loch, durch das ein Sonnenstrahl auf den Boden der Kirche fällt. Dort befindet sich ein Gnomon, ein Stab, ähnlich dem Zeiger einer Sonnenuhr, mit dessen Hilfe man das sich ändernde Bild der Sonne messen kann. Nachdem der alte Gnomon durch Umbauten an der Kirche unbrauchbar geworden war, erhielt Gian Domenico Cassini von der Universität Bologna den Auftrag, einen neuen zu konstruieren. Cassini war genau der Richtige für diese Aufgabe, interessierte er sich doch sehr für die Sonne und ihre Bewegungen. Sein Gnomon ist bis heute erhalten.

1669 wurde Cassini im Alter von 44 Jahren von Jean Baptiste Colbert, der als Minister am Hof König Ludwigs XIV. von Frankreich großen Einfluß hatte und der eben gegründeten Akademie der Wissenschaften in Paris angehörte, eingeladen, um am neuen königlichen Observatorium zu arbeiten. Ludwig XIV., der auch Versailles hatte errichten lassen, verpflichtete hierfür einen anderen bedeutenden Italiener, den Architekten und Bildhauer Giovanni Bernini. Ludwig, der »Sonnenkönig«, stattete seinen prachtvollen Hof mit der entsprechenden Symbolik aus. Sein leitender Astronom sollte natürlich nicht nur einer der besten in Europa, sondern auch ein Experte in Sachen Sonne sein.

Doch es gab auch wissenschaftliche Gründe, Cassini nach Paris zu holen. Man hatte sich an der Akademie schon eingehend mit Sonnentheorie befaßt und wollte zu einem besseren Verständnis der Sonne, der Planeten und der »Refraktion« des Lichts durch die Erdatmosphäre gelangen, also der Beugung und Streuung, die Lichtstrahlen beim Durchgang durch die Atmosphäre erfahren. Die vorhandenen astronomischen Tafeln sollten mit den neuen, durch Fernrohre und Mikrometer ermöglichten Messungen in Einklang gebracht werden. Cassini nahm die Einladung an, wurde Leiter des Observatoriums und trug von nun an den Namen Jean-Dominique Cassini.

In dieser Zeit wurden die Fernrohre überall in Europa länger und länger. Manche hegten sogar die irrige Hoffnung, daß man mit einem hinreichend langen Fernrohr die Tiere auf dem Mond beobachten könnte. Cassini sorgte sogleich dafür, daß das neue Observatorium mit den besten Instrumenten ausgestattet wurde, die es gab. 1671 schaffte er aus Rom ein gut fünf Meter langes Teleskop herbei, das von seinem Freund und ehemaligen Kollegen Giuseppe Campani, einem der besten Teleskopmacher, gebaut worden war. Colbert, auf dessen Einladung hin Cassini nach Paris gekommen war, war von diesem Teleskop überaus angetan, und seine Begeisterung bewog den König, dem Observatorium ein noch größeres Campani-Teleskop von 34 Fuß und 1684 dann eines von 100 Fuß zu schenken. Als Unterbau für diese gewaltigen Instrumente diente der alte hölzerne Wasserturm von Marly; innen wurde eine Treppe eingebaut, und oben brachte man ein Geländer an, damit die Astronomen und ihre Helfer bei dunkler Nacht nicht herunterpurzelten. Mit diesen Teleskopen entdeckte Cassini unter anderem mehrere Monde um den Saturn und die dunkle Teilung in den Saturnringen. Seine ruhmreichste Leistung war jedoch die erste erfolgreiche Messung von Entfernungen innerhalb des Sonnensystems.

Cassini und andere Astronomen wußten, daß der Mars im August und September 1672 seine größte Erdnähe erreichen würde, eine optimale Voraussetzung, um seine Entfernung zu messen. Cassini gedachte dabei einen altbekannten Kunstgriff der Kartographen anzuwenden, die »Triangulation«, bei der zwei Beobachter an zwei weit voneinander entfernten Standorten gleichzeitig die Position eines fernen Objekts relativ zum Hintergrund messen. Wegen ihres großen Abstands zueinander haben die beiden Beobachter einen unterschiedlichen Blickwinkel.

Dieses Verfahren wird von Menschen und Tieren instinktiv benutzt, um Entfernungen abzuschätzen. Die beiden Augen sind dabei die beiden »Beobachter«. Das rechte Auge erhält nicht genau dasselbe Bild wie das linke. Der Nachweis dafür ist jedermann bekannt: Man hält einen gestreckten Finger senkrecht vor sein Gesicht. Wenn man erst das eine und dann das andere Auge zukneift, scheint sich die Position des Fingers relativ zum Hintergrund zu ändern, obwohl er seine Lage nicht geändert hat. Je dichter man den Finger vor das Gesicht hält, desto größer erscheint die Verschiebung. Wir kommen allerdings nicht auf die Idee, anhand der scheinbaren Verschiebung mit Hilfe der Geometrie den Abstand zwischen Finger und Gesicht zu messen, denn das erledigt unser Gehirn automatisch und mit einer Genauigkeit, die für den Alltag ausreicht.

Die scheinbare Verschiebung eines Objekts relativ zum Hintergrund, die sich von zwei verschiedenen Standorten aus ergibt, bezeichnet man als »parallaktische Verschiebung«. Um zu verstehen, wie man diese Verschiebung benutzt, um Entfernungen zu messen, stellen Sie sich bitte vor, daß Sie mit dem Auto eine Wüste durchqueren. Die Wüste erstreckt sich nach allen Seiten bis zum Horizont, an dem gerade noch eine Bergkette sichtbar ist. Nicht weit von der Straße steht ein einzelner Kaktus. Ihre Aufgabe ist nun, die Entfernung von der Straße bis zum Kaktus zu messen, ohne die Straße zu verlassen.

Als erstes konstruieren Sie zwei imaginäre Dreiecke. Eine Seite des ersten Dreiecks bildet die Straße, eine weitere Seite liefert eine direkt zu dem Kaktus gezogene Linie (siehe Abbildung 4.1a). Der Punkt, an dem die Linie zum Kaktus auf die Straße stößt, ist mit X gekennzeichnet. Suchen Sie nun von X aus eine Landmarke am Horizont, die sich in einer Linie hinter dem Kaktus befindet. In unserem Beispiel ist das ein schneebedeckter Gipfel, der sich deutlich von den anderen abhebt. Gehen Sie jetzt von X auf der Straße ein Stück nach links. Wenn Sie erneut zu dem Kaktus und dem Berggipfel blicken, erscheinen die beiden von Ihrem Standort aus nicht mehr in einer Linie hintereinander. Bezeichnen Sie Ihren Standort mit Y. (Übertragen auf das Beispiel mit dem Finger, entspricht X dem Bild vom rechten und Y dem Bild vom linken Auge aus.)

Von Y aus wird nun das zweite imaginäre Dreieck gebildet. Eine Ecke dieses Dreiecks ist der Punkt, an dem Sie stehen (Y). Eine seiner Seiten ist eine imaginäre Linie, die Sie von Y aus *durch* den Kaktus bis zum Horizont ziehen. Auch dort findet sich eine geeignete Landmarke, ein besonders steiler Fels. Die Länge der Strecke bis zum Steilhang brauchen Sie nicht zu kennen. Eine zweite Seite des Dreiecks wird gebildet von einer imaginären Linie, die von Ihnen (Y) zum Gipfel verläuft. Auch von dieser Strecke brauchen Sie die Länge nicht zu kennen (siehe Abbildung 4.1b). Was Sie kennen müssen, ist der »Winkelabstand« zwischen Gipfel und Steilhang.

Der Winkelabstand ist, in Grad angegeben, die Öffnung zwischen zwei Geraden, die von Ihnen, dem Beobachter von Y aus, zu zwei entfernten Objekten verlaufen (dem Gipfel und dem Steilhang), deren Abstand der Beobachter wissen möchte. Das funktioniert folgendermaßen: Sie stehen im Mittelpunkt eines Kreises, auf dessen Umfang sich der Gipfel und der Steilhang

Abbildung 4.1

a) Der Kaktus steht nicht weit von der Straße, und am Horizont ist eine Bergkette zu sehen. Von X auf der Straße aus steht der Kaktus in einer geraden Linie mit einem schneebedeckten Gipfel. Y liegt links neben X. Es gibt ein imaginäres Dreieck, dessen Seiten aus einer Geraden von X nach Y, einer Geraden von X zum Kaktus und einer Geraden von Y zum Kaktus bestehen.

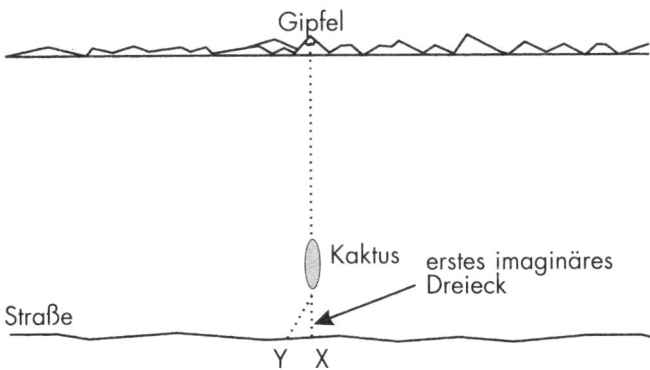

b) Ziehen Sie eine Gerade von Y zum Gipfel und von Y durch den Kaktus zum Horizont. Die zweite Gerade ist eine Verlängerung der zuvor von Y zum Kaktus gezogenen Geraden, und sie führt zu einem Steilhang am Horizont.

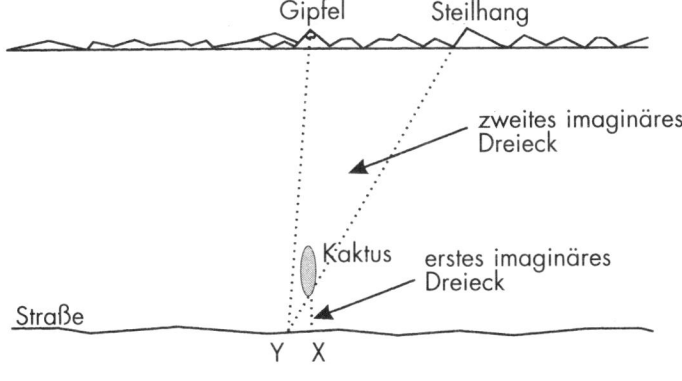

befinden. Welchen Winkel bilden Gipfel und Steilhang zum Kreismittelpunkt (Betrachter)? Ein Kreis hat bekanntermaßen 360°. Der einem Viertel eines Kreises entsprechende Winkel ist 90°. So groß ist der Winkelabstand zwischen Gipfel und Steilhang offensichtlich nicht. Er entspricht eher 30°.

Stellen Sie sich jetzt vor, Sie schweben in einem Hubschrauber über dieser Szene, denn wir brauchen ein idealisiertes Bild aus dieser Perspektive. Der große Kreis in Abbildung 4.2 ist der Horizont mit den Bergen. Der Punkt im Mittelpunkt des Kreises ist der Kaktus. Der Straßenabschnitt zwischen X und Y ist Teil eines kleineren Kreises, der in engerem Abstand um den Kaktus gezogen ist. Die Größe dieses Kreises kennen wir noch nicht, aber das ist im Augenblick unwichtig. Denken wir uns den großen Horizontkreis in Abbildung 4.2 als ein riesiges Zifferblatt, das wir so anordnen, daß der Schneegipfel bei 12 Uhr liegt. Am Horizont ist der Abstand zwischen den beiden Strecken, die bei Y auf der Straße zusammenstoßen, recht groß. Die eine Strecke verläuft natürlich wie vorher zum Gipfel, die andere nach »1 Uhr«, zum Steilhang. Mit Hilfe des Zifferblattes können wir den Abstand zwischen den beiden Landmarken und damit auch den Winkelabstand zwischen den beiden Strecken messen. Auf einem Zifferblatt beträgt der Winkel (vom Mittelpunkt aus gesehen, wo die Zeiger befestigt sind) zwischen 12 und 1 Uhr 30°.

Es mag Ihnen so vorkommen, als hätten Sie damit noch nicht viel herausgefunden. Dabei haben Sie alles, was Sie wissen müssen, um die Entfernung zwischen Straße und Kaktus zu berechnen.

Schauen wir, was wir bisher haben: Die Entfernung zwischen X und Y auf der Straße können Sie leicht messen, Sie brauchen sie nur abzuschreiten. Den Winkelabstand zwischen den beiden Strecken, die von Y zum Gipfel und zum Steilhang am Horizont verlaufen, kennen Sie (30°). Nach den Gesetzen der Geometrie messen Sie am Punkt Y fast exakt den gleichen Winkelabstand zwischen Gipfel und Steilhang, wie am Kaktus (zur Straße hin) zwischen X und Y. Auf dem Zifferblatt gehen die Strecken, die vom Kaktus aus zu X und Y gezogen werden,

128

Abbildung 4.2

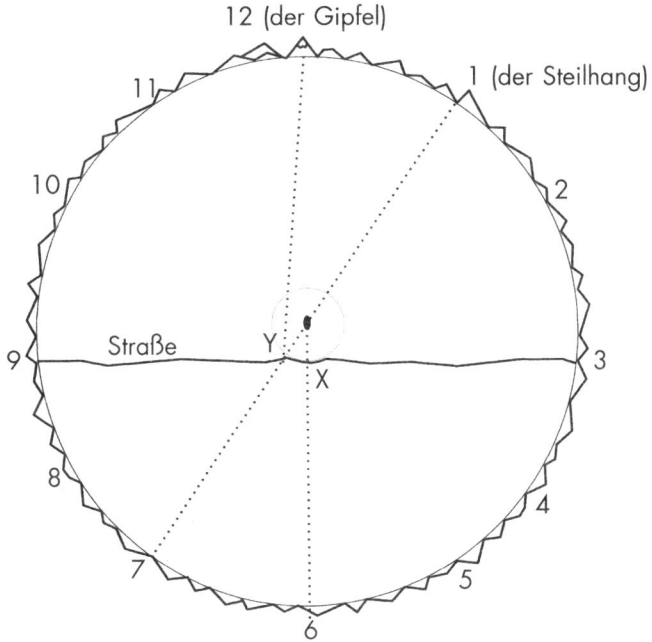

Eine idealisierte Zeichnung aus der Vogelperspektive zeigt den Kaktus im Zentrum eines großen Kreises (der Horizont), der als Uhr dargestellt ist. Der Straßenabschnitt zwischen X und Y ist ein Segment eines sehr viel kleineren imaginären Kreises um den Kaktus. Strecken, die von Y zum Gipfel und durch den Kaktus zum Horizont verlaufen, bilden bei Y einen Winkel von ungefähr 30°.

annähernd durch 6 und 7 Uhr, und das heißt, daß der Winkelabstand zwischen diesen beiden Strecken annähernd 30° beträgt. Wäre der Horizont vom Kaktus, von X und von Y so weit entfernt, wie es die Sterne vom Mars und von der Erde aus sind, wären die beiden Winkel fast identisch.

Fahren wir also in der Messung fort. Für die Entfernung von der Straße bis zum Kaktus gibt es nur *einen* möglichen Wert, bei dem der Kaktus zwischen X und Y einen Winkelabstand von 30°

mißt und bei dem die *wirkliche* Entfernung zwischen X und Y entlang der Straße die von Ihnen abgeschrittene Entfernung ist.

Übertragen wir dieses Verfahren auf die Entfernung zum Mars: Der Kaktus ist Mars und der Horizont mit der Bergkette sind die fernen Sterne. Was wir brauchen, sind zwei X und Y entsprechende Aussichtspunkte. Um Messungen durchzuführen, müssen Astronomen beide Aussichtspunkte erreichen können, und sie müssen die Entfernung zwischen ihnen kennen. Der Abstand der beiden Punkte muß so groß sein, daß eine parallaktische Verschiebung feststellbar ist. Der Abstand zwischen ihnen, die sogenannte »Grundlinie« der Messung, ist ein Bruchteil eines imaginären Kreises, der dem kleinen Kreis in Abbildung 4.2 entspricht. Bei der Marsmessung ist dieser imaginäre Kreis im Vergleich zu dem Ring ferner Sterne so winzig, daß man von Mars, X und Y praktisch annehmen kann, daß sie alle im Mittelpunkt des Sternenringes liegen. Die parallaktische Verschiebung des Mars, wie sie von den beiden Enden jeder auf der Erde nur möglichen Grundlinie aus erscheint, ist nicht annähernd so groß wie 30°.

Es dürfte inzwischen klar sein, warum Cassinis Projekt Beobachter an zwei weit auseinanderliegenden Standorten auf der Erdoberfläche erforderte. Am Observatorium hatte man vage Pläne gehabt, für andere astronomische Untersuchungen eine Expedition in die Tropen zu entsenden, und diese allererste Gelegenheit zur Messung der Entfernung zu einem anderen Planeten gab den Anstoß, die Pläne schleunigst in die Tat umzusetzen. Zufällig hatte Colbert die Absicht, an der Mündung des Cayenne-Flusses in Südamerika, wo sich im Verlauf des Jahrhunderts bereits französische Siedler niedergelassen hatten, eine Kolonie zu gründen, das heutige Französisch-Guayana. Dorthin gingen regelmäßig Schiffe. Cassini schickte einen jungen Kollegen, Jean Richer, und einen Assistenten, einen gewissen Meurisse, nach Cayenne, ausgestattet mit mehreren Meßgeräten und Teleskopen. Sie erhielten von der Akademie den Auftrag, Beobachtungen zu machen, die zur Messung der Parallaxen des Mondes, der Sonne, der Venus und speziell des Mars beitragen würden.

Die drei Ecken von Cassinis Dreieck (analog zum »ersten imaginären Dreieck« in den Abbildungen 4.1a und 4.1b) waren Paris, Cayenne und der Mars. Cassini kannte ungefähr die Entfernung von Paris nach Cayenne (der Längengrad von Cayenne stand nicht fest, aber dem hoffte die Expedition abzuhelfen), die Krümmung der Erde eingerechnet. Diese Entfernung war die Grundlinie, Cassinis »Entfernung zwischen X und Y«. Mit den Instrumenten, die Cassini zur Verfügung standen, war es möglich, wenn auch problematisch, von dieser Grundlinie aus die Parallaxe des Mars zu ermitteln. Man kann beobachten, daß Parallaxenmessungen eine parallaktische Verschiebung aufweisen. Abbildung 4.3 zeigt Parallaxenmessungen des Mondes und des Mars (allerdings nicht maßstabsgetreu und nicht mit den realen Winkeln).

Cassinis Marsmessung war nicht so einfach wie die Ermittlung der Entfernung zu einem Kaktus, und zwar aus mehreren Gründen. Ein Kaktus bleibt an seinem Platz, ein Planet nicht. Wenn Cassini und Richer den Zeitpunkt ihrer Messungen nicht genau bestimmen und nicht sagen konnten, wie sich der Zeitpunkt einer Messung in Cayenne zum Zeitpunkt einer Messung in Paris verhielt, waren die Meßergebnisse wertlos. Cassini konnte nicht einfach anordnen, »die Uhren zu synchronisieren«. Die besten verfügbaren Uhren waren Pendel. Man konnte sie synchronisieren, aber sie würden nicht synchron bleiben, wenn einer von ihnen eine Seereise ans andere Ende der Erde machte.

Während seiner Zeit an der Universität Bologna hatte Cassini die Verfinsterungen der Jupitermonde und die Wanderung ihrer Schatten über die Scheibe des Planeten studiert und Tafeln ihrer Bewegungen erstellt. 1666 hatte er festgestellt, daß die Monde nah genug am Jupiter waren, daß man von jedem Punkt auf der Erde gleichzeitig beobachten könnte, wie der Mond hinter dem Planeten hervorkommt. Er erkannte, daß die Zeitdifferenz zwischen weit voneinander entfernten Punkten auf der Erde sich mit Hilfe des Jupiter und seiner Monde bestimmen ließe.

Andere, nicht so leicht zu lösende Probleme waren später

Abbildung 4.3

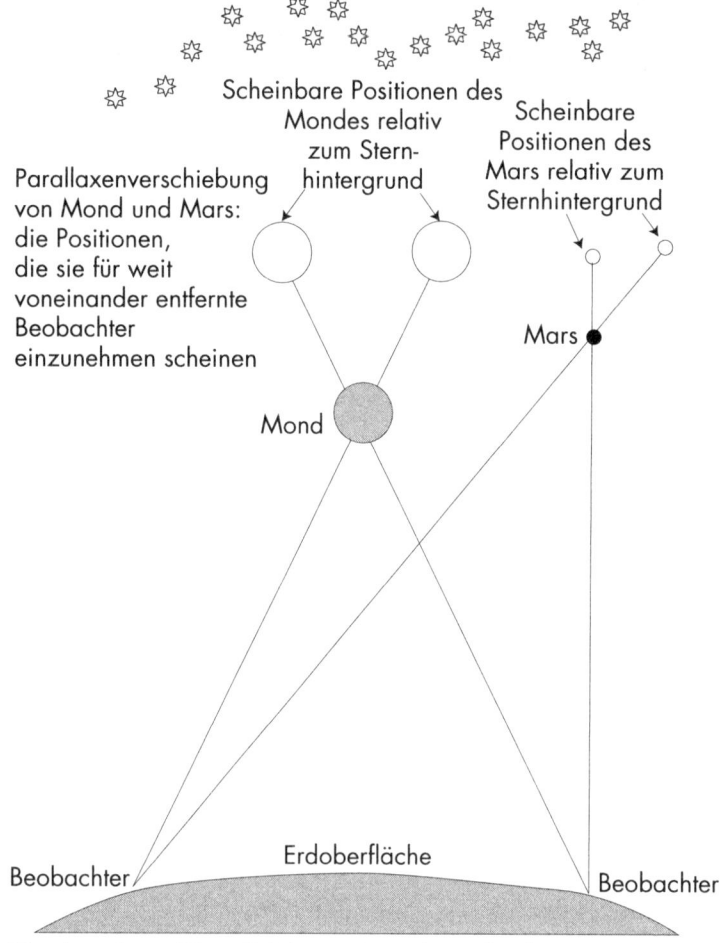

Scheinbare Positionen des Mondes relativ zum Sternhintergrund

Scheinbare Positionen des Mars relativ zum Sternhintergrund

Parallaxenverschiebung von Mond und Mars: die Positionen, die sie für weit voneinander entfernte Beobachter einzunehmen scheinen

Mond

Mars

Erdoberfläche

Beobachter

Beobachter

Bitte beachten: Diese Zeichnung ist nicht maßstabsgetreu

Anlaß zur Kritik an Cassini, der einfach erklärt hatte, er habe eine eindeutige Parallaxe für den Mars gefunden. Es muß Cassini bewußt gewesen sein, daß seine Mesungen unvermeidlich fehlerhaft sein könnten. Tatsächlich wußte wohl niemand besser als er, aufgrund seiner früheren Untersuchung der Refraktion des Lichts durch die Erdatmosphäre und seiner bisherigen Bemühungen um die Messung der Sonnenparallaxe, diesen Fehlerspielraum einzuschätzen.

Dennoch warteten Cassini und die Akademie im Sommer 1673 gespannt auf die Rückkehr Richers aus Cayenne. Als er im August eintraf, ging Cassini unverzüglich daran, die Daten von Cayenne und Paris sowie weiterer Orten in Frankreich, wo Beobachtungen stattgefunden hatten, zu analysieren. Das meiste fand er nicht besonders aufschlußreich, doch nach Abschluß seiner Analyse berichtete er, er habe aus der Parallaxe des Mars eine Entfernung von der Erde zur Sonne von 140 Millionen Kilometern abgeleitet.

Auch andere machten sich die ungewöhnlich große Nähe des Mars zunutze. In England hatte ein junger Astronom namens John Flamsteed, ein Autodidakt, die Sonne, den Mond und die Planeten beobachtet. Er fand, daß eine alte, von Tycho Brahe benutzte Methode zur Messung der Parallaxe jetzt, wo es Fernrohre gab, sehr viel besser funktionieren würde. Man benötigte dazu keine Beobachter an weit voneinander entfernten Orten. Zur Messung einer Tagesparallaxe würde ein Beobachter genügen; »Tagesparallaxe« bezeichnet eine Positionsveränderung, die an zwei Messungen innerhalb eines Tages von einem einzigen Ort auf der Erdoberfläche aus abzulesen ist. Durch die Erddrehung wird der Beobachter von einem Ende der Grundlinie zum anderen gebracht. Flamsteed gelang es, in einer klaren Nacht Beobachtungen zu machen, und er legte ebenfalls Parallaxenberechnungen für den Mars vor. Sie stimmten weitgehend mit denen von Cassini überein.

Die Ergebnisse von Cassini und Flamsteed führten entgegen einer verbreiteten Annahme nicht dazu, daß die Astronomen sich alsbald über die Entfernungen zur Sonne und den Planeten einig geworden wären. Der große Fehlerspielraum war neben Cassini auch anderen bewußt. Doch so ungenau und umstritten diese Messungen auch sein mochten, sie wurden dennoch der Schlüssel zur Vermessung des Sonnensystems. Jetzt ließen sich mit Hilfe der Keplerschen Gesetze die Entfernungen von der Sonne zu allen bekannten Planeten bestimmen. Man staunte, wie weit die Sonne von der Erde entfernt war. Kopernikus hatte diese Entfernung mit 3,2 Millionen Kilometer berechnet, Tycho Brahe mit acht Millionen, Kepler mit höchstens 22 Millionen. Die neue Messung betrug 140 Millionen Kilometer. (Moderne Meßergebnisse liegen bei 149,5 Millionen Kilometern.) In den späten 1670er Jahren wurden sich die Menschen erstmals der Ausmaße des Sonnensystems bewußt: Es war so riesig, daß es alle bisherigen Vorstellungen überstieg. Das sich dahinter erstreckende Universum mußte unvorstellbar groß sein.

Cassini bemühte sich weiterhin, Parallaxen zu messen und aus den Daten der Cayenne-Expedition neue Ergebnisse zu gewinnen. Seine Arbeit übte unvermindert große Faszination auf den König, den Hof (besonders den ihm ergebenen Colbert), aber auch auf die breite Öffentlichkeit aus. Eine Zeitlang war er *die* beherrschende Figur in der europäischen Astronomie. Cassini war wie Galilei ein Meister der Selbstdarstellung. Mehr als jeder andere seiner Zeitgenossen nutzte er die Möglichkeit, seine Aufsätze in wissenschaftlichen Zeitschriften zu publizieren, um die geistige Urheberschaft für seine Entdeckungen anzumelden und der gebildeten Welt seine Erfolge zu verkünden.

Die Jupitermonde waren 1676 Gegenstand einer anderen Messung, die für die Zukunft der Astronomie bedeutsam sein sollte. Der ebenfalls am königlichen Observatorium in Paris tätige dänische Astronom Ole Rømer beobachtete die Eintritte der Jupitermonde in den Schatten des Planeten und erkannte, daß die Zeit von einem Verschwinden hinter der Jupiterscheibe zum nächsten mit der Entfernung zwischen Jupiter und Erde schwankte, einer Entfernung, die sich mit der Bewegung der beiden Planeten auf ihren Bahnen ändert. Rømer überlegte, daß es an der Geschwindigkeit des Lichts liegen müsse, wenn die Verfinsterungen sich scheinbar verzögerten. Wenn Jupiter weiter entfernt war, dauerte es länger, bis das Bild der Verfinsterung die Augen und Teleskope auf der Erde erreichte. Nachdem er die Verzögerungen gemessen hatte, berechnete Rømer die Lichtgeschwindigkeit auf etwa 214 000 Kilometer pro Sekunde

– weniger als die knapp 300 000 Kilometer pro Sekunde, die wir heute als Lichtgeschwindigkeit ermitteln (die in diesem Buch genannten Zahlen sind abgerundet). Die Abweichung in der Messung beruhte teilweise auf Rømers ungenauer Kenntnis der Entfernung zum Jupiter. Heute wird mit Hilfe einer Atomuhr und eines Laserstrahls gemessen.

Das königliche Observatorium in England wurde etwas später gegründet als das in Paris; die Geschichte seiner Gründung ist höchst ungewöhnlich. Louise de Kéroualle, eine Bretonin, die kurz zuvor zur Herzogin von Portsmouth gemacht worden war und eine der Mätressen König Karls II. war, stellte dem König im Jahr 1674 einen Franzosen namens Sieur de St. Pierre vor. Dieser hatte nach eigenen Angaben eine Geheimmethode entdeckt, Längengrade zu bestimmen. Dazu bedurfte es einer universalen Uhr – für Cassini und Richer waren das die Jupitermonde –, die es erlaubt, Himmelserscheinungen, wie sie sich von verschiedenen Standorten aus beobachten lassen, miteinander zu vergleichen. Welche Position hat die Sonne, wenn sie in New York direkt im Zenit steht, von Greenwich in England aus? Durch die Beantwortung solcher Fragen kann man den Längengrad ermitteln.

Flamsteed und andere vermuteten, daß St. Pierre bei seiner »Geheimmethode« den Mond als Zeitmesser benutzte. Auf einen St. Pierre war man da nicht angewiesen. König Karl beauftragte die Royal Society, die damals mit vollem Namen »Royal Society of London for Improving Natural Knowledge« hieß, alle erforderlichen Daten über den Mond zusammenzutragen, um herauszufinden, ob der Mond als universale Uhr dienen könne. Flamsteed berichtete nach kurzer Zeit, daß die Positionen des Mondes und der Sterne für eine verläßliche Bestimmung nicht gut genug bekannt seien. Doch da der König sich die Sache nun einmal in den Kopf gesetzt hatte, gründete er das Observatorium und ernannte Flamsteed zum »astronomischen Beobachter«, eine Stellung, die später in »Astronomer Royal« umbenannt wurde. Das von Sir Christopher Wren entworfene neue Gebäude war im Juli 1676 bezugsfertig, und Flamsteed machte sich mit seinen Mitarbeitern daran, korrekte Sternpositionen zu ermitteln und Tabellen für die Sonne, den Mond und die Planeten zu erstellen – aus der Sicht derer, die die Geschichte Englands lenkten, zum ausdrücklichen Zweck, die Navigation zu erleichtern, aber auch zur Förderung der Astronomie.

So standen die Dinge im letzten Viertel des 17. Jahrhunderts. Könige finanzierten Observatorien in Paris und Greenwich. Königliche Förderung genossen auch solche Gremien wie die Französische Akademie und die Royal Society, wo sich kundige und weniger kundige Herren versammelten und Informationen über die Wunder der Wissenschaft austauschten. Sie hatten eine recht genaue Vorstellung von den Ausmaßen des Sonnensystems. Es schien, als seien die Astronomen nun in der Lage, weit größere Entfernungen zu messen. Doch um die parallaktische Verschiebung von Sternen zu messen, ist eine Grundlinie von Paris nach Cayenne nicht lang genug; hierfür gibt es auf der Erde überhaupt keine ausreichende Grundlinie. War es dennoch möglich, die Entfernung der Sterne mit der Parallaxenmethode zu messen?

Der entscheidende Hinweis wurde lange vor Ptolemäus gegeben. Gegen Aristarchs Auffassung, daß die Erde sich bewegt und um die Sonne kreist, wurde von anderen hellenistischen Gelehrten unter anderem eingewandt, daß es möglich sein müsse, Sternparallaxen zu beobachten, wenn die Erde von einem Ende des Universums zum anderen wandert. Die relative Lage der Sterne zueinander müßte sich also am Himmel verschieben, so wie sich die relative Lage des Berggipfels und des Kaktus zueinander verschoben hat. Wenn wir aus dem Autofenster schauen und der Ort des Kaktus und der der Berge sich nicht gegeneinander verschieben, können wir ziemlich sicher sein, daß das Auto steht. Entweder steht die Erde still und kreist nicht um die Sonne, oder die Sterne sind extrem weit weg, weiter weg, als die meisten Gelehrten der Antike bereit waren anzunehmen. Aristarch hatte auf diesen Einwand natürlich erwidert, die Sterne müßten in der Tat unendlich weit entfernt sein.

Um 1700 waren sich nahezu alle Astronomen einig, daß die Erde sich um ihre Achse dreht und die Sonne umkreist. Sie stimmten auch darin überein, daß diese Umlaufbahn als Grundlinie dienen könne. Doch damals – und noch sehr viel später – konnte niemand entdecken, daß ein Stern seine Position im Lauf eines Jahres verändert. Dazu mußten die entsprechenden Teleskope und Präzisionsinstrumente erheblich verbessert werden, was erst im Verlauf der Industriellen Revolution geschah. Bis es soweit war, bedurfte es aber auch noch einiger Fortschritte in der Theorie, um Sternparallaxen zu erkennen und sie nicht mit anderen Effekten zu verwechseln.

Die Parallaxe war nicht die einzige Methode, mit der man hoffte, die Entfernung zu den Sternen messen zu können. Das reziprok-quadratische Gesetz besagt, daß die gemessene Helligkeit einer Lichtquelle mit dem Quadrat ihrer Entfernung abnimmt. Wenn Sie zwei Glühbirnen von 100 Watt nehmen und die eine doppelt so weit weg aufstellen wie die andere, scheint die weiter entfernte nur mit einem Viertel der Helligkeit der näheren, und Sie haben den Eindruck, es wäre eine 25-Watt-Birne. Man kann das Experiment auch umkehren: Behalten Sie die eine 100-Watt-Birne in Ihrer Nähe, und bitten Sie einen Assistenten, die andere in einem Ihnen unbekannten Abstand aufzustellen. Wenn Sie bei der Messung der scheinbaren Helligkeit der weiter entfernten Birne auf 25 Watt kommen, können Sie sicher sein, daß sie doppelt so weit von Ihnen entfernt ist wie die erste. Der Vergleich der *scheinbaren* Helligkeit der beiden Lichtquellen ergibt die Entfernung der zweiten Lichtquelle. Wie läßt sich dies auf die Sterne übertragen? Vorausgesetzt, alle Sterne haben aus der Nähe betrachtet dieselbe absolute Helligkeit, können wir, wenn wir die Entfernung eines Sterns kennen, im Prinzip die Entfernung zu jedem beliebigen Stern finden, indem wir seine *scheinbare* Helligkeit (wie sie uns von der Erde aus erscheint) mit der Helligkeit des uns bekannten Sterns vergleichen.

Es stellte sich allerdings heraus, daß die Messung der Entfernung von Sternen weit komplizierter ist, was daran liegt, daß derselbe mathematische Zusammenhang, der die Helligkeit mit dem Quadrat der Entfernung abnehmen läßt, auch für die Größe von Objekten gilt. Wir alle benutzen diese Methode auch ohne Kenntnis der mathematischen Formel instinktiv, wenn auch mit einer gewissen Ungenauigkeit. Angenommen, vor Ihnen erstreckt sich eine weite Ebene, auf der sich zahlreiche Elefanten tummeln. Einige der Elefanten wirken winzig. Da Sie aber aus früheren Erfahrungen wissen, wie groß ungefähr ein Elefant aus der Nähe ist, kommen Sie zu dem begründeten Schluß, daß diese Elefanten nicht wirklich winzig, sondern weit entfernt sind. Wie weit entfernt sie sind, folgern Sie aus dem Unterschied zwischen ihrer scheinbaren Größe und der normalen Größe eines Elefanten, wie sie aus der Nähe erscheint.

Wie gut Ihnen diese Schätzung gelingt, hängt von zweierlei ab: Erstens müssen Sie irgendwie erfahren haben, daß Elefanten alle ungefähr gleich groß sind, also Grund zu der Annahme haben, daß es unter den Elefanten weder Zwerge noch Riesen gibt. Zweitens müssen Sie die tatsächliche Größe kennen, also wissen, wie groß ein Elefant erscheint, wenn er sich in einer Ihnen bekannten Entfernung befindet.

Diese Grundvoraussetzungen sind nicht gegeben, wenn wir nachts ein Licht in unbekannter Entfernung erblicken, sei es auf der Erde oder am Himmel. Aus Erfahrung wissen wir, daß wir nicht davon ausgehen können, daß alle Lichtquellen dieselbe tatsächliche Helligkeit haben. Es nützt uns also nichts, die tatsächliche Helligkeit einer Lichtquelle zu kennen, wenn wir feststellen wollen, wie hell ein anderes, weit entferntes Licht tatsächlich ist. Ein Vergleich ist sinnlos. Es bleibt der Zweifel: Ist das da vorn eine trübe Fahrradlampe in einigen Metern Entfernung, oder ist es das Fernlicht eines Autos, das einen Kilometer weit weg ist? Ist es ein Meteor, der in der oberen Atmosphäre verglüht, oder ist es ein Glühwürmchen, das nicht weiter entfernt ist als die nächsten Bäume?

Das Problem ist kompliziert, aber nicht unlösbar, und auch Ende des 17. Jahrhunderts war es nicht unlösbar. Die Astronomen wußten ja zumindest, wie weit *ein* Stern entfernt ist, nämlich die Sonne. Es konnte also sein, daß alle Sterne gleich hell sind und man die Sonne getrost als einen typischen Stern betrachten durfte. Man hätte natürlich gerne die Helligkeit oder die Entfernung wenigstens eines weiteren Sterns gekannt, aber da das nicht der Fall war, mußte die Sonne eben als Maßstab dienen. In der Annahme, daß sie sich dazu eigne, ging der Engländer Isaac Newton daran, die Entfernungen der nächsten Sterne zu messen.

Newton wurde 1643 geboren, ein Jahr nach dem Tod Galileis, und er war dreißig Jahre alt, als Cassini und Flamsteed die Entfernung zum Mars maßen. Außer den *Principia mathematica*, die 1687 erschienen und sicher eine der bedeutendsten Leistungen in der Geschichte der menschlichen Erkenntnis darstellen, hat Newton nichts veröffentlicht. Er hat jedoch wie ein Besessener geforscht und sich dabei mit so unterschiedlichen Wissensgebieten wie Optik, Theologie, Alchemie und Infinitesimalrechnung befaßt. Etliche der von ihm erforschten Gebiete haben enorm von seinen Forschungen profitiert. Er hat zur Entwicklung einer neuen Teleskopart beigetragen, bei der das einfallende Licht nicht durch eine Linse, sondern durch einen Spiegel gesammelt wird (siehe Abbildung 4.4 auf Seite 151).

Wahrscheinlich hätte Newton nicht einmal seine *Principia* veröffentlicht, wenn sein Freund Edmund Halley ihn nicht dazu gedrängt hätte. Veröffentlichung, das hieß öffentliche Aufmerksamkeit und Kontakt und Korrespondenz mit anderen Gelehrten. Man würde von ihm erwarten, daß er sich an den Diskussionen in der Royal Society beteiligte. Man würde ihn auffordern, Experimente vor diesem Gremium durchzuführen und den Experimenten anderer beizuwohnen. Ehrungen hatten durchaus etwas Verlockendes, und bisweilen erlag Newton der Verlockung, doch normalerweise waren ihm solche Ablenkungen ein Greuel, weil sie ihm kostbare Zeit für seine Forschungen stahlen. Um so erstaunlicher ist, daß er bereit war, Präsident der Royal Society zu werden. Leider gebärdete er sich in dieser Machtstellung höchst unerfreulich und autokratisch und machte anderen vorzüglichen Wissenschaftlern (darunter Flamsteed, inzwischen ein älterer Herr) das Leben schwer. Schließlich wurde Newton auch noch Leiter der Königlichen Münze und ging ganz in den damit verbundenen, recht prosaischen Pflichten auf.

Trotz all seiner persönlichen Schwächen war es Newton, der die kopernikanische Revolution mit seiner Entdeckung der Gravitationsgesetze vollendete. Newton zufolge werden alle Körper im Universum durch die Kraft, die wir Schwerkraft nennen, voneinander angezogen. Wie viele Körper gegenseitig von ihrer Anziehung beeinflußt werden, hängt davon ab, wieviel Masse sie haben und wie nah sie einander sind. Ändert sich zum Beispiel die Masse der Erde oder des Mondes oder ihre Entfernung voneinander, ändert sich auch die Stärke der Anziehung zwischen ihnen. Würde sich die Masse der Erde verdoppeln, würde die Anziehung zwischen Erde und Mond doppelt so stark werden. Wäre der Mond doppelt so weit von der Erde entfernt, wäre die Anziehung zwischen Erde und Mond nur ein Viertel so stark.

In dieser einfachen Beschreibung war endlich die Dynamik erfaßt, die die Planeten dazu bringt, sich so und nicht anders zu bewegen, der physikalische Grund, der hinter Keplers Gesetzen steckt. Die Antwort, die sich Ptolemäus, Kopernikus, Galilei und Kepler entzogen hatte, auf die Keplers Gesetze jedoch hindeuten, war in einem einzigen Satz zusammengefaßt: Die zwischen zwei beliebigen Körpern wirksame Schwerkraft ist proportional zu ihren Massen und umgekehrt proportional zum Quadrat der Entfernung zwischen ihnen. Es bedurfte des Genies eines Newton, um zu erkennen, daß es dieselbe Kraft ist – die Schwerkraft –, die verhindert, daß wir davonfliegen, die die Bahn eines Balls vorschreibt, der auf der Erde in die Höhe geworfen wird, die den Bewegungen der Planeten zugrunde liegt und die das Fallen der zwei Objekte bestimmte, die Galilei vom Schiefen Turm von Pisa warf (wenn er es denn getan hatte).

Newtons »Bewegungsgesetze« konnten durch Experimente und astronomische Beobachtungen überprüft werden, und solche Überprüfungen waren damals sehr beliebt. Die wissenschaftliche Genauigkeit, die Galileis Vorgehen zu einer Ausnahmeerscheinung gemacht hatte, galt immer mehr als Grundbedingung jeder wissenschaftlichen Tätigkeit. Man erkannte, daß Newtons Formeln tatsächlich das Naturgeschehen beschreiben. Die Natur war durch Gesetze zu beschreiben, und sie gehorchte diesen Gesetzen! Für uns, die wir es für selbstverständlich halten, daß die Realität durch die Wissenschaft vorhersagbar wird und daß der scheinbar undurchschaubaren Natur einfache, verläßliche mathematische und wissenschaftliche Regeln zugrunde liegen, ist es schwer vorstellbar, mit welcher Ehrfurcht es die Menschen im 17. Jahrhundert erfüllt haben muß, als sie sich dieses Sachverhalts zum ersten Mal bewußt wurden. Nicht nur, daß es solche Gesetze gab – der menschliche Geist war auch imstande, sie zu entdecken und zu verstehen. Die Vorstellung als solche war Wissenschaftlern nicht gänzlich neu; neu war aber, daß sie auf so schöne Weise demonstriert wurde, wie es in Newtons *Principia* der Fall war. Für das Laienpublikum hatte Newtons Offenbarung etwas Sensationelles, Wunderbares. Sein Buch erlangte rasch europaweite Berühmtheit, und seine Ideen wurden auf unterschiedlichste Weise popularisiert. In Frankreich gab es beispielsweise einen *Newton für die Damenwelt*. Eine gewisse Ablehnung erfuhren die *Principia* aus philosophischen Gründen; daß die Gravitation durch den leeren Raum wirken könne, hatte etwas Beunruhigendes. Die »Fernwirkung« erschien fast schon okkult.

Nicht die gleiche Berühmtheit erlangte Newtons Versuch, die Entfernung zu den nächsten Sternen abzuschätzen, ausgehend von der Annahme, daß alle Sterne einschließlich der Sonne annähernd die gleiche Helligkeit besitzen. In dem Vergleich mit den Elefanten nahmen wir an, daß alle Elefanten ungefähr gleich groß sind, aber stellen Sie sich einmal vor, wir hätten nur einen Elefanten aus der Nähe gesehen. Bei einer so begrenzten Erfahrung wäre es ein gewagter Schluß zu folgern, daß alle Elefanten gleich groß sind, daß unser heimischer Elefant also ein typischer Elefant ist. Der Unterschied der scheinbaren Größe zwischen unserem heimischen Elefanten und anderen Elefanten, deren Entfernung wir nicht kennen, könnte ja wirklich auf Größenunterschieden beruhen und müßte gar kein Hinweis auf ihre unterschiedliche Entfernung sein. Die Ausgangslage für Newtons Berechnungen war sogar noch unsicherer. Elefanten sehen einander ziemlich ähnlich, doch die Sonne, wie sie von der Erde aus erscheint, hat keine Ähnlichkeit mit anderen Sternen. Daß die Sonne ein Stern ist, war für die meisten Experten in Newtons Zeit klar. Aber ist sie auch ein *typischer* Stern? Es schien sinnvoll zu sein, vorerst einmal von dieser Annahme auszugehen und dann zu sehen, was sich daraus ergeben würde.

Das tat Newton, und er machte sich dabei auf geniale, wenn auch etwas umständliche Weise eine Idee zunutze, die auf den schottischen Mathematiker und Astronomen James Gregory zurückging. Er schätzte, daß der Saturn proportional zu seiner Größe etwa ein Milliardstel des Sonnenlichts empfängt. Aber, so überlegte er, nicht das gesamte empfangene Licht wird vom Saturn reflektiert, und deshalb wäre es falsch anzunehmen, daß das Licht, das vom Saturn zu uns gelangt, ein Milliardstel des Sonnenlichts ist. Er vermutete, daß der Saturn nur etwa ein Viertel des empfangenen Sonnenlichts reflektiert. Das reflektierte Sonnenlicht gäbe uns demnach einen guten Anhaltspunkt dafür, wie ein *Vier*milliardstel des Lichts der Sonne aussieht. Wenn also ein ferner Stern dieselbe Helligkeit wie Saturn zu haben scheint, müßte das Licht, das wir von diesem Stern empfangen (kein reflektiertes Sonnenlicht, sondern das eigene Licht des Sterns), gleichfalls einem Viermilliardstel des Lichts der Sonne entsprechen. Vorausgesetzt, alle Sterne haben die gleiche Helligkeit wie die Sonne, heißt das, daß ein Stern, der (von der Erde aus) so hell erscheint wie Saturn, rund hunderttausendmal so weit von uns entfernt sein muß wie die Sonne.

Newtons Messungen der Entfernungen zu einigen der nächsten Sterne waren relativ genau, doch war seine Methode nicht zuverlässig, weil die Sterne bezüglich ihrer absoluten Helligkeit (ihrer Helligkeit »aus der Nähe«) stark voneinander abweichen und die scheinbare Helligkeit eines Sterns (von der Erde aus) allein kein Maß seiner Entfernung liefert (siehe Kasten folgende Seite). Unter den hellsten Sternen am Nachthimmel sind einige sehr weit weg, während viele Sterne, die uns näher sind, kaum auffallen.

Die Helligkeit, mit der ein Stern erscheinen würde, wenn er nur zehn Parsec von uns entfernt wäre, seine »Nah-Helligkeit« gewissermaßen, ist definiert als seine **absolute Helligkeit.**

Die Helligkeit, mit der uns ein Stern von der Erde aus am Nachthimmel erscheint, bezeichnen wir als seine **scheinbare Helligkeit.**

Was mit der Entfernung abnimmt, ist die scheinbare Helligkeit. Die absolute Helligkeit eines Sterns ändert sich nicht mit der Entfernung.

Das **Parsec** ist eine Längeneinheit und beträgt gut 30 Billionen Kilometer oder 3,26 Lichtjahre.

Ein **Lichtjahr** ist die Strecke, die das Licht während eines Jahres zurücklegt: 9,4607 Billionen Kilometer.

1718 entdeckte Newtons jüngerer Freund Edmund Halley einen wichtigen neuen Anhaltspunkt für die Entfernung der Sterne. Er war fasziniert von den Schriften des Ptolemäus und den Sternkatalogen, die von Astronomen der Antike zusammengestellt worden waren. Er interessierte sich besonders für die Frage, ob sich die Positionen der Sterne seit den Zeiten von Hipparch und Ptolemäus geändert hatten. Er machte sich daran, die in Ptolemäus' *Almagest* festgehaltenen Positionen mit den von ihm beobachteten zu vergleichen.

Halley, 1656 geboren, hatte schon als Student in Oxford ein Buch über die Keplerschen Gesetze geschrieben. Es erregte die Aufmerksamkeit von Flamsteed, der als erster Königlicher Hofastronom Englands (auch wenn die Stellung damals noch nicht so genannt wurde) und erster Leiter des königlichen Observatoriums in Greenwich über großen Einfluß verfügte. Halley brach sein Studium in Oxford ab und reiste auf Geheiß von Flamsteed nach St. Helena, einer Insel im Südatlantik, um den Himmel über der Südhalbkugel zu kartieren. Als er zwei

Jahre später zurückkehrte, wurde er mit nur 22 Jahren in die Royal Society aufgenommen.

Halley war eklektischer als Newton und verbrachte die folgenden dreißig Jahre mit einer erstaunlichen Bandbreite von Tätigkeiten. Er unternahm lange Reisen, auf denen er mit anderen Astronomen und Wissenschaftlern zusammentraf; er assistierte Flamsteed; er befehligte ein Kriegsschiff der Royal Navy; er war Kapitän eines Schiffs, auf dem eine Meuterei ausbrach und das er trotzdem über den Atlantik führte; er reiste zweimal in geheimer diplomatischer Mission nach Wien; er diente als stellvertretender Leiter der Münze in Chester (diese Stelle verschaffte ihm Newton); er studierte den Magnetismus sowie die Winde und Gezeiten; er bewog Newton, die *Principia* zu veröffentlichen, und finanzierte deren Druck. Was ihm den größten Ruhm einbrachte, war natürlich die Erforschung der Kometen. Der Halleysche Komet wurde nach ihm benannt, als der Komet 1758, nach seinem Tod, zu der von ihm vorhergesagten Zeit wieder erschien. 1703 wurde Halley Dozent an der Universität Oxford, die er ohne Abschluß verlassen hatte, genau wie Galilei an der Universität Pisa.

1718 meldete Halley, die drei von ihm beobachteten Sterne – Sirius, Arcturus und Aldebaran – hätten im Laufe der Jahrhunderte seit Ptolemäus ihre Position geändert. Die Diskrepanzen zwischen den antiken und den neuzeitlichen Karten waren zu groß und zu vereinzelt, als daß man sie Meßfehlern der antiken Astronomen hätte zuschreiben können. Weshalb sollten die Alten ausgerechnet in diesen Punkten geirrt haben, wenn sie doch sonst recht hatten? Als nächstes machte sich Halley daran zu messen, inwieweit Sirius seine Position verändert hatte, seit Tycho Brahe ihn hundert Jahre zuvor beobachtet hatte. Die Messung bestätigte, was er vermutet hatte. Die Änderung hatte sich so allmählich vollzogen, daß man sie erst nach Ablauf mehrerer Generationen bemerken konnte.

Diese Bewegung der Sterne relativ zueinander über Jahrhunderte hinweg – von der Erde aus betrachtet eine scheinbare Bewegung über den Himmel – bezeichnet man als »Eigenbewegung«. Natürlich bewegen sich die meisten nicht nur seitwärts, so als sei der Himmel eine zweidimensionale Fläche, sondern wahrscheinlich kommen sie uns gleichzeitig näher oder entfernen sich von uns.

1720, nach Flamsteeds Tod, wurde Halley im Alter von 64 Jahren Astronomer Royal von England, was Flamsteed nicht gefallen hätte, hatte Halley doch die üble Art, in der Newton mit dem alten Mann umgesprungen war, stillschweigend geduldet. Gefallen hätte ihm vermutlich, daß seine Witwe blitzschnell alle Instrumente aus dem königlichen Observatorium verschwinden ließ. Sie gehörten von Rechts wegen auch ihr, denn finanziell waren die Dinge am Observatorium so geregelt, daß der königliche Astronom die Instrumente von seinem eigenen Gehalt bezahlte. Halley mußte sich die Mühe machen, neues Gerät zu erwerben.

Edmund Halley starb 1742 im Alter von 85 Jahren. Eine seiner bedeutendsten Leistungen trug erst knapp zwanzig Jahre später Früchte.

Als er Anfang zwanzig war, hatte Halley auf St. Helena einen Durchgang des Merkur vor der Sonne beobachtet und die Dauer gemessen. Er war der erste Mensch überhaupt, der beides beobachtete: wie Merkur sich vor die Sonnenscheibe schiebt und wie er sie wieder verläßt. Er wußte von James Gregorys Idee, daß ein Durchgang eine Gelegenheit böte, die Parallaxe auf neue Weise zur Messung von Entfernungen im Sonnensystem zu nutzen. Beim Durchgang eines Planeten vor der Sonne erscheint dieser als ein winziger dunkler Punkt, der über die Sonnenscheibe wandert; für Beobachter an verschiedenen Orten der Erde ist der Zeitpunkt, an dem der Planet beginnt, vor die Sonne zu treten, verschieden.

Früheren Messungen der Parallaxen und Entfernungen der Sonne und der Planeten schenkte Halley wenig Vertrauen. Das galt auch für die Messungen von Cassini und Flamsteed, obwohl sein Freund Newton ihnen schließlich recht gegeben hatte. Auch Newton maß die Bahnen und die Entfernungen der Planeten von der Sonne, wobei er seiner Berechnung nicht astronomische Beobachtungen zugrunde legte, sondern die Dynamik des Systems. Er kam zu dem Schluß, daß die Ergebnisse von Cassini und Flamsteed besser waren als seine eigenen. Doch was die Entfernung der Sonne anging, herrschte um 1700 unter Astronomen nur Einigkeit darüber, daß sie mindestens 55 Millionen Meilen betrug. Halley war überzeugt, daß der Venusdurchgang eine Gelegenheit zu sehr viel genaueren Messungen bieten würde.

Ein Durchgang ist ein relativ seltenes Ereignis, aber Halley wußte, daß es 1761 einen Venusdurchgang vor der Sonne geben würde. Er wußte auch, daß er ihn selbst nicht mehr erleben würde, es sei denn, er würde 105 Jahre alt werden. Deshalb schrieb und veröffentlichte er detaillierte Anweisungen, wie Beobachtungen des Durchgangs von verschiedenen Erdteilen aus am besten zu nutzen seien.

16 Jahre nach Halleys Tod, als der Komet wiederkehrte, den er 1682 gesehen hatte, war der Name »Halley« ein fester Begriff. So war es weitgehend seinem hohen Ansehen zuzuschreiben, daß man sich 1761 erhebliche Mühe gab, den Durchgang der Venus zu beobachten, und bei einem weiteren Durchgang im Jahr 1769 herrschte ähnliche Aufregung. Beide Male gab es über die ganze Erde verteilt zahlreiche Beobachter, denn man wußte, daß sich die Gelegenheit erst wieder im Jahr 1874 ergeben würde. Geht man nach den farbigen Schilderungen, die es von diesem Unternehmen gibt, waren viele Astronomen damals weniger Bewohner eines Elfenbeinturms mit Teleskop als vielmehr Prototypen eines Indiana Jones.

Der Franzose Guillaume le Gentil hatte vor, den Durchgang von 1761 in Pondicherry zu beobachten, das in der Nähe von Madras in Indien liegt. Als er dort eintraf, fand er die Stadt von britischen Truppen besetzt. Dies war während des Siebenjährigen Kriegs, England und Frankreich waren Feinde, und le Gentil war in Pondicherry unwillkommen. Statt aber umzukehren und heimzusegeln, ließ er sich für die kommenden acht Jahre in der Nähe nieder, lebte während dieser Zeit teilweise vom Handel und wartete den nächsten Durchgang ab. Als der Tag kam, hinderten die Briten ihn nicht länger, doch die Natur hatte kein Mitleid mit le Gentil. Vor dem Durchgang strahlte die Sonne vom Himmel und auch hinterher – nur während des Durchgangs war sie bedauerlicherweise hinter einer Wolke verborgen.

Eine andere französische Beobachtergruppe unter Leitung von Jean d'Auteroche war 1761 in Rußland und 1769 im heutigen Südkalifornien. Der Trupp von vier Astronomen erreichte nach einem Treck quer durch Mexiko seinen kalifornischen Beobachtungsposten. D'Auteroche und zwei andere erlagen kurz nach der Ankunft einer Krankheit. So mußte der vierte die gefährliche Rückreise alleine antreten und die teuer erkauften Beobachtungsergebnisse heimbringen.

Reverend Nevil Maskelyne, den die Royal Society zur Beobachtung des Durchgangs von 1761 nach St. Helena schickte, hatte es da besser. Von den Gesamtkosten der Expedition, die sich auf rund 242 £ beliefen, gingen 141 £ für seinen persönlichen Alkoholkonsum drauf.

In Amerika war David Rittenhouse vor dem Durchgang von 1769 monatelang damit beschäftigt, in der Nähe von Norriton bei Philadelphia aus Baumstämmen ein provisorisches Observatorium zu errichten. Zu seinen Instrumenten gehörte neben Teleskopen aus Europa und anderen, die er selbst gebaut hatte, eine eigenhändig gefertigte Acht-Tage-Uhr, die »nicht stehenbleibt, während man sie aufzieht, die auf die Sekunde genau schlägt und von einem Gewicht von fünf Pfund in Gang gehalten wird«.

Charles Mason und Jeremiah Dixon, die später in Nordamerika die Mason-Dixon-Linie, die Grenze zwischen den Nord- und den Südstaaten, festlegen sollten, leiteten ein anderes Team, das von der Royal Society zum Kap der Guten Hoffnung entsandt wurde, um den Durchgang von 1761 zu beobachten. Nachdem eine französische Fregatte ihr Schiff im Ärmelkanal angegriffen hatte und elf Mannschaftsmitglieder umgekommen waren, drohte ihnen dieses erlauchte Gremium mit Schande und gerichtlichen Schritten für den Fall, daß sie ihre Reise abbrechen sollten. Dem Kapitän der französischen Fregatte war offenbar nicht bekannt gewesen, daß England und Frankreich trotz des Siebenjährigen Kriegs bei diesem wissenschaftlichen Vorhaben zusammenarbeiteten.

Der Ruf des Astronomen Maximilian Hell, eines Wiener Jesuiten, der den Durchgang von 1769 von Norwegen aus beobachtete, wurde schwer geschädigt, als Jerome Lalande Andeutungen machte, er habe seine Beobachtungen frisiert, um Übereinstimmung mit den Ergebnissen anderer herzustellen. Karl von Littrow stützte die Anschuldigung Lalandes mit der Behauptung, den Beweis in Form von unterschiedlichen Tintenfarben in Hells Protokoll entdeckt zu haben. Hells guter Ruf wurde erst 1883 nach einem weiteren Durchgang wiederhergestellt. Neben einigen anderen Dingen hatte man herausgefunden, daß von Littrow farbenblind gewesen war.

Leider waren die Ergebnisse all dieser Mühen nicht so eindeutig, wie es sich Halley und diese Astronomen erhofft hatten. Die genaue Bestimmung des Zeitpunkts, zu dem der Planet die Sonnenscheibe berührt, war viel schwieriger als erwartet. Wegen der Sonnenkorona und der Venusatmosphäre war das Bild am Anfang und Ende des Durchgangs verschwommen. Basierend auf diesen Beobachtungen, wurde die Entfernung von der Erde zur Sonne mit rund 95 Millionen Meilen oder 153 Millionen Kilometern berechnet; Cassini war 1672 auf 87 Millionen Meilen oder 140 Millionen Kilometer gekommen, und unsere modernen Messungen belaufen sich auf 93 Millionen Meilen oder 149,5 Millionen Kilometer.

Auch Halleys Entdeckung der Eigenbewegung sollte weit über seine Lebenszeit hinaus Früchte tragen. Wie es der Zufall wollte, gehören die drei Sterne, deren Eigenbewegung er erstmals maß – Sirius, Arcturus und Aldebaran –, zu den hellsten Sternen am Himmel. War das wirklich nur Zufall? Wenn ein Stern heller erscheint, kann das daran liegen, daß er wirklich heller ist, aber auch daran, daß er uns näher ist. Halleys Entdeckung der Eigenbewegung gab den Astronomen einen neuen Anhaltspunkt.

Objekte in unserer Nähe, die sich quer zu unserer Sichtlinie bewegen, scheinen sich relativ zum Hintergrund schneller zu bewegen als solche, die weiter entfernt sind. Ein Kind, das in unserer Nähe Dreirad fährt, kann ohne weiteres ein Auto überholen, das am Horizont mit einem ziemlichen Tempo dahinrast.

Logischerweise muß das auch für Sterne gelten, die sich quer zu unserer Sichtlinie bewegen. Wenn wir nicht davon ausgehen, daß die Sterne alle gleich weit entfernt sind, müßten wir beobachten können, daß die Sterne, die uns näher sind, sich vor dem Hintergrund entfernterer Sterne zu bewegen scheinen. Die meisten Sterne, ja fast alle Sterne lassen für einen Beobachter auf der Erde seit Ptolemäus' Zeiten keine Ortsveränderung erkennen. Kann man daraus folgern, daß sie sehr viel weiter weg sind als diejenigen, deren Position sich geändert hat?

66 Jahre nach Halleys Entdeckung studierte William Herschel, der Entdecker des Planeten Uranus, die Eigenbewegungen einer Reihe von Sternen und die Zusammenhänge zwischen diesen Eigenbewegungen sowie die Bewegung der Sonne innerhalb unseres Teils der Galaxis. Aufgrund der Vermutung, daß weniger die Helligkeit als vielmehr die Eigenbewegung uns am ehesten verraten könnte, welche Sterne uns am nächsten sind, wählte später der deutsche Astronom Friedrich Wilhelm Bessel die Sterne aus, die er mittels der Parallaxenmethode zu messen gedachte.

Die parallaktische Verschiebung der Sterne (siehe Kasten folgende Seite), die die griechischen und hellenistischen Astronomen nicht erkennen konnten, ist eine Tatsache, und um 1700 waren die Astronomen sich dieser sicher. Die parallaktische Verschiebung der Sterne beruht auf der jährlichen Reise der Erde um die Sonne. Allerdings ist die Verschiebung äußerst gering und schwer zu entdecken. Da sie mit bloßem Auge auf keinen Fall zu sehen ist, kann man den Astronomen des Altertums keinen Vorwurf machen, daß sie ihnen entgangen ist. Auch die Teleskope zu Galileis und Cassinis Zeiten waren noch nicht weit genug entwickelt, um die Verschiebung aufzudecken.

Einer, der die Sternparallaxe zu ermitteln suchte und dabei andere wichtige Entdeckungen machte, war der 1693 in England geborene James Bradley. Von London aus gesehen, geht der Stern Gamma Draconis fast direkt durch den Zenit. Bradley und sein Freund Samuel Molyneux, ein reicher Amateurastronom, beschlossen, seine parallaktische Verschiebung zu messen. Sie befestigten ein 24 Fuß langes Teleskop an den

Die **Jährliche Sternparallaxe** nennt man die scheinbare Ortsveränderung eines Sterns, hervorgerufen dadurch, daß wir auf der Umlaufbahn der Erde zwei Extrempunkte durchwandern. Kehren wir an den Ausgangspunkt unserer Beobachtung zurück, nimmt auch der Stern wieder seinen ursprünglichen Ort ein.

Eigenbewegung ist die Ortsveränderung eines Sterns über einen sehr viel längeren Zeitraum aufgrund der Tatsache, daß alle Sterne einschließlich der Sonne sich innerhalb der Galaxis bewegen. Die Eigenbewegung wurde entdeckt, ehe man die jährliche Sternparallaxe überhaupt messen konnte.

Schornsteinen auf Molyneux' Haus. Mit einer Schraube ließ sich das Teleskop so justieren, daß es auf den Stern gerichtet blieb. Das Ergebnis war verwirrend: Sie mußten das Teleskop nicht, wie erwartet, im Dezember und Juni am stärksten nachstellen, sondern im März und September, und die Abweichung war so groß, daß sie selbst dann, wenn sie in der richtigen Jahreszeit aufgetreten wäre, sehr wahrscheinlich nicht auf die Parallaxe zurückzuführen war. Bradley machte sich zunutze, daß er eine außerordentlich verständnisvolle Tante hatte, die ihm erlaubte, in das Dach und die Fußböden ihres Hauses Löcher zu schlagen, so daß er ein größeres und besseres Teleskop aufstellen konnte. Doch auch dieses Instrument ermöglichte nur die gleichen rätselhaften Beobachtungen wie zuvor.

Auf die richtige Erklärung soll Bradley während einer Bootsfahrt auf der Themse gekommen sein. Als das Boot wendete, drehte sich die Wetterfahne am Mast. Dabei hatte die Windrichtung sich jedoch nicht geändert. Geändert hatte sich die Richtung des Boots im Verhältnis zu der Richtung, aus der der Wind wehte. Bradley begriff, daß die Verschiebung der Sterne, die er beobachtete, in ähnlicher Weise auf die veränderliche Bewegung der Erde zurückzuführen war. So wie sich die Windrichtung in bezug auf die Richtung, in die das Boot fuhr, zu ändern schien, so schien sich auch die Richtung, aus der das Sternenlicht kam, in bezug auf die Richtung der Erdbewegung zu ändern.

Es war Bradley klar, daß er keine Fixsternparallaxe gefunden hatte. Seine Beobachtungen belegten aber, daß die Erde um die Sonne kreist und daß die Lichtgeschwindigkeit nicht unendlich ist – beides bereits anerkannte Tatsachen. Bradley bezeichnete den von ihm gefundenen Effekt als »Aberration« und meldete die Entdeckung im Jahr 1729 der Royal Society. Die Aberration erzeugt im Verlauf eines Jahres eine Verschiebung von $20\,1/2$ Bogensekunden (siehe Abbildung 4.4) in den scheinbaren Positionen der Sterne. Bradley entdeckte auch, daß die Erde schwankt, weil sie nicht vollkommen kugelförmig ist, und bezeichnete dieses Schwanken als »Nutation«. Aberration und Nutation waren nicht das, was Bradley hatte finden wol-

Abbildung 4.4

Die Bogensekunde ist ein in Mesopotamien entstandenes Maß. Ein Kreis hat 360°. Jeder Grad kann in 60 Bogenminuten, jede Bogenminute in 60 Bogensekunden unterteilt werden.
Die Bogensekunde mißt nicht die wahre Größe. Hält man einen Finger auf Armeslänge vor sich, verdeckt er etwa zwei Bogengrade vom Himmel. Er verdeckt aber auch einen Zweig eines Baumes in der Nähe, eine vorbeifliegende Concorde, den gesamten Mond und eine riesige Anzahl von Galaxien (die mit dem bloßen Auge nicht zu sehen sind). Offensichtlich haben nicht alle Objekte am Himmel, deren »Winkelgröße« zwei Bogengrade beträgt, dieselbe wahre Größe. Wie »groß« zwei Bogengrade sind, hängt davon ab, wie weit man ins All hineinschaut. Die Winkelgröße des Mondes beträgt etwa einen halben Bogengrad. Die Sonne hat annähernd dieselbe Winkelgröße wie der Mond. Dabei haben diese beiden Körper eindeutig nicht dieselbe wahre Größe.
Im Bild unten nimmt jeder der Kreise, von der Erde aus betrachtet, dieselbe Anzahl von Bogengraden ein, doch haben sie nicht dieselbe wahre Größe. (Denken Sie an Aristarchs Untersuchung der Sonne und des Mondes, dargestellt in Abbildung 1.4.)

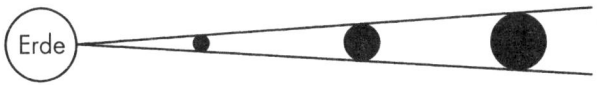

Eine Bogensekunde ist die Winkelgröße, die Ihr Finger haben würde, wenn Sie ihn 1500 Meter über sich halten könnten.

len, doch waren diese beiden Phänomene hilfreich bei der Entdeckung der winzigen Verschiebung, wie sie die wahre jährliche Sternparallaxe darstellt. Bei der Suche nach jährlichen Sternparallaxen sind diese anderen Gründe, aus denen sich eine jahreszeitliche Änderung der Position von Sternen ergibt, zu berücksichtigen. Noch bedeutsamer war, was Bradleys Entdeckungen implizierten: Sternparallaxen konnten nicht größer sein als eine Bogensekunde. Denn hätten sie wenigstens eine Bogensekunde betragen, hätte er sie entdecken können. Die Folgerung daraus war, daß die Sterne sehr viel weiter entfernt sein mußten, als allgemein angenommen. 1742 wurde Bradley Halleys Nachfolger als Astronomer Royal.

Im 18. Jahrhundert stieg die Zahl der Observatorien in Europa rasch an. Unter allen Wissenschaften hatte nur die Medizin noch mehr Forscher aufzuweisen. Aber nicht alle Astronomen spähten durch Teleskope, denn es bedeutete eine Menge Schreibtischarbeit, wenn man all das, was andere gefunden hatten, sorgfältig katalogisieren wollte. Das Geld kam von Regierungen, Universitäten, wissenschaftlichen Institutionen und sogar Religionsgemeinschaften, und vielfach wurde der Aufwand gerechtfertigt mit dem praktischen Nutzen für die Seefahrt, die Kartographie und die Landvermessung sowie mit dem Ansehen, das man sich durch solche Spenden erwarb.

Die gebildete Welt schwärmte für die Astronomie und verfolgte ihre Entwicklung mit lebhaftem Interesse. Vortragsreisende sprachen vor vollen Sälen, Bücher mit allgemeinverständlichen Darstellungen fanden reißenden Absatz, ebenso Fernrohre für den Amateurastronomen und Globen. Die Naturphilosophie, derzufolge die Natur und die Harmonie des Universums beredte Beweise für die Existenz Gottes sind und uns etwas über das Wesen Gottes verraten, wurde von vielen Kanzeln verkündet, fand Ausdruck in Kirchenliedern und weltlicher Dichtung und wurde in akademischen Kreisen wohlwollend diskutiert. Astronomie war an den meisten Universitäten nicht mehr Pflichtfach, galt aber weithin als wesentlich für die Bildung eines wahren Gentleman.

In England wurde das königliche Observatorium nach wie vor mit erheblichen staatlichen Mitteln finanziert. Der Gerätebedarf des Observatoriums und das lebhafte Interesse der Royal Society an der Verbesserung aller wissenschaftlichen Instrumente förderten die heimische optische Industrie. Der Beginn der Industriellen Revolution brachte Fortschritte im Entwurf und Bau von Maschinen und in der Präzisionstechnik allgemein. Die Astronomie profitierte ungeheuer von diesem Fortschritt, zu dem sie mit der wachsenden Sachkunde ihrer Instrumentenmacher und damit, daß sie deren Erzeugnisse abnahm, ihrerseits erheblich beitrug. Die besten teleskopischen Instrumente kamen aus England, und die ganz Europa beliefernden Hersteller bestimmten Qualität und Stil der Branche. Früher hatten viele Astronomen ihre Instrumente selbst entworfen und gebaut, und einige der bekannteren hielten es weiterhin so, doch rasch entwickelte sich eine Arbeitsteilung zwischen den Herstellern und Benutzern von Teleskopen. Die Teleskopbauer wurden ähnlich geschätzt wie die praktizierenden Astronomen. Einige von ihnen wurden in die Royal Society aufgenommen.

Im frühen 19. Jahrhundert hatte die Industrielle Revolution auch das übrige Europa und die Vereinigten Staaten erfaßt. Londoner Optiker stellten noch immer Spiegelteleskope zu erschwinglichen Preisen her, wie sie von Newton und anderen im späten 17. Jahrhundert entwickelt worden waren (siehe Abbildung 4.5). Englische Amateure bauten sich einige ausgezeichnete Instrumente selbst. Doch die Regierung unter Premierminister William Pitt versetzte der Londoner optischen Industrie einen schweren Schlag, als sie eine extrem hohe Steuer auf Fenster und kurz danach auf sämtliche Glaserzeugnisse einführte. Nachdem der Schweizer Glasmacher Pierre Guinand, der eine Methode entwickelt hatte, optisches Glas in größeren Stücken zu erschmelzen, im Jahr 1804 nach München übergesiedelt war, wurde Deutschland führend in der Entwicklung von Teleskopen. Der aus Bayern stammende Josef von Fraunhofer, der bei Guinand eine Zeitlang als Assistent gearbeitet hatte, verbesserte das Linsenteleskop erheblich (siehe auch dazu Abbil-

Abbildung 4.5

Diese Skizze zeigt den grundlegenden Unterschied zwischen einem Linsenteleskop (Refraktor) und einem Spiegelteleskop (Reflektor). Beide gibt es in unterschiedlichsten Ausführungen.

Das Linsenteleskop

Die große Linse (Objektiv) sammelt Licht von den Sternen und bricht es so, daß es am Ende der Röhre gebündelt auf eine kleinere Vergrößerungslinse (Okular) fällt.

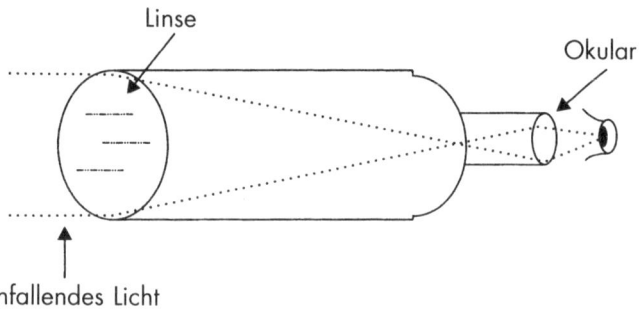

Das Spiegelteleskop

Ein gekrümmter (konkaver) Spiegel am Ende einer leeren Röhre sammelt Licht von den Sternen und wirft es gebündelt auf einen zweiten Spiegel zurück, der in seinem Brennpunkt angebracht ist. Der zweite Spiegel reflektiert das Bild zum Okular.

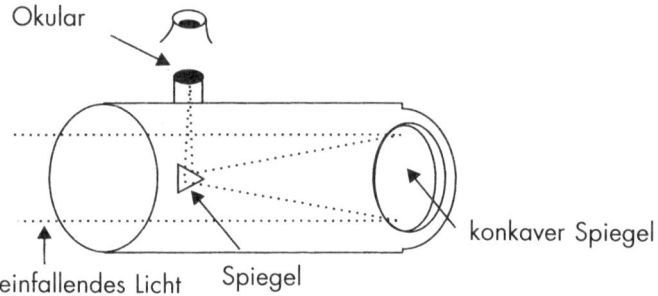

Ein Spiegelteleskop kann sehr viel größer sein als ein Linsenteleskop, weil man den großen Spiegel von der Rückseite her abstützen kann, was bei einer Linse nicht möglich ist.

dung 4.5). Friedrich Wilhelm Bessel setzte die Methode durch, mit Hilfe des Meridiankreises zwei Koordinaten eines Sterns gleichzeitig zu messen, was, ähnlich wie der Bau verbesserter astronomischer Uhren, genauere Beobachtungen ermöglichte. Der Mathematiker Karl Friedrich Gauß, damals erst 18 Jahre alt, entwickelte im Jahr 1804 die »Methode der kleinsten Quadrate«, mit der Astronomen auf weniger willkürliche Weise die besten Beobachtungen auswählen können.

Schließlich konnten Ende der 1830er Jahre dank der technischen und theoretischen Fortschritte drei Astronomen fast gleichzeitig, aber unabhängig voneinander eine jährliche Fixsternparallaxe messen. Die Zeit war offensichtlich reif für diese Entdeckung.

Friedrich Wilhelm Bessel aus Königsberg gab 1838 als erster seine Ergebnisse bekannt. Von der Überlegung ausgehend, daß weniger die Helligkeit als vielmehr die Eigenbewegung die besten Hinweise darauf liefert, welche Sterne uns am nächsten sind, wählte er 61 Cygni, einen schwach leuchtenden Stern mit großer Eigenbewegung (5,2 Bogensekunden pro Jahr; siehe Abbildung 4.4). Er ermittelte für dessen jährliche Parallaxe einen Wert von 0,3136 Bogensekunden. Da die Entfernung, welche die Erde auf ihrer Bahn zurückgelegt hatte, um diese Verschiebung zu erzeugen, bekannt war, konnte er die Entfernung von der Erde zu diesem Stern auf 3,4 Parsec (11,2 Lichtjahre) berechnen; das ist das 600 000fache der Entfernung von der Erde zur Sonne. Bessels Messung war ein erheblicher Fortschritt in der Bestimmung kosmischer Entfernungen.

Der Schotte Thomas Henderson beobachtete von Südafrika aus Alpha Centauri. Er hatte sich für diesen Stern nicht aufgrund seiner Eigenbewegung, sondern seiner Helligkeit entschieden. Alpha Centauri ist der dritthellste Stern am Nachthimmel. Henderson maß die Parallaxe von Alpha Centauri früher als Bessel die von 61 Cygni, doch da er seine Ergebnisse erst nach der Rückkehr nach Britannien im Frühjahr 1839 meldete, muß er Bessel den ersten Platz in den Geschichtsbüchern überlassen. Friedrich von Struve, der aus Deutschland stammte und in Dorpat (Tartu, Estland) wirkte, meldete ein Jahr später, er habe die Parallaxe von Alpha Lyrae (d.i. Wega) gemessen, dem fünfthellsten Stern am Nachthimmel.

Die für alle drei Sterne gemessenen Parallaxen waren verhältnismäßig klein: Für 61 Cygni ergab sich eine Parallaxe von 0,3136 Bogensekunden bei einer Entfernung von 3,4 Parsec (11,2 Lichtjahren). Heute wissen wir, daß 61 Cygni ein Doppelstern ist.

Für Alpha Centauri wurde eine Parallaxe von rund 1 Bogensekunde gemessen; der Wert wurde später auf 0,76 präzisiert. Das Alpha Centauri-*Sternsystem* (es besteht aus drei Sternen, wie wir heute wissen) ist 1,3 Parsec (4,3 Lichtjahre) entfernt. Einer der Sterne aus diesem Trio ist Proxima Centauri, der nächstbenachbarte Stern unseres Sonnensystems. Er umrundet die beiden anderen Sterne Centauri A und B alle 500 000 Jahre.

Für Alpha Lyrae (Wega) wurde eine Parallaxe von 0,2613 Bogensekunden und eine Entfernung von 8,3 Parsec (26 Lichtjahren) gemessen.

Wie weit sie doch weg sind! Und dabei gehören sie zu den nächstbenachbarten Sternen. Mit ihrer Messung dämmerte den Menschen allmählich, wie unendlich einsam wir in unserem kleinen Sonnensystem sind. Nach den Entdeckungen von Cassini und Flamsteed war es so riesig erschienen. Jetzt wurde es winzig angesichts des gewaltigen Raums, den wir würden durchqueren müssen, um zu einem anderen Stern zu gelangen. Die Entfernung von der Sonne zum Pluto (dem am weitesten entfernten Planeten) muß man mit 9000 multiplizieren, um Proxima Centauri zu erreichen, die nächste Station im dunklen All.

Die erfolgreiche Messung der Entfernung zu den nächsten Sternen unterstützte die seit dem 18. Jahrhundert bestehende Auffassung, daß die »Himmelsmechanik«, die Verbindung von Mathematik und Astronomie, die höchste aller Wissenschaften sei und die wertvollste, um das Verständnis der Menschen für die Naturgesetze zu vertiefen. Dieser Ruf wurde durch eine andere, noch spektakulärere Glanzleistung weiter gestärkt. Die Messungen Bessels, Hendersons und von Struves lagen noch nicht lange zurück, als Urbain Jean Joseph Leverrier, der sich am königlichen Observatorium in Paris wie ein Diktator auf-

führte und für alle anderen Gebiete menschlichen Erkenntnis-
strebens außer der Himmelsmechanik nur Hohn und Spott
übrig hatte, die Bahn des Planeten Uranus studierte. Er stieß
auf rätselhafte Unregelmäßigkeiten der Bahn, die mit Newtons
Gesetzen nicht in Einklang zu bringen waren und nur von der
Schwerkraftanziehung eines unbekannten Planeten herrühren
konnten. Johann Gottfried Galle von der Berliner Sternwarte
suchte, gestützt auf Aufzeichnungen des britischen Astronomen
John Couch Adams, an der Stelle, die von Leverrier als mut-
maßlicher Ort genannt worden war, nach diesem unbekannten
Planeten, und am 23. September 1846 entdeckte er Neptun.
Leverriers Vorhersage hatte sich als erstaunlich präzise erwiesen, allerdings ganz zufällig, da er unter mehreren möglichen
Lösungen für die Berechnung der Bahn nicht die richtige
gewählt hatte. Die Entdeckung machte Furore. Das Publikum
sprach von einem Wunder. Und es war – angesichts der falschen
Ausgangsposition Leverriers – in weit höherem Maße wunder-
bar, als es das Publikum ahnte.

Um die Mitte des Jahrhunderts schien es in der Tat, als eilten
Astronomie und Himmelsmechanik von einem Triumph zum
nächsten. Sie hatten dabei auch einen schweren Rückschlag
einzustecken, denn da man aufgrund der bekannten Entfernungen zu einigen Sternen nun deren absolute Helligkeit
bestimmen konnte, mußte man die Hoffnung, alle Sterne hätten dieselbe absolute Helligkeit, für immer begraben. Die Elefanten in der Ebene waren von unterschiedlicher Größe, und
nur für wenige von ihnen konnten wir direkt die Entfernung
messen. Was war zu tun, um die Größe oder Entfernung der
anderen zu ermitteln?

Vielleicht könnte man das Problem in der Weise angehen,
daß man sich die gesamte Kategorie der »Elefanten« daraufhin
ansieht, ob es nicht Untergruppen gibt. Vielleicht gibt es ja indi-
sche und afrikanische Elefanten, die sich durch irgend etwas
unterscheiden. Wenn schon nicht alle Elefanten gleich groß
sind, dann doch vielleicht wenigstens alle *indischen* Elefanten.

Man müßte Merkmale finden, die sich (anders als die scheinbare Größe) nicht mit der Entfernung ändern, zum Beispiel cha-

rakteristische Ohren. Alle Tiere mit seltsamen Ohren könnte man einer Gruppe A zuordnen. Angenommen, wir könnten die absolute Entfernung zu einigen Elefanten der Gruppe A messen und würden anschließend herausfinden, daß sie von ziemlich einheitlicher Größe sind. Die Annahme, daß die Elefanten der Gruppe A, die für eine direkte Messung zu weit weg sind, ebenfalls diese Größe haben, scheint einigermaßen gerechtfertigt. Mit dieser Annahme können wir einen Schritt weitergehen. Wenn in der Ferne ein anderes Tier neben einem Elefanten der Gruppe A steht und aus demselben Wasserloch trinkt, können wir durch Vergleich mit der Größe des Elefanten die Größe dieses Tieres abschätzen. Nehmen wir an, dieses Tier sei gefleckt und habe einen ungewöhnlich langen Hals. Nennen wir es Giraffe. Wenn wir nun unsere Beobachtung der Elefanten und Giraffen da draußen fortsetzen und feststellen, daß alle Giraffen etwa gleich groß sind, haben wir ein Mittel, um die Entfernung zu jedem anderen Tier zu berechnen, das Giraffenmerkmale zeigt. Eine Messung baut auf der anderen auf. Wenn natürlich irgendwo in der Kette ein Fehler steckt – es könnte ja Elefanten der Gruppe A in zweierlei Größen geben, oder das Tier, von dem wir glauben, es stehe neben dem Elefanten, steht in Wahrheit 50 Meter hinter ihm –, fällt das ganze Gebäude von Messungen in sich zusammen und muß neu geeicht werden.

Noch vor den ersten Messungen von Sternparallaxen war bei den Astronomen die Hoffnung aufgekommen, bei näherer Untersuchung werde sich herausstellen, daß die Sterne unterschiedliche Merkmale besitzen, die es erlauben würden, sie in Kategorien oder »Familien« einzuteilen. Wenn schon nicht alle Sterne dieselbe absolute Helligkeit haben, dann doch vielleicht diejenigen, die einer erkennbaren »Familie« angehören.

Verschiedene Entwicklungen sollten schließlich zu einem besseren Verständnis der Sterne führen. Anfang des 19. Jahrhunderts war man überzeugt, es werde niemals möglich sein, die chemische Zusammensetzung oder den physikalischen Aufbau von Sternen zu ermitteln, da die Forscher nicht nah genug herankamen, um sie zu untersuchen. Der französische Philosoph Auguste Comte nannte die chemische Zusammensetzung der Sterne ein Beispiel für »unerreichbares Wissen«. Nicht alle teilten diesen Pessimismus. Bald sollten Forscher herausfinden, daß das Sternenlicht eine Menge Informationen über seine Quelle enthält; man mußte nur den Code knacken.

Seit Isaac Newtons Studie über die Optik wußten Wissenschaftler und Laien, daß man einen Lichtstrahl mit einem Glasprisma in seine Bestandteile zerlegen kann. Geht weißes Licht durch das Prisma, werden die Farben, aus denen es sich zusammensetzt, in einer geordneten Folge ausgebreitet – dies ist das Spektrum, der bekannte Regenbogen. Die Reihenfolge bleibt immer gleich: Rot, Orange, Gelb, Grün, Blau, Indigo und Violett.

Die Position innerhalb des Spektrums bezeichnen wir anhand der Farben; wir sprechen vom »roten« und vom »violetten Ende des Spektrums«. Wenn man genauer sein will, spricht man von den Wellenlängen, denn jede Farbe wird von einer anderen Wellenlänge erzeugt. Wenn wir von Rot, den längeren Wellen, durch das Spektrum nach Violett gehen, werden die Wellen kürzer (siehe Abbildung 4.6).

Das für unsere Augen wahrnehmbare Licht – das sichtbare Spektrum – ist nur ein Bruchteil des sehr viel breiteren »elektromagnetischen Spektrums«. Unsichtbar für uns ist alles, was jenseits von Rot einerseits und Violett andererseits liegt, und das ist eine ganze Menge: infrarotes Licht, ultraviolettes Licht, Gammastrahlen, Röntgenstrahlen und Radiowellen, alles Formen der elektromagnetischen Strahlung, deren Wellenlängen entweder zu kurz oder zu lang sind, um im sichtbaren Spektrum zu liegen.

Das Spektrum, in das das Licht durch ein Prisma zerlegt wird, gibt uns Aufschluß über die Lichtquelle, mag diese auch Milliarden Lichtjahre von uns entfernt sein.

- Ein glühender Festkörper strahlt Licht aller Farben ab, und das Spektrum reicht stetig von Violett bis Rot (und nach beiden Richtungen über das sichtbare Spektrum hinaus).
- Ein glühendes Gas strahlt nur einige vereinzelte Farben ab, und jede Gasart hat ihr spezifisches Muster, das sogenannte Emissionsspektrum.

Abbildung 4.6

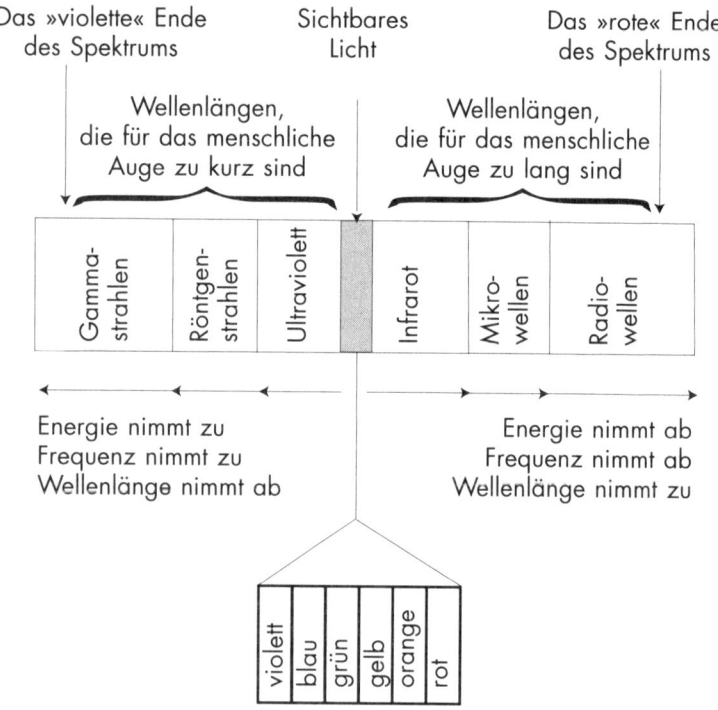

Innerhalb des sichtbaren Spektrums nimmt das menschliche Auge verschiedene Wellenlängen als verschiedene Farben wahr.

• Ist ein glühender Festkörper (oder sein Äquivalent) von einem kühleren Gas umgeben, entsteht ein Spektrum, in dem ein stetiger Hintergrund (wie etwa das Spektrum, das ein weißglühender Festkörper erzeugen würde) von dunklen Stellen durchsetzt ist, den »Absorptionslinien« (siehe Abbildung 4.7). Das Gas um die eigentliche Lichtquelle hat von deren Licht die Farben absorbiert, die es selbst abstrahlen würde. An dem Muster der Absorptionslinien und ihrer Lage innerhalb des Spektrums läßt sich ablesen, welches Gas oder welche Gase für die Absorption verantwortlich sind.

160

1. Eine Holzskulptur des Ptolemäus (2. Jahrhundert) aus dem 15. Jahrhundert im Ulmer Münster: »Wenn ich zu meinem Vergnügen die sich schlängelnden Wege der Himmelskörper verfolge, genieße ich Ambrosia, die Götterspeise, in vollen Zügen.«

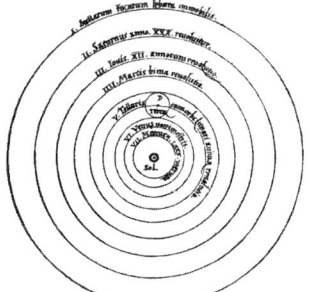

NICOLAI COPERNICI

ner, in quo terram cum orbe lunari tanquam epicyclo contineri diximus. Quinto loco Venus nono mense reducitur. Sextum deniç locum Mercurius tenet, octuaginta dierum spacio circu currens. In medio uero omnium residet Sol. Quis enim in hoc

II. Saturnus anno XXX reuoluitur.
III. Iouis XII. annorum reuolutio.
IIII. Martis bima reuolutio.
V. Telluris.
Sol.

pulcherrimo templo lampadem hanc in alio uel meliori loco po neret, quàm unde totum simul possit illuminare? Siquidem non inepte quidam lucernam mundi, alij mentem, alij rectorem uo cant. Trimegistus uisibilem Deum, Sophoclis Electra intuente omnia. Ita profecto tanquam in solio re gali Sol residens circum agentem gubernat Astrorum familiam. Tellus quoq minimè fraudatur lunari ministerio, sed ut Aristoteles de animalibus ait, maximâ Luna cũ terra cognatiõe habet. Concipit interea à Sole terra, & impregnatur annuo partu. Inuenimus igitur sub hac

2. Zeichnung aus Nikolaus Kopernikus' Buch *De Revolutionibus* (1543), auf der die Sonne im Mittelpunkt steht und von den Planeten umkreist wird. Außen befindet sich die »unbewegliche Sphäre der Fixsterne«. Der Mond umkreist die Erde.

3. Johannes Kepler
(1571-1630), Entdecker
der elliptischen Bahnen:
»Verurteilt mich nicht
ganz zur Tretmühle
mathematischer Berech-
nungen, laßt mir Zeit zu
philosophischen Spekula-
tionen, meiner einzigen
Wonne.«

4. Aristoteles, Ptolemäus und Kopernikus auf dem Frontispiz von
Galileis *Dialogo* (1632). Die Titelseite versichert, daß hier »über die
beiden hauptsächlichen Weltsysteme, das ptolemäische und das
kopernikanische, disputiert wird, wobei die philosophischen und
naturwissenschaftlichen Gründe für beide Teile vorgetragen werden, ohne daß eine Entscheidung fällt«.

5. Holzschnitt vom Octagon Room im Königlichen Observatorium in Greenwich, wie er zu Flamsteeds Zeit im 17. und frühen 18. Jahrhundert aussah.

6. Eines der ersten Fotos überhaupt: Sir John Herschels 1839 entstandene Aufnahme vom 40-Fuß-Teleskop seines Vaters.

7. Edmond Halley (1656-1742):
»Es gibt nur noch eine Beobachtung, durch die das Problem der Entfernung der Sonne gelöst werden kann, und
dieser Vorzug ist Astronomen
des nächsten Jahrhunderts
vorbehalten.« Er hinterließ
Anweisungen für die Beobachtung des Venusdurchgangs vor
der Sonne im Jahr 1761.

8. Sir William Herschel, Astronom und Komponist (1738-
1822): »Im Theater habe ich oft
das Cembalo verlassen, um
während eines Aktes die Sterne zu betrachten und zur
nächsten Musik zurück-
zukehren.«

9. Caroline Lucretia Herschel
auf einer Zeichnung, die
1847 angefertigt wurde, als sie 97
war. Ein Freund schrieb, daß die
Zeichnung »nicht ihren intelligenten Gesichtsausdruck
wiedergibt«.

10. Der »Leviathan von Parsontown«, den Lord Rosse in den 1840er Jahren errichtete und durch den er die Spiralnebel beobachtete. Mehr als ein halbes Jahrhundert lang blieb er das größte Teleskop der Welt.

11. Henrietta Swan Leavitt (1868-1921). Sie entdeckte, daß man die Cepheiden-Veränderlichen als stellare Zollstöcke verwenden kann – das führte zu den ersten Entfernungsmessungen außerhalb der Milchstraße.

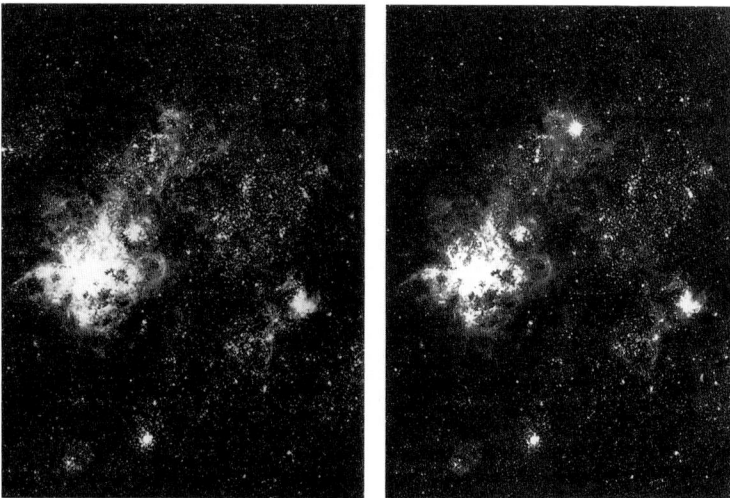

12. Vorher-Nachher-Fotos der Supernova 1987 A in der Großen Magellanschen Wolke. Das Bild links wurde 1969 aufgenommen, das rechts im Februar 1987, rund eine Woche nach Erscheinen der Supernova.

13. Der Andromeda-nebel, die dominie-rende Spiralgalaxis der lokalen Gruppe, mit zwei Begleitgala-xien: M 32 (der helle Punkt links von An-dromeda) und NGC 205 (der helle Punkt rechts).

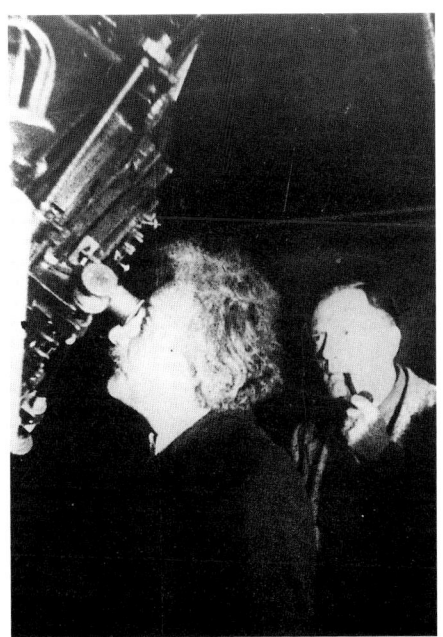

14. Albert Einstein besucht Edwin Hubble 1930 auf Mount Wilson. Hubbles astronomische Beobachtungen und Einsteins Theorien zeigten gleichermaßen, daß das Universum expandieren muß.

15. Grote Rebers Radioteleskop in Wheaton, Illinois (1937). Reber verwendete 4000 Dollar seiner Ersparnisse, um dieses Gerät zu entwerfen und im Hinterhof seines Elternhauses zu bauen.

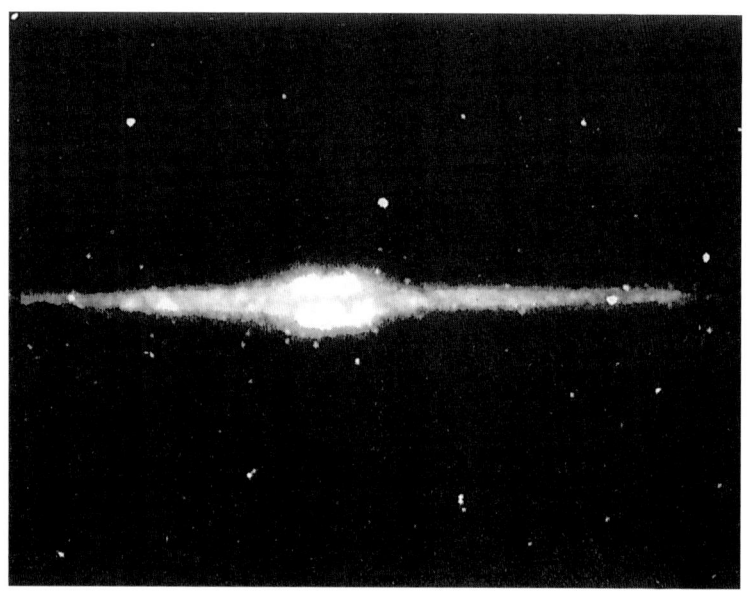

16. Dieses Bild der Milchstraße in »infrarot-nahen« Wellenbereichen aus Beobachtungen des Cosmic Background Explorer (COBE) läßt deutlich die dünne, abgeplattete Scheibe und das Zentralgebiet erkennen.

17. Das »Hubble«-Raumteleskop, das erdumkreisende Observatorium der NASA, war während des Reparaturflugs im Dezember 1993 mit der Raumfähre Endeavour verbunden.

Abbildung 4.7

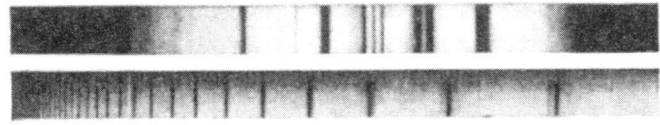

Ist ein glühender Festkörper von einem kühleren Gas umgeben, entsteht ein Spektrum, in dem ein kontinuierlicher Hintergrund durchsetzt ist von dunklen Stellen, den »Absorptionslinien«. Sie kommen dadurch zustande, daß das Gas von dem Licht jene Farben absorbiert hat, die es selbst abstrahlen würde.

Was wir über Licht und Spektren wissen, verdanken wir zu einem guten Teil den bahnbrechenden Untersuchungen von Josef von Fraunhofer, der 1787 im bayrischen Straubing geboren wurde. Fraunhofer war das elfte und jüngste Kind eines Glasermeisters und Kunstglasers. Mit zwölf Jahren verwaist, ging er bei einem Münchner Spiegelmacher und Glasschneider in die Lehre, der ihm nichts zahlte, ihm kaum etwas beibrachte und ihn daran hinderte, die Sonntagsschule zu besuchen, in der Lehrlingen ein wenig außerberufliches Wissen vermittelt wurde. Sein Schicksal wendete sich, als das Haus seines Meisters einstürzte und den 14jährigen unter den Trümmern begrub. Seine Rettung erregte in München Aufsehen und kam Kurfürst Maximilian zu Ohren. Der Kurfürst war gerührt und schenkte dem Jungen Geld, das dieser weise anlegte; er erwarb sich eigenes Werkzeug und kaufte sich aus der Lehre frei. Nur kurz mußte er zu seinem Lehrherrn zurück, da sein eigenes Gewerbe, das Gravieren von Visitenkarten, ihn nicht ernährte. Durch Fraunhofers wundersame Rettung wurde auch ein wohlhabender Münchner Anwalt und Finanzier namens Utzschneider auf ihn aufmerksam, der ihn kurz darauf in seiner Glasmanufaktur einstellte und ihn aufgrund seiner angeborenen Tüchtigkeit schon mit knapp über zwanzig zum Leiter machte.

Fraunhofer gehörte zu der Handvoll Männer, die aus bescheidenen Verhältnissen stammten und Anfang des 19. Jahrhunderts zu führenden Astronomen wurden. In seinem kurzen Leben entwarf und baute er immer bessere Teleskope, die zum Besten gehörten, was es damals überhaupt gab, und er machte einige Erfindungen, die ihre Einsatzfähigkeit noch steigerten. Bessel und von Struve benutzten Fraunhofer-Teleskope, als sie erstmals Sternparallaxen maßen.

Einige der bedeutendsten Entwicklungen des 19. und 20. Jahrhunderts gehen auf Fraunhofers Erkenntnisse über das Licht zurück; er zählt zu den wichtigsten Gestalten in der Geschichte der Optik. Fraunhofer hat als erster die Absorptionslinien des Sonnenspektrums erforscht und dokumentiert.

1814 suchte er nach einer Möglichkeit, die Brechung des Lichts durch Glas genauer zu messen. Isaac Newton hatte, als er das Spektrum des Lichts untersuchte, Sonnenlicht, das durch ein rundes Loch im Fensterladen drang, durch ein Glasprisma auf einen Schirm fallen lassen. Fraunhofer wandelte Newtons Experiment ab; er ersetzte das runde Loch durch einen schmalen Spalt und den Schirm durch ein Teleskop.

Er stellte fest, daß das kontinuierliche Spektrum der Sonne von vielen dunklen Linien durchsetzt ist, und er fand diese Linien in jeder Form von Sonnenlicht, ob direkt oder reflektiert von irdischen Objekten, vom Mond oder den Planeten. Er markierte die zehn stärksten Linien im Sonnenspektrum und hielt 574 schwächere Linien fest (siehe Abbildung 4.8).

Bei weiteren Untersuchungen fand Fraunhofer diese Linien auch in den Spektren von Sternen, nur in anderer Anordnung. Die Linien, folgerte er, mußten ihre Ursache in der Natur der Sonne und der Sterne haben. Was er tatsächlich entdeckt hatte, war die Signatur der verschiedenen, in der Atmosphäre der Sonne und der Sterne vorkommenden chemischen Elemente; es war der dritte oben beschriebene Typ von Spektren, nämlich ein »Absorptionsspektrum«, bei dem das kühlere Gas um die eigentliche Lichtquelle jene Farben dieses Lichts absorbiert hat, die es selbst abstrahlen würde. Fraunhofer kam der Erkenntnis dieser Zusammenhänge ganz nah, als ihm auffiel, daß zwei dunkle Linien im Spektrum der Sonne sich mit zwei hellen Linien im Spektrum seiner Natriumlampe deckten.

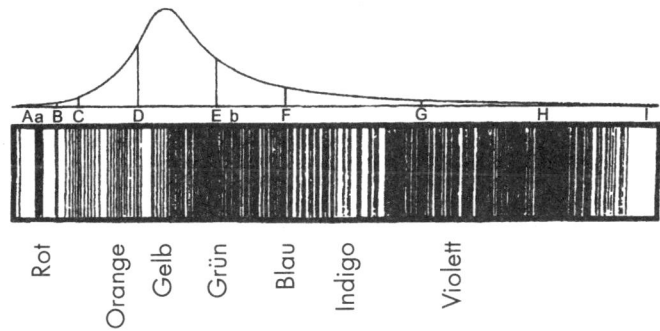

Fraunhofers Karte des Sonnenspektrums. Mit den Buchstaben kennzeichnete er die stärksten Absorptionslinien.

Er starb im Alter von 39 Jahren an Tuberkulose. Kurz zuvor war er geadelt und von allen Abgaben als Bürger Münchens befreit worden.

1849 erkannten W. A. Miller am Londoner King's College und Léon Foucault in Paris unabhängig voneinander, daß die zwei Linien, die Fraunhofer im Spektrum der Sonne gefunden hatte und die sich mit den beiden Linien im Spektrum seiner Natriumlampe gedeckt hatten, unter Laborbedingungen im Spektrum von Natrium vorkommen. Zehn Jahre später konnten Gustav Kirchhoff und Robert Bunsen die volle Bedeutung dieser Entdeckung erklären: Die Sonne ist ein glühender Körper, umgeben von einer gasförmigen Atmosphäre mit geringerer Temperatur. Die Linien bedeuten, daß in der Atmosphäre der Sonne Natrium vorkommt. Anfang der 1860er Jahre entdeckten der Brite William Huggins, der sich ein eigenes Observatorium leisten konnte, und Miller, daß Licht von anderen Sternen dieselben Spektrallinien aufweist wie Sonnenlicht. Damit brach eine neue Ära der Astronomie an. Zwischen 1863 und 1868 schuf Secchi im Vatikan die Grundlagen der Klassifikation von Sternen anhand der Muster ihrer Spektren. In dieselbe Zeit fallen die ersten Erfolge der fotografischen Aufzeichnung von Spektren durch Huggins in England und Draper in Amerika.

163

Zunächst sah es so aus, als bestünden alle Sterne aus dem mehr oder weniger gleichen Gemisch chemischer Elemente, und die Hoffnungen sanken, daß man sie anhand ihrer Spektren in Familien einteilen könnte. Dann zeigte sich aber, daß bestimmte Linienmuster durchaus nicht bei allen Sternen gleich sind. Die Hoffnungen lebten neu auf, und Astronomen machten sich daran, die Sterne zu kategorisieren. Wenn man Glück hatte, würden einige Mitglieder einer Familie nah genug sein, um ihre Entfernungen mittels der Parallaxenmethode messen zu können. Diese Messung würde zeigen, ob alle Mitglieder dieser Familie dieselbe absolute Helligkeit besaßen und als Eichmaß für die Entfernungsmessung geeignet waren.

Es gab in den 1840er Jahren noch eine Entwicklung, die sich für Astronomie und Astrophysik als äußerst segensreich erweisen sollte. Der österreichische Physiker Christian Doppler entdeckte das, was wir heute den »Doppler-Effekt« nennen. Im Alltag erleben wir ihn in der Regel als akustisches statt als optisches Phänomen, zum Beispiel, wenn die Hupe eines vorbeifahrenden Autos ihre Tonhöhe ändert. Wenn das Auto auf uns zukommt, erreichen uns die Schallwellen in zusammengedrängter, verkürzter Form, wenn es sich entfernt, in gestreckter Form. In beiden Fällen unterscheiden sich die Wellen von der Länge, die sie hätten, wenn das Auto stillstünde. Die Länge der Schallwelle interpretiert unser Ohr als eine bestimmte Tonhöhe; je länger die Welle, desto tiefer der Ton.

Doppler meinte, dieser Effekt würde auch beim Licht auftreten, das man sich ebenfalls in Wellenform mit unterschiedlichen Wellenlängen denken kann. 1848 konnte der französische Physiker Armand Fizeau die »Rotverschiebung« und »Violettverschiebung« von Licht aufzeigen. Von einer »Doppler-Verschiebung« sprechen wir heute nicht nur beim Schall, sondern auch bei Licht und allen anderen Arten elektromagnetischer Strahlung.

So wie unser Ohr Schallwellen unterschiedlicher Wellenlänge als unterschiedliche Tonhöhen interpretiert, deutet unser Auge Lichtwellen unterschiedlicher Wellenlänge als unterschiedliche Farben; je länger die Lichtwelle, desto näher liegt sie am roten Ende des Spektrums (wie in Abbildung 4.6 gezeigt). Aufgrund des Doppler-Effekts findet der Beobachter das Licht eines Sterns, der sich von ihm entfernt, zum roten Ende des Spektrums hin verschoben (Rotverschiebung), das Licht eines Sterns, der sich auf ihn zubewegt, zum violetten Ende des Spektrums hin verschoben (Violettverschiebung). Doppler glaubte zunächst, die bei einigen Doppelsternen beobachteten Farbdifferenzen auf Rot- und Violettverschiebungen zurückführen zu können. Andere Forscher, darunter Fizeau, wiesen darauf hin, daß die Verschiebung gar nicht als sichtbarer Farbunterschied wahrnehmbar ist. Sie macht sich vielmehr als eine geringe, aber meßbare Verschiebung der Spektrallinien in dem Licht bemerkbar, das uns von einem Stern erreicht.

Aus der Tatsache, daß das Linienmuster von Natrium im Labor ebenfalls im Spektrum des Sonnenlichts auftritt, hatten die Forscher gefolgert, daß die Sonne Natrium enthält. Wenn man die Stellen ermittelt, an denen solche bekannten Linien im Spektrum eines Sterns auftreten, und sie mit den Wellenlängen vergleicht, bei denen diese Linien in einem Labor auftreten, kann man erkennen, ob das Muster verschoben ist. Ist das Muster zum roten Ende des Spektrums hin verschoben, entfernt sich der Stern von uns; ist es zum violetten Ende des Spektrums hin verschoben, kommt er auf uns zu. Das Ausmaß der Verschiebung zeigt die Geschwindigkeit an, mit der der Stern auf uns zukommt oder sich von uns entfernt. Huggins bestimmte als erster die Fluchtgeschwindigkeit eines Sterns anhand der Verschiebung seiner Spektrallinien.

Natürlich war die Doppler-Verschiebung enorm hilfreich bei der Bestimmung der Bewegung von Sternen, doch war den Astronomen klar, daß die Fluchtgeschwindigkeit, die in der Verschiebung sichtbar wird, längst nicht alles über die Bewegung eines Sterns verrät. Die Doppler-Verschiebung allein sagt uns nur, wie schnell die Entfernung zwischen uns und einem Stern zu- oder abnimmt, aber nicht, in welche Richtung, oder gar, wie schnell er sich tatsächlich bewegt. Nur wenige Sterne bewegen sich direkt entlang unserer Sichtlinie (direkt von uns weg oder auf uns zu). Die meisten bewegen sich schräg zu ihr, und das macht es sehr viel schwerer, die Geschwindigkeit und die Gesamtbewegung eines Sterns zu bestimmen. Wenn ein Stern sich zum Beispiel sehr schnell quer zu unserer Sichtlinie bewegt, nimmt seine Entfernung von uns weder zu noch ab, und er zeigt gar keine Verschiebung.

Für die Lösung dieses Problems gibt es eine Methode, die sich bei nicht allzu weit entfernten Sterngruppen als so effektiv erwies, daß manche der von ihr gelieferten Messungen erst einige Zeit nach der Stationierung von Teleskopen im All verbessert werden konnten. Bei weiter entfernten Gruppen wird sie sogar immer noch benutzt. Hier das zu lösende Problem: Für einen einzelnen Stern war es allenfalls möglich, erstens seine scheinbare Bewegung quer zu unserer Sichtlinie, gemessen in Bogensekunden, und zweitens seine Fluchtgeschwindigkeit zu bestimmen, errechnet aus seiner Rotverschiebung. Die Fluchtgeschwindigkeit ist eine absolute Geschwindigkeit in Kilometern pro Sekunde, während die in Bogensekunden gemessene Bewegung des Sterns quer zu unserer Sichtlinie kein absolutes Maß darstellt (siehe Abbildung 4.4 auf S. 151). Im Unterschied zum Kilometer ist die Bogensekunde keine absolute Entfernung, und sie kann erst in eine solche umgewandelt werden, wenn wir wissen, wie weit der Stern entfernt ist.

Wie müssen also herausbekommen, wie die beiden Messungen (Fluchtgeschwindigkeit und Bewegung quer zu unserer Sichtlinie) so miteinander zu kombinieren sind, daß wir die wirkliche »Tachometer«-Geschwindigkeit erhalten. Dabei ist es von Vorteil, wenn wir statt eines einzelnen Sterns eine Gruppe von Sternen haben. Bei einem Haufen von Sternen, der sich durch das All bewegt, ist es naheliegend, anzunehmen, daß alle Sterne sich auf nahezu parallelen Bahnen bewegen, die wegen des perspektivischen Effekts auf einen bestimmten Punkt am Himmel zuzustreben scheinen. Dieser Effekt liegt auch vor, wenn wir zum Beispiel aus dem letzten Wagen eines Zuges nach hinten schauen: Die parallelen Schienen scheinen sich in der Ferne zu vereinen. Bei einer sich von uns entfernenden Sterngruppe macht sich der Effekt erst über viele Jahre bemerkbar.

Es scheint, als rückten die Sterne einander näher, anders gesagt, ihre Bahnen scheinen zu konvergieren.

Anhand des Musters dieser Konvergenz – der Art, wie ein Sternhaufen mit der Entfernung zu schrumpfen scheint – und der Lage des Punktes, auf den die Bahnen der Sterne zuzulaufen scheinen, können Astronomen bestimmen, ob ein Haufen sich direkt entlang unserer Sichtlinie entfernt oder, falls nicht, in welchem Winkel zu unserer Sichtlinie er sich bewegt. Aus diesem Winkel können sie entnehmen, welcher Anteil der wahren (Tachometer-)Bewegung der Sterne auf die Quer- und welcher auf die Längsrichtung entfällt. Kennt man diesen Anteil und die Fluchtgeschwindigkeit, kann man die Bewegung der Sterne quer zu unserer Sichtlinie in Meilen oder Kilometern pro Stunde berechnen. Es wird dann zu einer reinen Rechenaufgabe: Wie weit muß eine Sterngruppe entfernt sein, damit bei *dieser* Geschwindigkeit in einem Jahr eine Verschiebung über den Himmel von *soundsoviel* Bogensekunden zustandekommt?

Diese »Bewegungshaufen-Methode« lieferte die Entfernung zu dem für uns nächsten Sternhaufen, den Hyaden, die den Kopf von Taurus, dem Stier, bilden. Die Hyaden sind etwa 40 Parsec (rund 140 Lichtjahre) entfernt, rund 10 Parsec mehr, als im späten 19. Jahrhundert allein mit der Parallaxenmethode ermittelt werden konnte. Zum Glück gehören den Hyaden viele unterschiedliche Arten von Sternen an. Nachdem ihre Entfernung bekannt war, konnten Fachleute die absolute Helligkeit von bestimmten Sternen dieses Haufens errechnen, die anhand ihrer Spektrallinien bestimmten Familien von Sternen zugeordnet werden können. Jetzt brauchte nur noch die scheinbare Helligkeit von Sternen derselben Familie verglichen zu werden, um die ungefähre Entfernung zu Sternen und Sternhaufen in weit größerer Ferne zu erhalten.

Mit der Entdeckung, wie man die Rotverschiebung eines Sterns messen kann, wurde ein anderes Verfahren möglich, die »statistische Parallaxe«. Dieses Verfahren hat unmittelbar zum ersten signifikanten Fortschritt in der Messung beigetragen, der nach der letzten Jahrhundertwende erzielt wurde. Dabei wählen Astronomen aufgrund eines gemeinsamen Merkmals wie Farbe oder Spektrum eine große Gruppe von Sternen aus. Sie messen deren Rot- oder Violettverschiebung und erhalten so ihre Geschwindigkeiten entlang unserer Sichtlinie, deren Mittelwert für alle Sterne der Gruppe berechnet wird. Dem liegt die naheliegende Annahme zugrunde, daß Sterne sich am Himmel mit ganz unterschiedlichen Geschwindigkeiten in alle möglichen Richtungen bewegen und daß sich daraus, wenn die Gruppe groß genug ist, eine durchschnittliche Gesamtbewegung ergibt. Ebenso naheliegend scheint daher die Annahme, daß die mittlere Geschwindigkeit entlang unserer Sichtlinie auch die mittlere Geschwindigkeit quer zu unserer Sichtlinie ist. Auch in diesem Fall können wir die Frage stellen: Wie weit müssen Sterne entfernt sein, damit bei *dieser* Geschwindigkeit in einem Jahr eine Verschiebung über den Himmel von *soundsoviel* Bogensekunden zustande kommt? Das Ergebnis ist hier die *mittlere* Geschwindigkeit der Sterne in der ausgewählten Gruppe.

Man könnte meinen, daß diese Informationen wenig besagen. Doch war dies, mit einer Reihe von Ergänzungen, die Methode, die später die Entfernungen zu einigen Cepheiden-Veränderlichen liefern sollte, und diese sollten wiederum eine Brücke zu Objekten bilden, die viele, viele Lichtjahre weiter entfernt sind.

Mit den zunehmenden Möglichkeiten, die Entfernungen zu Sternen und Sterngruppen zu bestimmen, stieg die Neugier, wie sich das alles zu einem Gesamtbild fügen könnte. Welches Bild vom Ganzen, von der Struktur und Größe des Universums hatte dieses neue Wissen in den Köpfen der Menschen erzeugt? Um das zu beantworten, müssen wir noch einmal zurück ins 18. Jahrhundert.

5. KAPITEL

Der Aufbau im Großen
1750–1958

> Der Aufbau der Himmel, über den ich mir jüngst meine Gedanken dieser
> Gesellschaft vorzutragen erlaubte, ist ein so umfassendes und bedeuten-
> des Thema, daß unseren Bemühungen, alles erdenkliche Licht darauf zu
> werfen, jede nur mögliche Aufmerksamkeit gebührt.
>
> *William Herschel, 1785*

Nachdem Galilei erkannt hatte, daß die Milchstraße sich aus
unzähligen Sternen zusammensetzt, gingen über mehrere Jahrzehnte nur wenige Astronomen seiner Entdeckung nach. Sie
waren vollauf mit dem Sonnensystem beschäftigt. Erst um die
Mitte des 18. Jahrhunderts wurde die Vermutung geäußert, daß
auch die Sterne in einer Art »System« beziehungsweise in
Systemen angeordnet sein könnten. Und auch jetzt stammte
die Idee nicht von einem Astronomen. Es gab keine Beobachtungen, die sie gestützt hätten. Dem Vernehmen nach befaßte
man sich am französischen Hof damit und sah darin ein anre-
gendes Gesprächsthema. Etwaige Ergebnisse dieser Gespräche
sind nicht belegt.

Thomas Wright aus Durham in England, der sich nicht als
Astronom, sondern als Philosph bezeichnete, gehörte zu den
ersten, die an eine Ordnung im größeren Rahmen dachten.
Während seiner Lehrzeit bei einem Uhrmacher befaßte er sich
so intensiv mit der Astronomie, daß sein Vater daran Anstoß
nahm und die Astronomie-Bücher des jungen Thomas ins Feuer warf. Später wurde er Seemann (was er nach einem Sturm
auf seiner ersten Fahrt aufgab), Hauslehrer für Mathematik (was
er aufgab, nachdem der eine Affäre mit der Tochter eines Geist-
lichen gehabt hatte), Navigationslehrer für Seeleute, Landver-
messer, ein erfolgreicher Lehrer und Berater des Adels in Sachen

Philosophie und Mathematik und schließlich Buchautor. Das alles schaffte er trotz einer sprachlichen Behinderung.

1750 erschien Wrights Buch *An Original Theory or New Hypothesis of the Universe*. Darin beschrieb er die Milchstraße, von der er als »Universum« oder »Schöpfung« sprach, als eine Scheibe aus Sternen, deren Zentrum eine übernatürliche Quelle von Energie, Güte, Moral und Weisheit sei. Er vermutete, diese Scheibe könne eine unter vielen ähnlichen »Schöpfungen« sein und die schwach leuchtenden Wolken, die man als Nebel bezeichnete, könnten andere »Schöpfungen« sein.

Immanuel Kant, Philosoph und gelernter Mathematiker, las in der Zeitung einen Abriß von Wrights Ideen und war davon so begeistert, daß er versuchte, ihnen eine mehr mathematische und wissenschaftliche Grundlage zu geben. Kant war weder experimenteller Wissenschaftler, noch studierte er den Himmel durch Teleskope. Vielmehr machte er sich Gedanken darüber, was die Beobachtungen und Entdeckungen anderer implizierten. Er stimmte Wrights Auffassung zu: Wenn die Milchstraße eine flache Scheibe von Sternen war, müßten auch andere neblige Flecken am Himmel solche flachen Scheiben sein. Unsere Scheibe mußte eine von vielen in einem riesigen Universum sein.

Ein Exemplar des Buches von Thomas Wright befand sich im Besitz von William Herschel, einem angesehenen Berufsmusiker und Komponisten, den die Astronomie schon als Kind fasziniert hatte. 1738 in Hannover geboren, kam Herschel mit 19 Jahren zum ersten Mal nach England, als Oboist der Hannoverschen Garde. Ein Jahr später gab er den Militärdienst auf und übersiedelte nach England, wo er Musikdirekor der Stadt Bath und Organist an der Octagon Chapel wurde. Er erteilte Musikunterricht, engagierte Künstler für Konzerte und komponierte viel. So schuf er 24 Symphonien, sieben Violin- und zwei Orgelkonzerte sowie »Glees und Kanons« und Motetten für seine Chöre. Bekannt wurde er jedoch als Astronom, denn mit 35 Jahren wandte er sich wieder ernsthaft dem Steckenpferd seiner Jugendjahre zu, und wenn andere schliefen oder seine Schüler in Urlaub waren, beobachtete er den Himmel.

Zusammmen mit seiner jüngeren Schwester Caroline suchte er

mit einem Teleskop den Himmel nach schwachen, weit entfernten Objekten ab und entdeckte dabei im Jahr 1781 den Planeten Uranus. Georg III. ernannte ihn dafür zum Hofastrono-
men. In dieser Funktion hatte er kaum etwas anderes zu tun,
als die königliche Familie über Astronomie und etwaige neue
Wunder am Himmel auf dem laufenden zu halten und gelegentlich hochgestellte Besucher zu beeindrucken. Ab 1787 ließ
der König auch Caroline ein Gehalt zahlen.

Die Herschels zogen um nach Datchet in der Nähe von Wind-
sor, damit William seinen neuen Pflichten bequemer nachkommen konnte. Um sein nicht besonders hohes Gehalt (weniger
als das, was er als Organist verdiente) aufzubessern, begann er,
selbstgebaute Teleskope zu verkaufen. Daneben schuf er größere und bessere Instrumente für den eigenen Gebrauch. Es handelte sich um Spiegelteleskope, einen Typ, der nicht mehr sehr
gefragt war, dank Herschels Erfolg aber wieder an Beliebtheit
gewann (siehe Abbildung 4.5). Sein größtes Teleskop hatte eine
Länge von 40 Fuß und einen 48-Zoll-Spiegel. Das Rohr hatte
einen Durchmesser von fünf Fuß. Zur Einweihung gab Herschel, der ja immer noch Musiker war, in dem Rohr ein kleines
Konzert.

Das 40-Fuß-Teleskop war wegen seiner Größe zwar eine
Sehenswürdigkeit und erfüllte sowohl Herschel als auch den
König mit Stolz, aber eigentlich war es eine Belastung. Es war
äußerst mühsam und nicht ungefährlich, den Koloß zu
manövrieren, weshalb die Arbeiter, die der König dazu abstell-
te, nur sehr ungern halfen. Schlimmer war, daß Herschel kostbare Zeit und Nächte mit guter Aussicht (die in England selten
sind) damit vertat, dieses Wunder Besuchern zu erklären und
vorzuführen, zu denen neben dem König und seiner Familie
Herrscher und Astronomen aus aller Welt gehörten. »Kommen
Sie, ich zeige Ihnen den Weg zum Himmel«, soll der König zum
Erzbischof von Canterbury gesagt haben, als er ihn zum Teleskop begleitete.

Herschel gab schließlich seinem leichter zu handhabenden
20-Fuß-Reflektor den Vorzug, obwohl auch dessen Bedienung
nicht ungefährlich war. Seine Schwester Caroline schrieb:

Mein Bruder begann mit seinen Durchmusterungen, als das Instrument in einem noch sehr unfertigen Zustand war, und ich hatte kein gutes Gefühl dabei, denn jeden Augenblick wurde ich durch ein Krachen oder Fallen aufgeschreckt, und ich wußte, daß er nicht auf einer gesicherten Galerie stand, sondern in einer Höhe von fünfzehn Fuß oder mehr auf einem provisorischen Querbalken. Die Leitern waren noch nicht einmal mit einem Tau am Boden gesichert; und eines Nachts bei sehr starkem Wind hatte er kaum den Fuß auf die Erde gesetzt, als der ganze Apparat herunterfiel.

17 Jahre nach Herschels Tod wurde sein 40-Fuß-Teleskop demontiert. Aus diesem Anlaß hatte sein Sohn, Sir John Herschel, eine Ballade komponiert, um sie am Silvesterabend mit seiner Familie in dem Rohr vorzutragen. Das Leben des großen Teleskops endete, wie es begonnen hatte, mit einem Konzert statt mit einer astronomischen Beobachtung.

Wenn William Herschel immer größere Teleskope baute, dann nicht aus Hybris oder um den König zu beeindrucken, sondern weil er wissen wollte, wie das Universum im ganzen aufgebaut ist. Statt aber das gesamte Weltall auf einmal in Angriff zu nehmen, wählte er siebenhundert Himmelsregionen aus, die er näher betrachten wollte. In jeder Region zählte er sorgfältig die Sterne unterschiedlicher Helligkeit und katalogisierte alle Doppelsterne, die er finden konnte, weil er hoffte, ihre jährliche Parallaxe zu messen. Damit begann das erste Projekt einer dreidimensionalen Kartierung des Universums – eine Aufgabe, mit der die Astronomen noch heute beschäftigt sind.

Herschels Karte ähnelt, wie sich zeigte, unserem heutigen Modell des Weltalls, was deshalb bemerkenswert ist, weil er, genau wie Newton bei seiner Messung der Entfernungen der Sterne, von ungesicherten Annahmen ausging. Herschel ging von der Annahme aus, alle Sterne hätten mehr oder weniger dieselbe absolute Helligkeit. Als Maßstab wählte er Sirius, den hellsten Stern am Nachthimmel. Er nahm also mit anderen Worten an: Wären alle Sterne genauso weit entfernt wie Sirius, würden sie alle gleich hell erscheinen, so daß man den Grad der von Sirius verschiedenen Helligkeit als Maß ihrer Entfernung benutzen kann. Man kann Herschel diesen Irrtum nicht so leicht durchgehen lassen wie Newton, weil ihm ein überzeugendes Argument seines Zeitgenossen John Michell bekannt gewesen sein muß. Der Naturphilosoph Michell ist vor allem dafür bekannt, daß er als erster vermutete, es gebe so etwas wie »dunkle Sterne« – heute würden wir sie »Schwarze Löcher« nennen. Er wies darauf hin, daß die Sterne der Plejaden eindeutig nicht alle gleich hell sind, obwohl diese Gruppe von Sternen höchstwahrscheinlich gleich weit von uns entfernt ist.

Herschel ging auch von der Annahme aus, alle Sterne seien gleichmäßig verteilt und er blicke durch sein Teleskop bis in die fernsten Regionen des von Sternen erfüllten Universums, so daß er mit seinen Sternzählungen tatsächlich genauen Aufschluß über die Gesamtzahl der Sterne erhielte.

Auf Herschels Karte bilden die Sterne einen stacheligen, flachen, länglichen Klecks, den man scherzhaft als »Schleifstein« bezeichnete, obwohl man sich unter einem so unförmigen, gezackten Gebilde nur schwer einen Schleifstein vorstellen kann (siehe Abbildung 5.1). Die dornartigen Spitzen entstanden durch die dunklen Risse, die Herschel in der Milchstraße beobachtete. Er vermutete in ihnen Löcher im Raum, durch die er die dahinterliegende Leere sehen könne.

Herschel erkühnte sich sogar, die Größe des Schleifsteins abzuschätzen. Er hatte den Sirius als seinen Referenzstern gewählt, und so beschloß er, die Entfernung zum Sirius, wie

Abbildung 5.1

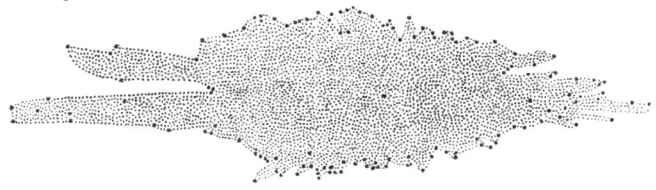

William Herschels Karte – der »Schleifstein« – ähnelt verblüffend dem heutigen Bild des Milchstraßensystems.

173

groß sie auch in Meilen oder Kilometern ausfallen mochte, einen »Siriometer« zu nennen. Er kam für den Schleifstein auf eine Länge von 1000 und eine Dicke von 100 Siriometern. Während die erste Messung einer Sternparallaxe bei dieser Schätzung noch fünfzig Jahre in der Zukunft lag, können wir heute definitive Zahlen in dieses Schema einsetzen, da Sirius knapp neun Lichtjahre von uns entfernt ist. Herschels Schleifstein wäre demnach 9000 Lichtjahre lang und 900 Lichtjahre dick. Nach modernen Berechnungen ist die Milchstraße mehr als zehnmal so groß.

William und Caroline Herschel untersuchten auch die Nebel. Die große Frage war damals, ob sie aus Haufen von vielen Sternen bestehen. Die Herschels verfügten über das beste Gerät der Welt, um das herauszufinden. Bald meldete William voll Freude, viele Nebel ließen sich tatsächlich in Sterne auflösen. Er glaubte sogar, er könne beinahe einzelne Sterne im Andromedanebel ausmachen. Astronomen von heute sind sich sicher, daß das mit seinen Teleskopen nicht möglich war. 1790 bestätigten die Herschels die Existenz einer anderen Art von Nebeln, in denen eine Wolke leuchtenden Gases einen einzigen Zentralstern umgibt. Herschel vermutete, daß es sich um ein in Entstehung begriffenes Planetensystem handeln könnte, nicht aber um einen unabhängigen Sternhaufen, wie unser »Schleifstein« einer ist. Er fand ferner, daß er selbst mit seinen besten Instrumenten nicht alle Nebel in Sterne auflösen oder Sterne in ihnen finden konnte. Einige mußten Gaswolken sein.

Herschel wich später von seinem Schleifstein-Modell ab, als er entdeckte, daß viele Doppelsterne echte, physische Doppelsterne sind (zwei Sterne, die um einen gemeinsamen Schwerpunkt kreisen), also eindeutig gleich weit von der Erde entfernt, aber dennoch unterschiedlich hell sind. Er kam nicht um den Schluß herum, daß die Sterne nicht alle von gleicher absoluter Helligkeit sind. Gleichzeitig enthüllte sein größeres Teleskop, daß es jenseits dessen, was er zuvor für die äußersten Grenzen des Universums gehalten hatte, Sterne über Sterne gab. Er kam bei ihrer Zählung an kein Ende. Herschels großer Einfluß läßt sich daran ablesen, daß auch andere Astronomen sein Schleifstein-Modell aufgaben. Ernsthaft wurde die Frage nach dem Aufbau des gesamten Universums erst wieder in der Mitte des 19. Jahrhunderts gestellt, als ein anderer großer Amateur sie auf die Tagesordnung setzte.

William Parsons, der dritte Earl of Rosse, der auf Birr Castle in Irland residierte, war der Feudalherr des Dorfes Parsontown. Er hatte in Dublin und Oxford studiert und schon als Student dem Parlament angehört. Als er 1841 mit 41 Jahren Earl wurde, was ihm reichlich Muße und ein üppig bemessenes Einkommen bescherte, konnte er seiner Leidenschaft, der Astronomie, frönen. Zudem besaß Lord Rosse gute technische Kenntnisse und ausreichend Platz, um eine Gießerei und Werkstätten zu errichten. Dem Mangel an fähigen Arbeitskräften in Parsontown half er rasch ab, indem er seine Gutsarbeiter selbst ausbildete. Er hatte nicht vor, ein Teleskop zu kaufen und auf Birr Castle zu installieren, sondern wollte das Gerät persönlich entwerfen und bauen und den Spiegel gießen.

Linsenteleskope waren damals dank technischer Verbesserungen sowohl bei Observatorien wie bei Privatleuten weit stärker gefragt als Spiegelteleskope, doch Lord Rosse hatte vor, ein Spiegelteleskop zu bauen, das größer war als alle von Herschel konstruierten. Hatte er das Wetter in Irland bedacht und sich überlegt, ob dies für das größte Teleskop der Welt der geeignetste Standort ist? Seiner Frau schrieb er später: »Das Wetter hier ist nach wie vor verdrießlich, aber nicht absolut widerwärtig.«

Lord Rosse versuchte es zunächst mit dem Bau kleinerer Teleskope und arbeitete sich langsam hoch. Schließlich erreichte er sein Ziel: ein Rohr von 56 Fuß Länge und 8 Fuß Durchmesser mit einem 6-Fuß-Spiegel, der vier Tonnen wog. Es ragte aus einem unglaublichen, burgartigen Bauwerk wie eine riesige Kanone hervor. Fachleute auf dem Gebiet der Astronomie spotteten zwar, Lord Rosse sei mehr am Entwurf und Bau von Teleskopen als an deren Nutzung interessiert, doch nahm er mit seinem »Leviathan von Parsontown« 1845 die Beobachtungstätigkeit auf, noch ehe die stützende Struktur fertig war. Er richtete seine Himmelskanone auf die Nebel.

Lord Rosse wußte, daß diese schwachen, verschwommenen Flecken am Himmel William Herschel fasziniert und zugleich frustriert hatten. Herschel, seine Schwester Caroline und sein Sohn John, auch er ein ausgezeichneter Astronom, der mit der Durchmusterung des Südhimmels einige Jahre am Kap der Guten Hoffnung verbracht hatte, hatten Tausende von Nebeln katalogisiert. Dennoch waren die Nebel nach wie vor eines der großen Rätsel der Astronomie, als Lord Rosse Mitte des 19. Jahrhunderts daranging, sie zu beobachten, sowohl mit seinen kleineren Teleskopen als auch mit seinem »Leviathan«. Es war weiterhin strittig, ob es sich um Gasmassen handelte, die vielleicht gar nicht weit weg waren und in denen möglicherweise neue Sterne und Planeten geboren wurden, oder um Sternhaufen von unglaublichen Ausmaßen, die zu weit entfernt waren, als daß ein irdisches Teleskop sie hätte auflösen können.

Lord Rosse sah die Nebel, wie niemand zuvor sie gesehen hatte. Es waren nicht bloße Wolken. Bis 1848 hatte er fünfzig von ihnen in Sterne aufgelöst. Einige hatten eine komplexe Struktur, und auf den Zeichnungen, die Lord Rosse durch fortgesetzte Beobachtungen anfertigen konnte, entpuppten sie sich als spiralige, linsenförmige Gebilde. Nun mußte man einräumen, daß die damals als überholt geltende Idee, es handle sich um Sternformationen, die der unseren ähneln und extrem weit entfernt sind, vermutlich doch richtig war. Auch sprach einiges dafür, daß unser eigenes Sternsystem ebenfalls spiralig und linsenförmig war und damit William Herschels »Schleifstein«-Modell auf bemerkenswerte Weise entsprach.

William Huggins, der wie Lord Rosse über das nötige Kleingeld verfügte, um sich ein eigenes Observatorium zu bauen, und der als einer der ersten entdeckte, daß die Spektrallinien der Sonne mit denen anderer Sterne übereinstimmten, wandte seine Aufmerksamkeit ebenfalls den Nebeln zu. Die von ihm untersuchten Spektren des Lichts, das vom Orionnebel, vom Crabnebel und anderen ihnen ähnlichen Nebeln zu uns gelangt, entsprachen den Spektren heißer, leuchtender Gase, waren also anders geartet als das Spektrum der Sonne und anderer Sterne. Er entdeckte aber auch, daß das Licht von anderen Nebeln,

176

dem großen Andromedanebel zum Beispiel, ein kontinuierliches Spektrum ergab, wie zu erwarten war, wenn diese Nebel sich aus Sternen zusammensetzten.

1885 gewährten die fernen Himmel den irdischen Astronomen eine spektakuläre Chance, zumindest hielten es viele von ihnen dafür. Sie hatten bereits entschieden, daß der Andromedanebel, einer der größten unter den Spiralnebeln, wahrscheinlich der uns am nächsten gelegene ist. In diesem Nebel tauchte plötzlich ein neuer Stern auf, der so hell wurde, daß man ihn auch mit bloßem Auge sehen konnte. Die Astronomen kannten nur eine Art von explodierenden Sternen, die Nova. Der Vergleich der Helligkeit dieses Sterns mit der Helligkeit früherer Novae – und später einer Nova im Jahr 1901 – ließ den Schluß zu, daß die Andromeda-Nova uns relativ nah war. Damit mußte uns natürlich auch der gesamte Andromedanebel nah sein, nach einigen Schätzungen das nächste Objekt außerhalb des Sonnensystems, jedenfalls keine ferne Formation von der Größe der Milchstraße. Dadurch wurde die Verwirrung, die einander scheinbar widersprechende Spektralanalysen gestiftet hatten, nur noch größer.

Während diese Untersuchungen und Spekulationen im letzten Viertel des Jahrhunderts andauerten, wurde den Astronomen zunehmend bewußt, welche Möglichkeiten in einem sagenhaften, neuen Hilfsmittel steckten: der Fotografie. 1839 hatten Daguerre in Frankreich und Fox Talbot in England fast gleichzeitig die Technik des fotografischen Prozesses entwickelt. Im selben Jahr noch machte William Herschels Sohn John eine der ersten Aufnahmen, ein Bild vom 40-Fuß-Teleskop seines Vaters aus dem Fenster seines Hauses in Slough (siehe Abbildung 6 im Bildteil).

Zwar gab es schon Mitte des 19. Jahrhunderts ein paar ausgezeichnete astronomische Fotos, doch war die Belichtungszeit noch zu lang, als daß die Astronomen im Alltag von der Fotografie hätten Gebrauch machen können. Für die Aufnahme von dem Teleskop benötigte John Herschel volle zwei Stunden. Lord Rosse dokumentierte seine Beobachtungen nicht fotografisch, sondern mittels Zeichnungen. Doch in den 1870er Jahren brach eine neue Ära der Astronomie an, da die Belichtungszeit in der terrestrischen Fotografie sich durch den Einsatz trockener Gelatineplatten auf rund 1/15 Sekunde verkürzte. Um Beobachtungen mitzuteilen, war man nicht mehr auf Worte oder Zeichnungen angewiesen, und ebensowenig war man auf sein Gedächtnis angewiesen, wenn man das Bild, das der Himmel in einer Nacht geboten hatte, mit dem Bild aus einer anderen Nacht vergleichen wollte. Die Astronomen konnten Veränderungen am Himmel anhand von Fotos studieren, die in mehreren aufeinanderfolgenden Nächten oder über einen Zeitraum von Tagen, Wochen oder Jahren hinweg aufgenommen worden waren. Fotografische Dokumente traten an die Stelle von Beschreibungen, wie die Galileis von den Jupitermonden, oder Beobachtungen, wie John Herschel sie 1838 während der Rückreise vom Kap der Guten Hoffnung nach England von dem Stern Alpha Hydrae festhielt:

21. März: Alpha Hydrae unterhalb von Delta Canis Majoris, heller als Delta Argus und Gamma Leonis.
7. Mai: Alpha Hydrae schwächer als Beta Aurigae, ganz offenkundig schwächer als Gamma Leonis, Polaris oder Beta Ursae Minoris.
10. Mai: Alpha Hydrae weit unterhalb von Gamma Leonis, etwas unterhalb von Beta Aurigae. Er verharrt bei seinem Minimum.
11. Mai: Alpha Hydrae ohne Zweifel heller als Beta Aurigae.
12. Mai: Castor und Alpha Hydrae nahezu gleich.

»Ganz offenkundig schwächer«, »etwas unterhalb«, »weit unterhalb«, »ohne Zweifel heller«, »nahezu gleich« – um wieviel genauer doch solche Beobachtungen mit Hilfe der Fotografie dokumentiert und verglichen werden konnten!

Ein Pionier der Fotografie mit langer Belichtungszeit war der englische Astronom Isaac Roberts. Er machte 1888 die ersten Aufnahmen von Andromeda. Seine Fotos bestätigten, daß Andromeda spiralförmig ist, und ließen die Spiralarme im äußeren Bereich der Galaxie deutlich erkennen. Doch selbst diese

Fotos konnten nicht klären, was Andromeda eigentlich *ist*. Elf Jahre später wurde die Fotografie erstmals zur Aufzeichnung eines Spektrogramms von Andromeda eingesetzt, das darauf hindeutete, daß es sich um einen »Haufen von sonnenartigen Sternen« handelt. Dabei hatte Huggins gerade gemischte dunkle und helle Banden von Andromeda gefunden!

Die Unsicherheit in bezug auf die Nebel stand für die Unsicherheit in bezug auf das Gesamtbild. Friedrich von Struve, der als erster die Parallaxe von Wega gemessen hatte, glaubte, daß die Ränder der Milchstraßen-Scheibe bis ins Unendliche reichten und interstellare Materie das Licht von fernen Regionen absorbiere, so daß sie uns für immer verborgen bleiben. Andere argumentierten für und wider die These, die Milchstraße bestehe aus konzentrischen Ringen von Sternen.

Die Fotografie trug mit dazu bei, daß man sich nicht nur für die Positionen, sondern zunehmend auch für die Bewegungen von Sternen interessierte. Es zeigte sich, daß diese Bewegungen, anders als bis dahin angenommen, nicht in beliebige Richtungen gingen. Die meisten Sterne bewegen sich auf der Ebene der Milchstraße. 1904 entdeckte J. C. Kapteyn, daß die Mehrzahl der Sterne, die am einfachsten zu beobachten sind, sich in zwei Strömen auf verschiedene Himmelspunkte zubewegen. Er zählte die Sterne, wie es William Herschel getan hatte, und stellte fest, daß Herschel mit seinen Schlußfolgerungen bezüglich ihrer Verteilung nicht weit danebengelegen hatte.

Kapteyn glaubte, die Sonne befinde sich nahe am Zentrum der Milchstraße, wohingegen der amerikanische Astronom Howard Shapley, ausgehend von der Erforschung von Kugelhaufen, bald das Gegenteil behaupten sollte. 1913 äußerte der niederländische Astronom C. Easton die Vermutung, das ganze Universum sei eine einzige große Spirale von der Form der Spiralnebel. Diese Nebel, glaubte er, seien nur Miniaturen der größeren Spirale und in ihr enthalten.

Die endgültige Antwort ließ noch fast ein Vierteljahrhundert auf sich warten. Doch zu Beginn des 20. Jahrhunderts stand die Astronomie kurz vor einem gewaltigen Durchbruch, der sie über den Bereich der Parallaxenmessung hinausführte.

Für diesen Durchbruch war zweierlei nötig. Man mußte in der Lage sein, eine Klasse oder Familie von Sternen durch ein anderes Merkmal als die Helligkeit zu identifizieren, und zwar durch ein Merkmal, das sich nicht mit der Entfernung ändert; und man mußte in der Lage sein, die Entfernung mindestens zu einigen Sternen dieser Familie zu messen oder, wenn das nicht möglich war, wenigstens zu bestimmen, ob eine gewisse Anzahl der Sterne dieser Familie annähernd gleich weit von uns entfernt ist.

In beiden Fragen konnten die Astronomen in den letzten Jahren des 19. Jahrhunderts gewisse Erfolge verzeichnen. Mit Hilfe der Parallaxenmethode maß man die Entfernungen zu möglichst vielen Sternen, die mit dieser Methode erfaßbar waren, und man erstellte Kataloge von diesen Sternen und Entfernungen. Man suchte weiter nach Unterscheidungskriterien, bei denen sicher war, daß sie sich nicht mit der Entfernung ändern – das konnte die Farbe sein oder ein Variationsmuster von Farbe oder Helligkeit oder Muster von Spektrallinien. Und man bemühte sich, Gruppen von Sternen zu identifizieren, die alle ungefähr gleich weit von uns entfernt sind. Dank dieser gemeinsamen Anstrengungen konnten die Forscher immer weiter in den Kosmos vordringen.

Es gab dabei ein Risiko, wie es auch schon in der Analogie mit den Elefanten und Giraffen deutlich wurde. Wurde auch nur in einer Sprosse der kosmischen Entfernungsleiter ein Schwachpunkt entdeckt, konnte es – und sollte es wiederholt – nötig werden, das ganze Gebilde neu zu eichen. Doch mit diesem Problem hatten die Astronomen zu leben gelernt und immer wieder Korrekturen vorgenommen, in der Hoffnung, der Fehlerspielraum sei nicht größer, als sie annahmen, und irgendwann werde sich durch unabhängige Beweise zeigen, daß ihre Messungen nicht ganz falsch waren. Man machte einige Fortschritte. Aber es sollte noch viel besser werden.

In der ersten Hälfte des 19. Jahrhunderts war es auch in den Vereinigten Staaten Mode geworden, Observatorien zu bauen. Anfangs wurden die meisten Teleskope aus Europa importiert.

In den dreißiger Jahren besaßen die Yale University und die Wesleyan University in Middletown, Connecticut, gute Linsenteleskope, aber weder die eine noch die andere verfügte über ein richtiges »Observatorium«. In Yale hielt man das Teleskop einfach aus dem Fenster. 1838 wurde am Williams College in Williamstown, Massachusetts, das Hopkins-Observatorium eröffnet, ausgestattet mit einem 10 Fuß langen Herschel-Spiegelteleskop, das Professor Albert Hopkins in England erworben hatte. 1839 wurde das Observatorium des Harvard College gegründet, es verfügte jedoch über kein eigenes Gebäude und auch nicht über viele Geräte. Zuvor, im Jahr 1815, war eine Delegation nach England gereist, um ein Teleskop für Harvard zu kaufen, hatte die erwünschten Instrumente für zu teuer befunden und war mit leeren Händen zurückgekehrt. 1843 waren die Einwohner von Cambridge, Massachusetts, verärgert darüber, daß es kein Teleskop gab, durch das sie den in diesem Jahr erscheinenden Großen Kometen hätten sehen können, und so boten sie der Universität an, einen Teil des Kaufpreises zu übernehmen. Harvard ging darauf ein, und das Teleskop wurde bei einer namhaften deutschen Firma erworben.

In den neunziger Jahren des letzten Jahrhunderts war das Harvard-College-Observatorium bereits eine Institution von Weltruf. Hier sollten der kosmischen Entfernungsleiter in Kürze neue Sprossen hinzugefügt werden.

Henrietta Swan Leavitt wurde 1868 geboren und studierte am späteren Radcliffe College in Boston, das damals noch den Namen »Society for the Collegiate Instruction of Women« trug. Am nahegelegenen Harvard-College-Observatorium war der bedeutende Astronom Edward Pickering dabei, Sterne zu katalogisieren und zu analysieren und jüngere Gelehrte in das Fach einzuführen.

Unter diesen angehenden Astronomen gab es kaum Frauen, obwohl man durchaus Frauen einstellte für die mühselige Plackerei, die Positionen und Helligkeiten von Sternen in endlosen Zahlenkolonnen festzuhalten. Doch bei Edward Pickering durften Frauen gelegentlich kreativere Tätigkeiten ausüben, denn ab und an ermutigte er die eine oder andere seiner unbezahlten oder gering entlohnten Mitarbeiterinnen, eine anspruchsvollere Aufgabe zu übernehmen. 1895 wurde Henrietta Leavitt Mitglied von Pickerings Team. Nachdem sie als unbezahlte Hilfskraft begonnen hatte, erhielt sie 1902 eine bezahlte Festanstellung, und bald sollte sie Abteilungsleiterin werden.

1908 suchte Leavitt nach Sternen mit veränderlicher Helligkeit, und sie hoffte, eine Gruppe solcher Sterne zu finden, die annähernd gleich weit entfernt waren. Es war folgerichtig, anzunehmen, daß alle Sterne in einer der Magellanschen Wolken nach kosmischen Maßstäben gleich weit von uns entfernt sind.

Die Magellanschen Wolken sind zwei Sternsysteme, die man auf der Nordhalbkugel nie zu sehen bekommt, weil sie unterhalb des Horizonts bleiben. Von der Südhalbkugel aus erscheinen sie als große Nebelflecken, die man für dünne Schleierwolken halten könnte, welche in einer klaren Nacht schwach vom Mond beschienen werden. Die Ureinwohner Australiens sahen die Große Magellansche Wolke als einen losgerissenen Teil der Milchstraße. In Europa wußte man von diesen Wolken schon vor Ferdinand Magellans Umsegelung Südamerikas im Jahr 1521 und nannte sie »Kapwolken«. Magellans offizieller Chronist Antonio Pigafetta schlug jedoch vor, sie in »Magellansche Wolken« umzubenennen, zu Ehren des großen Seefahrers, der kurz nach der Erdumseglung gestorben war.

Die Astronomen schenkten den Wolken keine sonderliche Beachtung, bis John Herschel in den 1830er Jahren den Südhimmel studierte und die Vermutung äußerte, diese Wolken seien Bruchstücke der Milchstraße, die sich von ihr gelöst hatten. Er übernahm diese Auffassung nicht von den Ureinwohnern Australiens, von denen er nichts wußte, da er in Südafrika und nicht in Australien war. Herschel folgerte daraus, daß die Milchstraße zerfiel und sein Vater recht hatte mit der Vermutung, daß sie nicht bis in alle Ewigkeit bestehen könne – und daß vielleicht auch die Vergangenheit nicht unendlich war.

Gegen Ende des Jahrhunderts war man allgemein der Ansicht, die Magellanschen Wolken seien aus Sternen zusammengesetzt. Uneinig war man sich darüber, ob sie zum Milchstraßensystem gehörten oder nur eng damit verbunden waren.

Die Katalogisierung durch Edward Pickering und die Verfahren zur Messung der Entfernung von Sterngruppen trugen zu Beginn des neuen Jahrhunderts zu einem eingehenderen Verständnis der Magellanschen Wolken bei. Heute schätzen die Astronomen ihre Entfernung von uns auf 169 000 Lichtjahre und betrachten sie als Satellitengalaxien der Milchstraße, doch der alte Name ist geblieben – sie heißen nach wie vor »Große« und »Kleine Magellansche *Wolke*«. Als Leavitt sie untersuchte, war ihre Entfernung noch unbekannt.

Henrietta Leavitt ging von der Überlegung aus, daß die unterschiedliche Helligkeit der Sterne in den Magellanschen Wolken nicht an der Entfernung liegen konnte, wenn diese Sterne alle ungefähr gleich weit von der Erde entfernt waren. Man durfte annehmen, daß Sterne, die heller erschienen, tatsächlich eine größere absolute Helligkeit besaßen als solche, die schwach schienen, und daß es sinnvoll war, Vergleiche zwischen ihren scheinbaren Helligkeiten anzustellen. Die Magellanschen Wolken waren nah genug, um einzelne Sterne zu identifizieren und zu untersuchen, aber nicht nah genug, um ihre Entfernung direkt anhand der Parallaxe zu messen.

Das Harvard-College-Observatorium hatte um die Jahrhundertwende eine Zweigstelle in Arequipa (Peru), die sogenannte Südstation. Da die Fotografie in der Astronomie inzwischen weithin gebräuchlich war, konnten die Forscher nicht nur sehr viel systematischer als bisher Beobachtungen miteinander vergleichen, sondern wichtige Entdeckungen auch weitab vom Teleskop machen. Auf Platten, die in Arequipa aufgenommen worden waren, konnte Leavitt in Boston 2400 veränderliche Sterne in der Kleinen Magellanschen Wolke identifizieren.

Bei einigen dieser Veränderlichen fand Leavitt ein auffallend gleichbleibendes Variationsmuster: Auf einen steilen Anstieg bis zur maximalen Helligkeit folgte ein allmähliches Absinken der Helligkeit. Es gab Unterschiede in der Dauer dieses Zyklus und in der Breite der Helligkeitsschwankung; das Gesamtmuster war jedoch hinreichend erkennbar, um diese Sterne von anderen zu unterscheiden. Bei der Betrachtung der Objekte in der Kleinen Magellanschen Wolke bemerkte Leavitt einen Zusammenhang: Je heller ein Stern dieses Typs war, desto länger dauerte der Zyklus. Er dauerte bei den hellsten fast einen Monat (heute weiß man, daß einige über drei Monate brauchen), bei den schwächsten nur rund einen Tag.

Diese Beziehung zwischen der Periode (der Dauer des vollen Zyklus) und der Helligkeit eines Sterns gehörte zu der Sorte von Anhaltspunkten, nach denen Leavitt und andere gesucht hatten. Die Pulsationsperiode war ein Merkmal, das sich nicht mit der Entfernung ändern würde. In der Kleinen Magellanschen Wolke fand Leavitt 25 Sterne dieser charakteristischen Familie, bei denen die Beziehung zwischen Helligkeit und Periode unverkennbar war. Sie verglich die »Lichtkurven« mit denen von früher entdeckten veränderlichen Sternen in größerer Erdnähe, innerhalb des Milchstraßensystems, und fand eine Entsprechung in dem Stern Delta Cephei. Daher der Name »Delta Cephei-« oder »Cepheiden-Veränderliche« für diese Sterne.

Ihre ersten Egebnisse publizierte Leavitt im Jahr 1908. Vier Jahre später hatte sie hinreichend Material zusammengetragen, um beweisen zu können, daß die Cepheiden ein sehr viel verläßlicheres Maß darstellten als alles, was man bis dahin kannte, um Entfernungen sowohl innerhalb der Milchstraße als auch weit über sie hinaus zu messen.

War es nicht eigentlich die verkehrte Reihenfolge, wenn man aus einer Entdeckung über so weit entfernte Sterne eine Methode ableitete, um Entfernungen in der Nähe zu messen? Dieser »Umweg« hatte unter anderem den Grund, daß es äußerst verwirrend sein kann, die Sterne innerhalb der Milchstraße zu beobachten und ihre Entfernungen miteinander zu vergleichen. Weder sind sie alle gleich weit von der Erde entfernt, noch ist ihre Helligkeit ein Maß für ihre Entfernung. Nehmen wir zwei hypothetische Sterne A und B. Die absolute Helligkeit von A soll doppelt so groß sein wie die von B, Stern A ist also sehr viel heller. Wenn A aber doppelt so weit von uns entfernt ist wie B, wird er uns auf der Erde als der schwächere von beiden erscheinen. (Erinnern Sie sich an das reziprok-quadratische Gesetz und das Beispiel mit den zwei Glühbirnen.) Leavitts Entdeckung beruhte darauf, daß sie eine Familie von Sternen fand, von denen sich eine hinreichende Anzahl in einem Bereich befand, von dem sie wußte, daß alle Sterne dort annähernd gleich weit von uns entfernt sind. Die Magellanschen Wolken waren ein solcher Bereich, und einen vergleichbaren Bereich gab es innerhalb der Milchstraße nicht.

Nun könnte man aber einwenden, daß die Magellanschen Wolken so groß sind, daß Unterschiede in der scheinbaren Helligkeit von Sternen dort uns in die Irre führen, wie es auch innerhalb der Milchstraße der Fall ist. Wir können jedoch mit Bezug auf unser hypothetisches Beispiel feststellen, daß es innerhalb einer Magellanschen Wolke keinen Stern gibt, der doppelt so weit von uns entfernt wäre wie ein anderer. Anders ausgedrückt: Wenn ich hier, im Osten der USA, aus dem Fenster schaue, kann ich sagen, daß der Zaun doppelt so weit weg ist wie die Garage. Von Tokio aus betrachtet könnte ich das nicht sagen. Von Tokio aus sind Zaun und Garage praktisch gleich weit entfernt. So verhält es sich auch mit den Magellanschen Wolken. Die Sterne dort sind so weit weg, daß wir sie so behandeln können, als seien sie gleich weit von uns entfernt.

In der Kleinen Magellanschen Wolke hatte Leavitt gefunden, daß Cepheiden mit derselben Schwankungsbreite der absoluten Helligkeit auch dieselbe Periodendauer zeigten. Wenn sie also wußte, wie sich die Periode eines Cepheiden zu der eines anderen verhielt, dann wußte sie auch, wie sich deren absolute Helligkeiten zueinander verhielten. Sie fand zum Beispiel, daß ein Cepheide mit einer Periode von 30 Tagen sechsmal heller war als ein anderer mit einer Periode von 3 Tagen. Wenn sie also irgendwo am Himmel eine Cepheiden-Veränderliche entdeckte und deren Periode maß, konnte sie ziemlich sicher daraus schließen, wie hell dieser Stern erschienen wäre, wenn er zu den Sternen der Kleinen Magellanschen Wolke gehören würde, und wie sich seine Entfernung zur Entfernung dieser Sterne verhielt. Das war ein klarer Fortschritt in der Messung stellarer Entfernungen, doch wiederum – wie schon bei Keplers drittem Gesetz und Herschels Siriometern – war das, was Leavitt gefunden hatte, ein System von *Beziehungen* und kein absolutes Entfernungsmaß. Niemand kannte damals die exakte Entfernung zu den Magellanschen Wolken oder die Entfernung und absolute Helligkeit einer Cepheiden-Veränderlichen in der Milchstraße. Kein Cepheide, nicht einmal Polaris, der Nordstern, der uns am nächsten stehende Cepheide, war hinreichend nah, um mit der Parallaxenmethode gemessen zu werden. Die kosmische Entfernungsleiter war erheblich länger geworden, aber sie reichte noch nicht bis zum Boden.

Nicht lange nach Leavitts Entdeckung suchte der dänische Astronom Ejnar Hertzsprung diesem Mangel abzuhelfen. Mit Hilfe einer Abwandlung der statistischen Parallaxenmethode schätzte er die Entfernung zu zwei Cepheiden. Er legte die von Leavitt gefundene Beziehung zwischen Periode und absoluter Helligkeit zugrunde und berechnete daraufhin die Entfernung der Kleinen Magellanschen Wolke auf 30 000 Lichtjahre. Das war sehr viel weiter weg, als man erwartet hatte, auch wenn diese Entfernung weit hinter den 169 000 Lichtjahren zurückblieb, die heute von den Astronomen gemessen werden.

Leavitts »Standardkerzen« – so bezeichnete sie die Cepheiden-Veränderlichen – erregten sogleich die Aufmerksamkeit anderer Astronomen, unter anderem die von Howard Shapley. Shapley, der 1885 in Missouri geboren war, war durch einen glücklichen Zufall zur Astronomie gekommen. Als Jugendlicher hatte er für eine Zeitung in Kansas als Polizeireporter gearbeitet und hatte vor, Journalismus zu studieren. Als er 1907 an die Universität von Missouri kam, mußte er feststellen, daß der Fachbereich für Journalismus noch nicht stand. Ein Jahr später kam er wieder, doch nichts hatte sich geändert, und Shapley hatte kein Geld mehr und wollte nicht länger warten. Er hatte sich, wie er später schrieb, »richtig feingemacht für ein Universitätsstudium und wußte nicht, wohin«. Also schlug er das Vorlesungsverzeichnis auf und begann beim Buchstaben A. Archäologie sagte ihm nicht zu. Auf der nächsten Seite stand Astronomie.

Vier Jahre später ging Shapley mit dem Titel eines Bachelor und Master of Arts von Missouri nach Princeton. Dort widmete er sich einer anderen Art von veränderlichen Sternen. Dabei handelte es sich um »Bedeckungsveränderliche«, Doppelsterne, die umeinander (oder genauer gesagt, um ihren gemeinsamen Schwerpunkt) kreisen, wobei der eine den anderen in regelmäßigen Abständen verdeckt. Es entsteht der Eindruck eines veränderlichen Sterns, weil die Gesamthelligkeit sich ändert, wenn die Sterne einander bedecken. Shapley wollte herausfinden, ob Cepheiden-Veränderliche nicht in Wirklichkeit solche Doppelsterne sind.

1914 wurde George Ellery Hale am Mount-Wilson-Observatorium in Kalifornien auf die Arbeit von Shapley aufmerksam. Hale war die treibende Kraft beim Aufbau des Observatoriums gewesen, und auf seine Einladung hin kam Shapley nach Mount Wilson, um dort mit dem 60-Zoll-Spiegelteleskop zu arbeiten (60 Zoll bezieht sich auf die Größe des Spiegels), dem damals größten Teleskop der Welt; das von Lord Rosse war baufällig geworden. Bald konnte Shapley sich davon überzeugen, daß Cepheiden-Veränderliche keine Doppelsterne waren.

Heute weiß man, daß Cepheiden ältere Sterne sind, die ihre »Hauptreihen«-Phase hinter sich haben (die lange Phase, in der ein Stern seinen Wasserstoffvorrat stetig in Helium umwandelt) und zu »Roten Riesen« werden. Am Ende der Hauptreihenphase beginnt der Stern zu schrumpfen. Dabei erhitzt er sich, und die Wärme strömt in die äußeren Schichten des Sterns, wodurch »einmal ionisierte« Heliumatome (das sind Atome, in deren Hülle ein Elektron fehlt) angeregt werden. Die Anregung stößt ein weiteres Elektron heraus, und die Atome sind jetzt »doppelt ionisiert«. Doppelt ionisierte Atome neigen dazu, Licht zu absorbieren. Infolge dieser Absorption wird die Atmosphäre des Sterns undurchlässig, hält die Wärme zurück, wird immer heißer und dehnt sich aus. Die äußeren Schichten des Sterns blähen sich bis zum Hundertfachen der vorherigen Größe des Sterns auf. Mit der Expansion kühlt der Stern ab, da die Energie sich auf ein größeres Volumen verteilen kann, und beim Abkühlen gehen die Heliumatome vom doppelt ionisierten wieder in den einmal ionisierten Zustand über. Die Atmosphäre wird wieder durchlässig und beginnt zu schrumpfen, und der ganze Zyklus beginnt von vorn. Das ist der Mechanismus hinter der Pulsation eines Cepheiden. In einem gleichbleibenden Rhythmus schwillt und schrumpft er immer wieder und ändert dabei seine Helligkeit.

Shapley beschloß, genau wie Hertzsprung, die Entfernung zu Cepheiden mit einer eigenen Methode zu messen. Unsere Sonne ist keine Cepheiden-Veränderliche, aber da er etwas über die Gründe der Pulsation von Cepheiden wußte (wenn auch nicht alles, was wir heute wissen), konnte Shapley doch einen gewissen Vergleich zwischen einem Cepheiden und der Sonne ziehen. Da Größe und Entfernung der Sonne bekannt waren, konnte er die absolute Helligkeit eines Cepheiden berechnen. Sie gehören, wie sich herausstellte, zu den hellsten Sternen überhaupt.

Mit diesem neuen theoretischen Rüstzeug und dem besten Teleskop der Welt suchte Shapley nach einer ergiebigen Cepheiden-Quelle und fand sie in den nicht gerade attraktiv klingenden »Kugelhaufen«. Es sind dies dichte, kugelförmige Sternhaufen. Indem er die in ihnen vorkommenden Cepheiden als Standardkerzen benutzte, ging er daran, ihre Entfernungen zu berechnen.

Bei der Beobachtung der Kugelhaufen machte er drei Entdeckungen, die er für bedeutsam hielt. Erstens hatten in allen Kugelhaufen, deren Entfernung er berechnen konnte, die hellsten Sterne stets ungefähr dieselbe absolute Helligkeit. Shapley hatte einen neuen Maßstab gewonnen. Auch wenn er in einem Haufen keinen Cepheiden fand, konnte er annehmen, daß die absolute Helligkeit der hellsten Sterne dort die gleiche war wie die der hellsten Sterne in Haufen, die er bereits hatte messen können. Die zweite Entdeckung, die Shapley bezüglich der Kugelhaufen machte, war die, daß sie oberhalb und unterhalb der Ebene der Milchstraße gleichmäßig verteilt zu sein scheinen, und das schien darauf hinzudeuten, daß sie einem System angehören. Drittens war ein Teil der Kugelhaufen sehr viel weiter entfernt als die Sterne der Milchstraße – so weit, daß später Zweifel aufkamen, ob manche Sterngruppierungen Kugelhaufen im Halo der Milchstraße sind oder eigenständige Zwerggalaxien.

Shapley kam auf die Idee, daß die Kugelhaufen so etwas wie ein Umfeld der Milchstraße darstellen könnten. Relativ zum Sonnensystem schienen sie sich asymmetrisch zu verteilen. Sehr viele von ihnen häuften sich innerhalb eines weit vom Sonnensystem entfernten sphärischen Raums, in einem Haufen von Haufen, dessen Mittelpunkt in Richtung des Sternbildes Schütze lag. Shapley veröffentlichte seine Forschungsergebnisse in den Jahren 1918 und 1919 und interpretierte sie dahingehend, daß das Zentrum dieser sphärischen Ansammlung von Kugelhaufen das Zentrum des Milchstraßensystems ist. Unsere Sonne lag weit entfernt von diesem Zentrum.

Angesichts einer solchen Mitteilung wären Aufruhr und heftiger Widerspruch zu erwarten gewesen. Die Menschheit war wieder einmal vertrieben worden und mußte einen weiteren Abstieg von der einstmals privilegierten Position im Mittelpunkt des Universums hinnehmen! Doch es gab überraschend wenig öffentliche oder wissenschaftliche Entrüstung über Shapleys Entdeckung, obwohl es damals auch andere, ihr widersprechende Theorien gab.

Was die Astronomen wirklich schockierte und heftige Kontroversen auslöste, war Shapleys Messung der Größe des Milchstraßensystems. Es war so riesig, daß Shapley vermutete, daß das System mitsamt seinem Umfeld von Kugelhaufen – nach seiner Berechnung hatte es einen Durchmesser von 300 000 Lichtjahren – eigentlich das ganze Universum ausfüllen müßte. Nebel wie der Andromedanebel wären demnach keine selbständigen Systeme, sondern allenfalls kleinere Satelliten der Milchstraße. Wir wissen heute, daß Shapley die Größe der Galaxis überschätzte, weil er nicht berücksichtigte, daß das Licht, das uns von den Kugelhaufen erreicht, durch interstellaren Staub beeinflußt wird. Der Staub dämpft das Licht, und dadurch erscheinen die Quellen schwächer und weiter entfernt, als sie in Wirklichkeit sind. Heute wird der Durchmesser der Milchstraße von den Astronomen auf rund 100 000 Lichtjahre geschätzt, nur ein Drittel von Shapleys Schätzung.

Widerspruch gegen Shapleys Zahl erhob ein gewisser Heber Curtis vom Lick-Observatorium, der auf fast ebenso ungewöhnliche Weise wie Shapley zur Astronomie gekommen war. Curtis war Professor für klassische Philologie und Latein gewesen, doch als das College, an dem er lehrte, in der University of the Pacific aufging, wechselte er das Fach und wurde Professor für Astronomie und Mathematik.

Curtis weigerte sich, die Cepheiden als verläßliche Standardkerzen zu akzeptieren. Er behauptete, die Spiralnebel seien andere Systeme weit außerhalb unseres eigenen, unser System sei sehr viel kleiner als von Shapley angegeben und das Sonnensystem sei der Mittelpunkt der Milchstraße. Curtis vermutete, daß die 1885 im Andromedanebel beobachtete Nova, deren scheinbare Helligkeit man als Hinweis darauf genommen hatte, daß der Andromedanebel durchaus innerhalb des Milchstraßensystems liege, in Wahrheit von sehr viel größerer absoluter Helligkeit gewesen sein könnte als die Nova von 1901, mit der sie verglichen wurde – und folglich sehr viel weiter entfernt sei, als die meisten Astronomen glaubten.

Shapley hatte für diese Ansicht nur Spott übrig. Wäre der Andromedanebel ein anderes Sternsystem als das unsere und sehr weit entfernt, dann hätte die Nova von 1885 eine absolute Helligkeit haben müssen, die der von einer Milliarde normaler Sterne entspräche. Es sei absurd anzunehmen, sie sei so hell gewesen oder das Universum könne so groß sein, daß es viele eigenständige Systeme von der Größe des unseren enthalte. Und außerdem: Würden Nebel wie Andromeda mit der Geschwindigkeit rotieren, die sich aus manchen Beobachtungen ergäben, und wären sie so weit entfernt, wie Curtis behauptete, müßten sie mit einer Geschwindigkeit rotieren, die noch größer sei als die Lichtgeschwindigkeit; das aber sei unmöglich.

Curtis machte sich unverzagt daran, nach weiteren Novae in Andromeda zu suchen, um sie mit der Nova von 1885 und der von 1901 vergleichen zu können. Er entdeckte mehrere, die alle lichtschwächer waren als die Nova von 1885, und das stärkte sein Argument, daß die 1885er Nova außergewöhnlich hell gewesen sei. Er bestand darauf, nicht die untypisch hellen, sondern die schwächeren und sehr viel häufigeren Novae mit Novae an anderen Orten zu vergleichen, um die Entfernung zu

Andromeda zu berechnen. So kam er zu dem Schluß, Andromeda sei Hunderttausende von Lichtjahren entfernt, weit außerhalb der Milchstraße. Shapley blieb bei seiner abweichenden Meinung.

Höhepunkt der Auseinandersetzung zwischen Shapley und Curtis war eine Debatte, die die Nationale Akademie der Wissenschaften 1920 in Washington veranstaltete und der unter anderem Albert Einstein beiwohnte. Sie führte nicht zur Klärung. Nachträglich kann man sagen, daß beide in einigen Punkten recht hatten und in anderen Punkten irrten. Gemeinsam hätten sie ein brauchbares Bild des Universums zusammenstellen können. Nach Meinung der Mehrheit war Shapley in der Debatte unterlegen. Bald sollten die Astronomen ihm allerdings recht geben, was die Lage des Zentrums der Milchstraße anging. Kurz nach der Debatte verließ Shapley Mount Wilson und wurde Direktor des Harvard-College-Observatoriums. Pickering, der dort der Mentor von Henrietta Leavitt gewesen war, war 1919 gestorben.

Die beiden ersten Jahrzehnte des 20. Jahrhunderts gingen zu Ende, ohne daß die Fragen, wie groß unser Sternsystem ist und ob es außer ihm noch etwas im Universum gibt, geklärt worden wären. Die Nebel waren nach wie vor ein Rätsel. Noch in den zwanziger Jahren sträubte man sich gegen die Theorie vom »Insel-Universum«, der zufolge einige der Nebel andere Systeme von der Größe der Milchstraße sind. Dieser Widerstand stützte sich auf gewisse Beobachtungsdaten.

Einiges sprach dafür, daß die Nebel sich hinsichtlich ihrer Größe nicht mit der Milchstraße messen konnten. Früher beobachtete Anzeichen dafür, daß einige Nebel die Spektren von Sternen hatten (und folglich nicht nur aus Gas bestehen konnten) wurden angezweifelt, als man entdeckte, daß Nebel bisweilen fremdes Licht reflektieren und das, was wir sehen, nicht ausschließlich ihr eigenes Licht ist. Außerdem hatte Shapley starke Argumente: Wegen der enormen Größe der Galaxis war es höchst unwahrscheinlich, daß es andere von gleicher Größe geben sollte, und die Rotationsgeschwindigkeit einer Spiralgalaxis würde, wenn man dieser eine hinreichend große Ent-

191

fernung zuschrieb, um sie außerhalb der Milchstraße anzusiedeln, größer sein als die Lichtgeschwindigkeit.

Während diese Rätsel ihrer Lösung harrten, war eine Umwälzung im Gange, die es als Wendepunkt in der Geschichte der Astronomie mit Kopernikus' *De revolutionibus* aufnehmen sollte.

Vesto Melvin Slipher, ein junger Mann aus dem mittleren Westen, hatte es lediglich zum untersten Abschluß der Universität von Indiana gebracht, als er in den ersten Jahren dieses Jahrhunderts als Mitarbeiter an das Lowell-Observatorium in Flagstaff, Arizona, kam. Slipher war ein stiller Mensch, methodisch und genau. Genau wie Kopernikus war es ihm wichtig, jeden Zweifel auszuschließen, bevor er eine Entdeckung bekanntgab. Slipher war ausschließlich in Lowell tätig. Während er dort arbeitete, erwarb er sich den Magister- und den Doktortitel der Universität von Indiana. 1916 wurde er geschäftsführender Direktor, 1926 Direktor des Observatoriums.

Der begüterte Astronom Percival Lowell, der das nach ihm benannte Observatorium errichtet hatte und zur Zeit der Einstellung Sliphers dessen Direktor war, war auch der Auffassung, die Nebel könnten andere Sonnensysteme in einem früheren Entwicklungsstadium sein. Er beauftragte Slipher, die Spektren von Spiralnebeln zu messen und in deren Licht nach Doppler-Verschiebungen zu suchen.

Das war keine einfache Aufgabe. Es genügte nicht, daß Slipher das Teleskop auf einen Nebel richtete und dann auf den Auslöser der Kamera drückte. Die Belichtungszeit von 20 bis 40 Stunden verteilte sich über mehrere Nächte. Ein Forscher durfte sich nicht weit von der unbeheizten Teleskopkuppel entfernen – man heizte absichtlich nicht, weil Wärme das Bild hätte verderben können –, denn er hatte dafür zu sorgen, daß der Nebel im Zentrum des Blickfeldes blieb. Im besten Fall erhielt man ein schwaches, diffuses Bild des Nebels, nicht einen abgegrenzten Lichtpunkt, wie bei einem Stern. Wenn man das Bild mit Hilfe eines Spektroskops auseinanderzog, wurde es noch schwächer. Die Spektrallinien waren kaum zu erkennen und manchmal zu schwach, wenn die Spreizung zu groß war. Wollte man umgekehrt ein hinreichend helles Bild haben, auf dem die Linien klar zu erkennen waren, dann geriet es zu klein, als daß man ihre Verschiebung hätte messen können.

Trotz dieser Schwierigkeiten erhielt Slipher 1912 vier Spektrogramme, die die Doppler-Verschiebung im Licht vom Andromedanebel zeigten. Das Ergebnis wird heutige Leser stutzig machen: Alle vier zeigten eine Violettverschiebung – das bedeutete, daß der Andromedanebel auf uns zukommt.

Um es kurz zusammenzufassen: Was Slipher in den Spektren vom Andromedanebel sah, waren bekannte Muster von Absorptionslinien, die entstehen, wenn Licht bestimmte Gase durchquert, aber die Muster waren zum violetten Ende des Spektrums hin verschoben (siehe dazu auch die Abbildungen 4.6 und 4.7). Doppler und Fizeau hatten gezeigt, daß eine solche Verschiebung eine Bewegung anzeigt, die auf uns zuläuft, und dementsprechend deutete Slipher diese spezielle Verschiebung dahingehend, daß die Entfernung zwischen Andromedanebel und Erde kleiner wird.

Zwischen 1912 und 1914 reizte Slipher alle Möglichkeiten seiner Geräte aus und maß Doppler-Verschiebungen von zwölf weiteren Nebeln. Andromeda erwies sich als Ausnahme. Nur ein weiterer Nebel zeigte eine Violettverschiebung, die anderen eine Rotverschiebung. Bei der Berechnung der Geschwindigkeiten, mit denen sie sich von uns entfernen, kam Slipher auf Hunderte von Kilometern pro Sekunde.

Der besonnene Slipher zog daraus keine voreiligen Schlüsse. Nur 13 von all den uns bekannten Nebeln am Himmel waren eine zu kleine Stichprobe, um die Behauptung zu stützen, alle oder die meisten Nebel entfernten sich von der Erde. Doch 1914 trug er mit der ihm eigenen Bescheidenheit seine Ergebnisse der American Astronomical Society vor. John Miller, einer von Sliphers ehemaligen Professoren, schilderte das Ereignis: »Es geschah etwas, was ich auf wissenschaftlichen Konferenzen weder vorher noch hinterher erlebt habe. Alle erhoben sich und spendeten frenetischen Beifall.«

Slipher entwarf und verbesserte seine Instrumente weiterhin selbst, und er stellte fest, daß die meisten Nebel, die er untersuchen konnte, eine Rotverschiebung aufwiesen. Anfang 1921 berichtete er von einem Nebel, dessen Entfernung mit einer Geschwindigkeit von rund 2000 Kilometern pro Sekunde zunahm. 1922 schickte er Messungen von vierzig Spiralnebeln, von denen 36 sich entfernten, an den bedeutenden Physiker Arthur Eddington in Cambridge. Eddington war fasziniert. Er war ebenfalls ein vorsichtiger Mensch, wagte aber dennoch die Äußerung, daß diese Entdeckung bezüglich der Nebel, die nach allgemeiner Ansicht die fernsten bisher bekannten Objekte waren, ein Hinweis auf die »allgemeinen Eigenschaften der Welt« sein könnte, womit er das Universum meinte.

Bis 1925 waren 45 Doppler-Verschiebungen von Nebeln gemessen worden, davon 41 von Slipher, die restlichen vier von anderen Astronomen. Das Verhältnis war jetzt 43 Rotverschiebungen zu 2 Violettverschiebungen. Was anfangs vielleicht Zufall gewesen war, schien jetzt eindeutig eine Tendenz zu sein.

Slipher hatte offensichtlich eine Entdeckung von enormer Tragweite gemacht, nur war zunächst nicht klar, was sie zu bedeuten hatte. Slipher selbst deutete sie zuerst so, daß die Drift des Sonnensystems durch das All den Abstand zwischen ihm und den Nebeln vergrößerte. Eine der Schwierigkeiten bei der Deutung der Rotverschiebung war, daß man nun zwar wußte, daß die Nebel sich von uns oder wir uns von ihnen entfernen, man aber immer noch nicht sagen konnte, wie weit sie entfernt sind und was sie sind.

Als Slipher 1914 seine Beobachtungen erstmals der American Astronomical Society vortrug, traf es sich, daß ein junger Mann namens Edwin Hubble unter den Anwesenden war. Hubble hatte eine ungewöhnliche Karriere hinter sich. Er hatte an der Universität nicht etwa Astronomie studiert; als er sich ganz der Astronomie zuwandte, war er bereits ein sehr erfolgreicher Rechtsanwalt.

1889 in Missouri geboren, absolvierte Hubble die High-School und die Universität in Chicago, um anschließend als Rhodes-Stipendiat nach Oxford zu gehen. Er war ein umfassend gebildeter Mann, der sich mit allem beschäftigte und auch ein begeisterter Taucher und Amateurboxer war. Doch am Ende war es die Astronomie, für die er sich entschied. Als Anwalt praktizierte er nur wenige Monate, ehe er an die Universität von Chicago zurückging, um Astronomie zu studieren und als Assistent am Yerkes-Observatorium zu arbeiten. »Ich will nichts anderes als Astronomie«, sagte er. »Lieber bin ich ein zweitklassiger Astronom als ein erstklassiger Anwalt.« 1917 ging Hubble, frisch promoviert und ein Arbeitsangebot von Mount Wilson in der Tasche, zunächst als Soldat nach Frankreich, von wo er 1919 zurückkehrte. Er kam nach Mount Wilson, als Shapley von dort wegging, um den Posten in Harvard zu übernehmen.

Mit dem 60-Zoll-Spiegelteleskop von Mount Wilson, gelegentlich auch mit dem leistungsstärkeren 100-Zoll-Reflektor, der erst 1918 in Betrieb genommen worden war, machte sich Hubble daran, die Nebel zu untersuchen. 1922 konnte er belegen, daß Nebel ohne Spiralarme kein eigenes Licht abstrahlen. Entweder reflektieren sie Licht von Sternen, die sich innerhalb des Nebels oder in ihrer Nähe befinden, oder sie nehmen von nahen Sternen so viel Energie auf, daß die Gase, aus denen sie bestehen, zum Glühen gebracht werden. Hubbles Untersuchungen bestätigten ältere Vermutungen, daß diese Nebel zum Milchstraßensystem gehören. Damit war aber noch nicht die Frage der Spiralnebel geklärt, denen Hubble sich nun zuwandte.

Er war sich sicher, daß einige der Spiralnebel aus Sternen bestanden, aber auch als er die besten Fotos, die er mit dem 100-Zoll-Teleskop hatte machen können, mit der Lupe untersuchte, fand er keinen Anhaltspunkt, der ihm und anderen hierin Gewißheit verschafft hätte. Hubble beschloß, einen schwachen Lichtfleck namens NGC 6822 zu untersuchen, den er tatsächlich in Sterne auflösen konnte. Und 1923 stellte er fest, daß einige dieser Sterne Helligkeitsschwankungen zeigten. Zunächst war ihm deren Bedeutung nicht klar, und er wandte sich daher dem Andromedanebel zu, wo andere Astronomen schwache Novae entdeckt hatten.

Im Herbst 1923 saß Hubble Nacht für Nacht am 100-Zoll-Teleskop, um Andromeda aufzunehmen. Seine Beobachtungen waren Bestandteil einer systematischen Suche nach Novae, die Klarheit über Curtis' Auffassung von den Nebeln bringen sollte. Er entdeckte auf Anhieb einige Novae und ein anderes schwaches Objekt, das er zunächst auch für eine Nova hielt. An diesem Punkt beschloß er, in den Archiven von Mount Wilson nach früheren fotografischen Platten von diesem Stern zu suchen. Der Vergleich ergab, daß es sich in Wirklichkeit um einen veränderlichen Stern handelte, einen Cepheiden mit einer Periode von rund dreißig Tagen; seine maximale absolute Helligkeit betrug also rund das 7000fache der Sonne. Die schwache scheinbare Helligkeit kam dadurch zustande, daß er etwa 900 000 Lichtjahre entfernt war. Hubble schaute sich noch einmal die Aufnahmen an, die er vor kurzem von dem Nebel NGC 6822 gemacht hatte, und jetzt erkannte er in den veränderlichen Sternen Cepheiden, was ihm erlaubte, die Entfernung von NGC 6822 auf 700 000 Lichtjahre zu berechnen.

Später sollte sich herausstellen, daß diese gemessenen Entfernungen zu Andromeda und NGC 6822 zu klein waren. Die Frage, ob die Spiralnebel Teil der Milchstraße oder ferne, eigenständige Insel-Universen, also andere Galaxien sind, war dennoch geklärt. Nach Hubbles Messung war der Andromedanebel sehr viel weiter weg als jeder Stern der Milchstraße. Der verschwommene, ovale Fleck, den wir am Nordhimmel sehen, war eindeutig eine andere Galaxie, eine Ansammlung von Millionen von Sternen. Nach heutigen Messungen ist er rund 2,25 Millionen Lichtjahre entfernt. Die Andromeda-Galaxie ist das fernste Objekt, das von der Erde aus mit bloßem Auge zu sehen ist. Bei dieser Entfernung mußte die 1885er Nova in Andromeda sehr viel heller gewesen sein als jede gewöhnliche Nova. Tatsächlich war es etwas Selteneres, nämlich eine Supernova, die Explosion eines Sterns am Ende seines Lebenszyklus, so hell wie nahezu eine Milliarde Sonnen.

Hubble beeilte sich, Harlow Shapley von seiner Entdeckung über Andromeda und NGC 6822 zu unterrichten. Als er Hubbles Mitteilung las, wandte sich Shapley an seine Kollegin Cecilia Payne-Gaposhkin und bemerkte: »Das ist der Brief, der mein Universum zerstört hat.«

Hubble gab Andromeda und ähnlichen eigenständigen Systemen die Bezeichnung »extragalaktische Nebel«. Bis Ende des Jahres hatte er den äußeren Teil des Andromedanebels in Sterne aufgelöst, und ein Jahr später hatte er sich über die Natur der Spiralnebel insgesamt so viel Gewißheit verschafft, daß er seine Ergebnisse der American Astronomical Society vortrug. Für seinen Aufsatz bekam er einen von zwei Preisen, die die American Association for the Advancement of Sciences für die herausragendsten und bedeutendsten Referate auf ihrer Konferenz ausgelobt hatte. Den anderen Preis erhielt eine Abhandlung über den Verdauungstrakt von Termiten.

Im Laufe der nächsten fünf Jahre sammelte Hubble Material, und er entwickelte mit der Zeit Verfahren für die Abschätzung der Entfernung von Galaxien jenseits des Bereichs, in dem einzelne Sterne beobachtet und als Cepheiden identifiziert werden konnten. Ein Verfahren ähnelte dem, mit welchem Shapley die Entfernung zu den Kugelhaufen abgeschätzt hatte: Er nahm an, daß die hellsten Sterne aller Galaxien ungefähr dieselbe absolute Helligkeit besäßen, und benutzte diese Sterne als Entfernungsindikatoren. Damit konnte er Galaxien messen, die viermal weiter entfernt waren als die fernste Galaxis, in der er einen Cepheiden entdecken konnte. Er schätzte diesen Bereich auf rund zehn Millionen Lichtjahre.

Dabei blieb Hubble nicht stehen. Er begann, die kosmische Entfernungsleiter mit unheimlichem Tempo um neue Sprossen zu verlängern. Dafür nahm er die Kugelhaufen als Maßstab, in der Annahme, daß die hellsten Kugelhaufen in allen Galaxien ungefähr dieselbe absolute Helligkeit besitzen. Er ging von der Annahme aus, daß die absolute Helligkeit aller Galaxien ungefähr gleich ist oder sich zumindest innerhalb einer schmalen Marge bewegt. Ihm war klar, daß diese Methode unvermeidlich fehlerhaft sein würde, doch war er sich sicher, daß die von ihm errechneten Entfernungen allenfalls um einen Faktor 3 zu groß oder zu klein sein würden. Hubble schätzte, daß er mit seinem Verfahren einen Bereich von etwa 500 Millionen Lichtjahren erfaßte, ein Volumen, das rund 100 Millionen Galaxien enthält. Andere sollten seine Methode später noch einmal verfeinern und noch weitere Entfernungen messen, ausgehend von der Annahme, daß die hellsten Galaxien in allen Galaxienhaufen ungefähr dieselbe absolute Helligkeit haben.

Die Richtigkeit all dieser Messungen stand oder fiel mit der Verläßlichkeit der Messung der Entfernung zu Cepheiden-Veränderlichen, die mit einer Variante des statistischen Parallaxenverfahrens ermittelt wurde. Die ganze Leiter ruhte auf dieser Grundlage. Im Lauf der Jahre ist der Cepheiden-Maßstab mehrfach revidiert worden. Doch so grob die ersten Messungen auch gewesen sein mochten – Hubble hatte ein für allemal bewiesen, daß das Universum sich über Milliarden von Lichtjahren erstreckt. Die von ihm gefundenen Resultate schienen darauf hinzudeuten, daß Galaxien und Galaxienhaufen ziemlich gleichförmig über das ganze All verteilt sind. Die Erkenntnisse, die Hubble und seine Nachfolger über Andromeda und andere »extragalaktische Nebel« gewonnen hatten, konnten auch auf unsere eigene Galaxis angewandt werden, was den Astronomen half, sich ein besseres Gesamtbild von ihr zu machen, denn natürlich konnten sie die Milchstraße nicht wie Andromeda aus kosmischer Entfernung betrachten.

Nachdem Hubble entdeckt hatte, daß zumindest einige der Nebel weit außerhalb der Milchstraße liegen, und man gleichzeitig erkannt hatte, daß unser System nur eine Galaxie unter vielen ist, zögerten manche Astronomen noch jahrelang, die Cepheiden als verläßliches Eichmaß der Entfernung zu akzeptieren. Es gab da nämlich ein ausgesprochen hartnäckiges Problem. Immer mehr Galaxien wurden gemessen, und bei den meisten zeigte sich, daß sie ein gutes Stück kleiner waren als unsere. Andromeda hatte nur ein Sechstel der Größe der Milchstraße. Andere waren noch kleiner. War unsere Galaxis wirklich außergewöhnlich groß? Vielleicht sogar bei weitem die größte? Für einige Astronomen bot das hinreichend Anlaß, die Messungen anzuzweifeln.

Zu Beginn der vierziger Jahre hatte Mount Wilson durch die hellen Lichter der rasch wachsenden Stadt Los Angeles schon lange seine Qualität als idealer Standort für ein Teleskop eingebüßt. Doch während des Zweiten Weltkriegs wurde wegen

der Gefahr japanischer Bombenangriffe oft Verdunkelung angeordnet. So unangenehm das zweifellos für die Einwohner von
Los Angeles war, so segensreich war es für den Astronomen
Walter Baade, dem man, weil er Deutscher war, die Beteiligung
an militärischen Forschungen verwehrt hatte. Dafür ließ man
ihn fast ganz allein auf Mount Wilson zurück, und er hatte das
100-Zoll-Teleskop praktisch für sich.

Baade stammte aus Schröttinghausen und erwarb seinen
Doktortitel im Jahr 1919 an der Universität Göttingen. Als sich
das politische Klima in Deutschland verschlechterte, ging er
1931 in die Vereinigten Staaten und blieb dort 27 Jahre, um an
den Observatorien Mount Wilson und Palomar zu arbeiten, ehe
er wieder in sein Heimatland zurückkehrte.

Bei idealen Sichtverhältnissen während der Verdunkelungen
beobachtete Baade durch das 100-Zoll-Teleskop die Sterne im
Andromedanebel. Im Zentrum und in dem von ihm so benannten »äußeren Skelett« oder Halo dieser Galaxis fand er Sterne,
deren Farbe ins Rötliche oder Gelbliche ging, während die in
den Spiralarmen weiß und tiefblau waren. Baade kam zu dem
Schluß, die Sterne müßten verschiedenen »Populationen« angehören. Die weißen und blauen Sterne ordnete er »Population I«, die roten und gelben »Population II« zu. Letztere sind
weit älter als erstere.

Baade benutzte 1948 als einer der ersten das 200-Zoll-Tele-
skop (das sogenannte »Hale-Teleskop«) auf Mount Palomar
unweit des Mount Wilson. Zu seiner Verblüffung fand er im Halo
der Andromeda-Galaxis Cepheiden-Veränderliche, die sich von
denen im übrigen Teil der Galaxis unterschieden. Sie waren viermal schwächer als die Cepheiden, die Hubble zu seiner Messung benutzt hatte. Aus dieser Entdeckung und seinen früheren Erkenntnissen über die verschiedenen Sternpopulationen
zog Baade den Schluß, daß jede Population ihre eigene Art von
Cepheiden-Veränderlichen haben müsse.

Hubble und seine Mitarbeiter hatten ausschließlich Cepheiden der Population I gekannt, die sich in den Spiralarmen der
Andromeda-Galaxis befanden. Also hatten sie Äpfel mit Birnen
verglichen, denn was sie zum Vergleich herangezogen hatten,

waren erheblich schwächere Cepheiden der Population II. Aus diesem Grund erhielt Hubble für Entfernung und Größe der Andromeda-Galaxis zu kleine Werte. Durch Baades Entdeckung verdoppelten sich Größe und Alter des Universums. Das trug dazu bei, eine peinliche Unklarheit zu beseitigen, denn nach Hubbles Messungen hätte das Universum jünger sein müssen, als es die Erde nach den Erkenntnissen der Geologen war.

Baades Entdeckung führte auch zu einem klareren Bild der Spiralgalaxien, einschließlich unserer eigenen. Die Astronomen rechneten ihre Messungen noch einmal durch und stellten fest, daß die Spiralen alle weit größer und sehr viel weiter entfernt waren, als Hubble geschätzt hatte. Während das kollektive Bild des Universums immer größere Ausmaße annahm, schrumpfte das Bild, das man sich von der Milchstraße machte. Die 300 000 Lichtjahre, die Shapley für den Durchmesser der Galaxis ermittelt hatte, waren eindeutig zu hoch gegriffen. Der Durchmesser der galaktischen Scheibe lag eher bei 100 000 Lichtjahren. Die Milchstraße war nicht zehnmal so groß wie die Mehrzahl der Spiralen und sechsmal so groß wie Andromeda. Sie war eine ziemlich durchschnittliche Galaxis.

1952 wurde Alan Sandage, der bei Baade promoviert hatte, Vollzeitmitarbeiter bei den Hale-Observatorien. In Oxford, Ohio, geboren, hatte Sandage schon mit elf Jahren gewußt, daß er einmal Astronom werden wollte. Der Blick durch das Fernrohr eines Freundes, erinnert er sich, »löste in meinem Kopf einen Feuersturm aus«. Zwei Jahre studierte er an der Miami University in Ohio, danach diente er zwei Jahre als Elektronikspezialist bei der Marine. Nach Kriegsende schloß Sandage sein Studium an der Universität von Illinois ab und ging anschließend in den Westen, um sich 1948 als einer der ersten Doktoranden in Astronomie am California Institute of Technology, dem berühmten »CalTech«, einzuschreiben. Während er noch an seiner Doktorarbeit schrieb, begann er für Baade, der sein Doktorvater war, am Mount Wilson Daten zu sammeln. Da erlitt Edwin Hubble, der zu der Zeit mit dem 200-Zoll-Teleskop Beobachtungen machte, einen Herzanfall und benötigte einen erfahrenen Studenten als Helfer, um seine Arbeit fortsetzen zu können. Sandage wurde nach Mount Palomar gerufen. Nach der Promotion ging er zu einem kurzen Forschungsaufenthalt nach Princeton, um bei seiner Rückkehr wissenschaftlicher Mitarbeiter am Mount Palomar zu werden.

Hubble hatte einige der von ihm als helle Sterne in fernen Galaxien eingestuften Himmelskörper als Maßstab verwendet. 1958, fünf Jahre nach Hubbles Tod, entdeckte Sandage, daß diese Sterne in Wirklichkeit glühende, von zahlreichen Sternen erhellte Nebel waren. Mit dieser Entdeckung wuchs das Universum um mehr als das Dreifache, und sein geschätztes Alter stieg auf rund 13 Milliarden Jahre.

Der Mensch neigt seit jeher dazu, die Entfernung zu Objekten am Himmel und die Ausdehnung des Universums insgesamt zu unterschätzen. Gelegentlich hat es zwar auch übertriebene Schätzungen gegeben, doch immer wieder mußte die Vorstellung, die sich Wissenschaftler und Laien vom Universum machten, drastisch nach oben korrigiert werden. Eine Ausdehnung von 13 Milliarden Lichtjahren, wie sie Sandage Ende der fünfziger Jahre ermittelte, können wir uns nicht vorstellen. Aber war das vielleicht immer noch zu klein? Oder hatte er im Gegenteil zu hoch gegriffen? Konnte es sein, daß wir die Antwort nie erfahren würden? Wer Zeitung las, mußte seit Anfang der dreißiger Jahre mitbekommen haben, daß das Universum bei dem Versuch, es zu vermessen, nicht so kooperativ war, wie man es sich gewünscht hätte. Es hielt in mehr als einem Sinne nicht still, um an sich Maß nehmen zu lassen.

6. KAPITEL

Das Ende von Beständigkeit und Stabilität
1929–1992

> Aus philosophischer Sicht sehe ich keinen überzeugenden Grund, der für die Urknall-Idee spricht. Philosophisch finde ich sie sogar entschieden unbefriedigend, da sich ihre Grundannahme unseren Blicken entzieht, so daß sie überhaupt nicht durch direkte Berufung auf die Beobachtung in Frage gestellt werden kann.
>
> *Fred Hoyle*

Gegen Ende der zwanziger Jahre zeichnete sich ab, daß sich das Bild vom Universum grundlegend ändern würde. Man hätte meinen können, daß Edwin Hubble in seinem Leben genug zur Entwicklung der Astronomie beigetragen hatte, doch was die Auswirkung seiner Arbeiten auf die Geschichte des menschlichen Denkens angeht, hatte er gerade erst angefangen.

Hubble setzte seine Beobachtung gemeinsam mit Milton Humason fort, der wie er selbst kein Naturwissenschaftler war. Humason, der am Mount Wilson als Hausmeister und Maultiertreiber arbeitete, hatte seine schulische Laufbahn mit 14 Jahren beendet. Damals hatte er dort ein Sommerlager besucht und beschlossen, nicht mehr wegzugehen. 1919, mittlerweile 28 Jahre alt, war Humason Nachtassistent; er wartete die Teleskope, ging den Astronomen zur Hand, und gelegentlich machte er auch selbst ein paar Beobachtungen. Er war im Umgang mit empfindlichen Instrumenten und den großen Teleskopen ein solches Naturtalent, daß George Ellery Hale sich über die Widerstände derer, die Humason wegen seiner mangelnden Bildung nicht unter den akademischen Mitarbeitern sehen wollten, hinwegsetzte und ihn zum Hilfsastronomen ernannte. 1928 begann Humason mit Hubble an der Messung der Rotverschiebungen schwacher ferner Galaxien zu arbeiten.

Nachdem sie zweifelsfrei bewiesen hatten, daß es außer unserer eigenen noch viele andere Galaxien gibt, verkündeten die beiden Männer 1929 etwas, das es mit der Bedeutung von Kopernikus' *De revolutionibus* für die Geschichte der Astronomie aufnehmen konnte. Hubble und Humason hatten entdeckt, daß alle Galaxien im Universum, ausgenommen die, die mit der unseren zusammen einen lokalen Haufen bilden, von uns zurückzuweichen scheinen. Und es hat den Anschein, daß jede Galaxie vor jeder anderen zurückweicht. Diese Entdeckungen hatten eine weitaus größere unmittelbare Wirkung auf das wissenschaftliche wie das Laienpublikum als Kopernikus' Buch und bewirkten einen rapiden Wandel der Vorstellungen über das Universum, über seine Geschichte und sogar über uns selbst.

Es war Hubbles Aufmerksamkeit nicht entgangen, daß es Zusammenhänge gab zwischen den Beobachtungen, die Slipher, Humason und er selbst machten, und den Lösungen, die Physiker wie Willem de Sitter, Alexander Friedmann und Georges Henri Lemaître aus Albert Einsteins Gleichungen erhielten – Lösungen, die implizierten, daß sich das Universum entweder ausdehnt oder zusammenzieht.

Die Auseinandersetzung darüber, ob das Universum expandiert, schrumpft oder konstant bleibt, hat eine lange Vorgeschichte. In Altertum und Mittelalter galt die Erde als der Teil des Universums, in dem Wandel, Niedergang und Übel herrschen, während alles, was jenseits des Mondes ist, als unwandelbar und vollkommen galt. Auch Newton huldigte solchen Vorstellungen, glaubte er doch, daß ein von Gott geschaffenes Universum sich nicht im Lauf der Zeit einschneidend ändern könne, weil das Wesen Gottes in Beständigkeit und Stabilität zum Ausdruck komme, nicht aber im Wandel (der Niedergang und Konflikte einschloß). Newton glaubte ferner, daß ein System, das ganz außer Kontrolle gerät, wie es die Planetenbahnen nach seiner Erkenntnis irgendwann tun würden, von Gott wieder stabilisiert würde, so daß eine allzu drastische Änderung niemals möglich wäre.

In der spezifischen Frage, ob das Universum expandiert oder kontrahiert, kam Newton aus logischen Gründen zu dem

Schluß, daß beides nicht zutreffen könne. Würde das Universum expandieren oder kontrahieren, müßte es ein Zentrum der Bewegung geben, einen Punkt also, von dem aus es sich ausdehnt oder auf den hin es sich zusammenzieht. Doch eine Materie, die (wie Newton glaubte) gleichförmig über ein unendliches All verteilt ist, hat kein Zentrum. Newton konnte nicht vorhersehen, daß andere Wissenschaftler fast drei Jahrhunderte später darauf kommen sollten, seine eigenen Gleichungen führten zu der Vorhersage, das Universum müsse entweder expandieren oder kontrahieren. Kant, der von Thomas Wrights Bild von einer abgeflachten Scheibe von Sternen ausging, äußerte im 18. Jahrhundert die Idee, daß das Universum, wäre es nicht im vollkommenen Gleichgewicht zwischen den Bahnbewegungen der Sterne und der Anziehung, die sie aufeinander ausüben, in Zerstörung und Chaos enden würde; es hätte »nicht den Charakter der Beständigkeit, die das Merkmal der Wahl Gottes ist«.

Ab Mitte des 19. Jahrhunderts kam es zwar aus der Mode, Gott in wissenschaftlichen Aussagen zu erwähnen, doch verschwand damit keineswegs die Überzeugung, ein unwandelbares Universum habe etwas überaus Rationales und Heiliges an sich, ein sich veränderndes dagegen etwas Unstetes und Abscheuerregendes. Diese Doktrin war jetzt nicht mehr religiös, sondern wissenschaftlich begründet. Einer der Gründe, warum das 20. Jahrhundert so hartnäckig an der Vorstellung eines statischen (nicht expandierenden oder kontrahierenden) Universums festhielt, bestand – und das ist eine bemerkenswerte geistige Kehrtwendung – darin, daß ein expandierendes Universum, das einen Anfang gehabt haben mußte, eher einen Schöpfer voraussetzte. Von dieser Möglichkeit, glaubten manche, habe man sich definitiv verabschiedet.

Albert Einstein wehrte sich gegen die Vorstellung von einem expandierenden oder kontrahierenden Universum, weil sie seiner wissenschaftlichen Intuition widersprach. Nicht lange nachdem er 1915 seine allgemeine Relativitätstheorie vorgetragen hatte, erkannten Einstein und der niederländische Astronom Willem de Sitter, daß bestimmten Lösungen von Einsteins Gleichungen zufolge das Universum entweder expandiert oder kontrahiert. Einstein war niemand, der um jeden Preis an überkommenen Überzeugungen festhielt, aber in diesem Fall tat er genau das, und er stellte sich stur. Verärgert über das unglaubliche Ergebnis seiner Gleichungen, schrieb er: »Eine solche Möglichkeit anzunehmen ist absurd.« Diese Ergebnisse widerstrebten ihm so stark, daß er beschloß, seine Theorie zu korrigieren, um die unerfreuliche Vorhersage auszuschließen. Er fügte eine neue Naturkonstante hinzu, eine »Kosmologische Konstante«, einen mathematischen Term, der ein statisches Universum ermöglichen würde. Diesen Schritt sollte er später bereuen – er nannte ihn »die größte Eselei meines Lebens«. Doch auch nachdem Einstein von einer Kosmologischen Konstante nichts mehr wissen wollte, verschwand diese Idee nicht völlig; sie geistert immer noch durch die Physik.

Während Einstein noch an seinen Gleichungen herumbastelte, beschloß der russische Mathematiker Alexander Friedmann, Einsteins Theorie beim Wort zu nehmen. Falls es eine Kosmologische Konstante gebe, werde ihr Wert wahrscheinlich nicht null sein. In einer seiner ersten Arbeiten, die sich mit Einsteins Theorien befaßten, wies Friedmann darauf hin, daß die Annahme, das Universum sei statisch, niemals mehr als nur eine Annahme gewesen sei. Keine Beobachtung nötige einen dazu, sie für richtig zu halten. Einstein selbst war sich dessen sehr wohl bewußt.

Friedmann fand für die kosmologischen Gleichungen der Allgemeinen Relativitätstheorie nicht nur eine, sondern eine ganze Reihe von Lösungen, und jede Lösung beschrieb ein andersartiges Universum (siehe Abbildung 6.1).

Wo immer wir uns im Universum befinden, in welcher Galaxie auch immer, stets würden wir feststellen, daß die anderen Galaxien von uns zurückweichen, sagte Friedmann voraus. Je weiter eine Galaxie entfernt ist, desto schneller weicht sie zurück – doppelt so weit weg, doppelt so schnell. Um sich das zu verdeutlichen, stellen Sie sich einen Rosinenkuchen vor, der im Backofen aufgeht. Würden wir auf einer Rosine sitzen, während der Teig aufgeht und zwischen den Rosinen expandiert, wür-

Abbildung 6.1

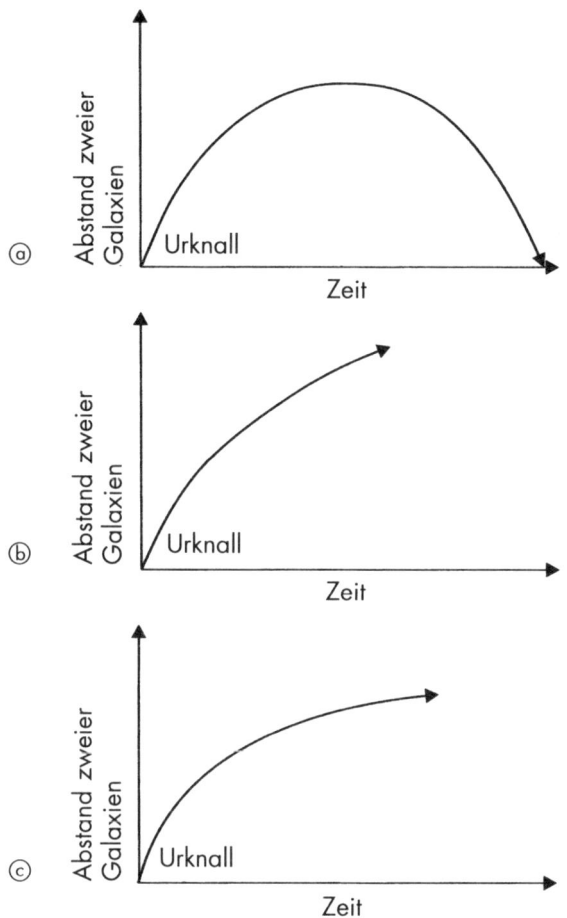

Drei Modelle des Universums:
a) Das Universum expandiert zu maximaler Ausdehnung und kollabiert wieder.
b) Das Universum expandiert rasch und unendlich.
c) Das Universum expandiert genau mit der kritischen Geschwindigkeit, um nicht zu kollabieren.

den wir sehen, daß jede andere Rosine sich von uns entfernt, und zwar doppelt so schnell, wenn sie doppelt so weit weg ist. Wir können das Universum natürlich nicht direkt von jedem beliebigen Punkt im All aus beobachten, aber auch von unserem Sonnensystem aus konnte Hubble 1929 mit dem 100-Zoll-Teleskop am Mount Wilson diese Fluchtbewegung beobachten. Die Fluchtgeschwindigkeit der Galaxien ist direkt proportional zu ihrer Entfernung von uns. Doppelt so weit weg, doppelt so schnell.

Der belgische Astrophysiker und Theologe Georges Henri Lemaître entdeckte ähnliche Lösungen für Einsteins Gleichungen wie Friedmann. Ihn faszinierte vor allem, was die Gleichungen und Lösungen über den Ursprung des Universums enthüllen könnten. Es war Lemaître, der als erster etwas beschrieb, was bald als »Urknall« bezeichnet werden sollte, auch wenn er ihm diesen Namen nicht gegeben hat. Es müsse, meinte er, eine Zeit gegeben haben, in der alles, woraus das gegenwärtige Universum besteht, in einem Raum zusammengepreßt war, der nur etwa dreißigmal so groß war wie unsere Sonne – er sprach von einem »Uratom«. Einige Kollegen nahmen Lemaîtres Idee mit Spott auf, was auch daran lag, daß Lemaître nicht nur Astrophysiker, sondern auch Priester und Theologe war. Das klang allzu sehr nach Genesis.

Friedmann beendete seine Arbeit vor der Zeit – er starb mit 37 Jahren und blieb nur der mathematischen Fachwelt bekannt. Anders erging es Lemaître. Vor allem der überragende britische Physiker Arthur Eddington, bei dem Lemaître in Cambridge studiert hatte, und ein anderer von Eddingtons Studenten, George McVittie, sorgten dafür, daß Lemaîtres Arbeit anderen beobachtenden Astronomen zur Kenntnis gelangte.

Die Vorstellung, das Universum sei ein expandierender Rosinenkuchenteig, führte zu interessanten Spekulationen. Würde es, die erforderliche Technologie vorausgesetzt, möglich sein, an die Oberfläche des Teigs zu reisen und den Rand des Universums zu finden? Was würde sich dahinter befinden? Das sind bedauerlicherweise alles Fragen, die keinen realen Bezug haben. Eddington verdeutlichte das mit einem anderen Bild:

Die Oberfläche eines Ballons, auf dem eine Ameise umherkrabbelt, ist mit Punkten bemalt. Für die Ameise existiert nichts außer dieser Oberfläche. Sie kann nicht von der Oberfläche nach außen schauen, und sie kann sich nicht vorstellen, daß der Ballon ein Inneres hat. Jetzt wird Luft in den Ballon geblasen, und er dehnt sich aus. Die Ameise sieht, daß jeder Punkt auf der Oberfläche sich entfernt. Wohin sie auch krabbelt, jeder Punkt entfernt sich. Die Ameise mag wie der Fliegende Holländer bis in alle Ewigkeit umherstreifen, einen Rand oder eine Grenze dieses Universums wird sie nicht finden. Wir sind in unserem Universum wahrscheinlich in einer ähnlichen Lage wie die Ameise, nur existiert für uns eine Dimension mehr. Es gibt keinen Rand, von dem aus wir in der einen Richtung Galaxien und in der anderen absolut nichts sehen würden.

In diesem Buch war oft von einem Mittelpunkt oder Zentrum die Rede, zuletzt im Zusammenhang mit Newtons Einwänden gegen ein expandierendes oder kontrahierendes Universum. Wo im Universum fing denn nun die Expansion an? Von welchem Mittelpunkt weicht alles zurück? Der Urknall war eine Explosion, die alles nach außen fliegen ließ. Selbst wenn man einräumt, daß es keine absoluten Richtungen im Universum gibt, werden Wesen, die auf einem Trümmerstück von dieser Explosion mitreisen, doch wohl annehmen dürfen, daß es eine Antwort auf die Frage gibt: Wo fand die Explosion statt, bezogen auf den Punkt, an dem wir jetzt sind?

Eddingtons Ballonvergleich ist auch bei dieser Frage hilfreich: Kann die Ameise fragen, wo auf der Ballonoberfläche die Expansion begann? Nein. Als Beobachter der Ameise können wir erkennen, daß diese Frage sinnlos wäre. Keiner der Punkte auf dem Ballon repräsentiert das »Zentrum« der Expansion. Newton vermochte sich nicht vorzustellen, daß alle Punkte im Universum sich voneinander entfernen, ohne ein »Zentrum« der Expansion, ohne eine Richtung, in die wir blicken und von der wir behaupten könnten, dort habe alles angefangen.

Doch wenn man in einem expandierenden Universum lebt, gibt es durchaus eine Richtung, in die man schauen kann und wo man etwas anderes sieht, vielleicht sogar einen »Rand«. Diese Richtung ist die Vergangenheit. Mehr noch: Wir können in jede beliebige Raumrichtung schauen, immer schauen wir in Richtung des Ursprungs des Universums, denn in jeder beliebigen Richtung sehen wir in die Vergangenheit. Das gilt nicht nur, wenn wir mit Teleskopen tief ins All hineinspähen; es gilt auch in dem kleinen Bereich meines Zimmers. Wenn ich die gegenüberliegende Wand betrachte, sehe ich alte Informationen. Die Verzögerung, mit der das Bild dieser Wand mein Auge erreicht, ist natürlich nicht erwähnenswert, weil Licht und damit jedes Bild, das meine Augen erreicht, sich extrem schnell ausbreitet, mit 300 000 Kilometern pro Sekunde.

Wenn es aber um kosmische Entfernungen geht und Lichtjahre ein sinnvolleres Maß sind als Kilometer, ist die Lichtgeschwindigkeit gar nicht so furchtbar schnell, und die Verzögerung kann nicht mehr ignoriert werden. Im 20. Jahrhundert ging die Geschichte der Vermessung des Kosmos weiter, und dabei vermischte sich die Messung der Entfernung im Raum unauflöslich mit der Messung der Entfernung in der Zeit. Wenn man fragt, wie weit etwas entfernt ist, stellt man zugleich die Frage: Wie weit liegt es in der Vergangenheit zurück? Wenn man fragt, was »Rand« oder »außerhalb des Universums« zu bedeuten hat, fragt man zwangsläufig auch, was »Anfang« oder »vor dem Universum« zu bedeuten hat.

Viele Astronomen und theoretische Physiker werteten Hubbles Beobachtungen in den dreißiger Jahren als direkten Beweis dafür, daß das Universum sich ausdehnt, doch der Widerstand gegen die Idee dauerte an, und er kam nicht nur aus Wissenschaftskreisen. Wie schon bei Newtons *Principia* war sich die Öffentlichkeit bewußt, daß enorme Umwälzungen in der Wissenschaft stattfanden. Einsteins Theorien wurden in vielerlei Formen unters Volk gebracht, und sein Name war jedem bekannt. Wenn eine neue Entdeckung oder Theorie so grundlegend neu ist, daß sie sich auf die herrschende Vorstellung vom Weltall und von der Realität auswirkt – und nicht nur ein paar Fachwissenschaftler angeht –, dann glauben neben den Wissenschaftlern auch andere berechtigt zu sein, über den Wahrheitsgehalt dieser Entdeckung zu urteilen.

Unter den Lesern populärwissenschaftlicher Bücher dürfte allgemein bekannt sein, daß Einstein wenig von der Idee eines expandierenden Universums hielt. Weniger bekannt sind die üblen Machenschaften, mit denen politische Machthaber diese Idee bekämpften. Joseph Stalin ordnete 1936 in der Sowjetunion eine Säuberungsaktion unter den Wissenschaftlern an, deren wissenschaftliche Entdeckungen und Schlußfolgerungen politisch nicht genehm waren. Zu den verbotenen Ideen gehörte auch die, daß das Universum sich ausdehnt.

Der britische Astronom Patrick Moore berichtet in seinem Buch *Fireside Astronomy* von den Erfahrungen, die sein Freund Nikolai Kozyrew gemacht hatte. Kozyrew war Astrophysiker am Pulkowo-Observatorium bei Leningrad. Im November 1936 wurde er verhaftet und körperlich mißhandelt. Im Mai 1937 kam es zum Prozeß. Obwohl nie klar ausgesprochen wurde, worin sein Vergehen bestand, wurde er ins Gefängnis gesteckt. Nach zwei Jahren landete er in einem Arbeitslager, und dort denunzierte ihn ein Mithäftling, wissenschaftliche Ansichten von einem expandierenden Universum zu vertreten, die der sowjetischen Doktrin widersprachen.

Diesmal wurde Kozyrew zu zehn Jahren Freiheitsstrafe verurteilt. Er legte dagegen Berufung ein – und wurde zum Tode verurteilt. In dem Arbeitslager gab es aber kein Exekutionskommando, und auf eine abermalige Berufung hin wurde die Strafe wieder auf zehn Jahre Haft herabgesetzt. Gregorij Schain, der spätere Direktor des Krim-Observatoriums, rettete Kozyrew aus dieser entsetzlichen Lage. Er brachte es zuwege, daß Kozyrew 1945 nach Moskau verlegt wurde, und sorgte dafür, daß er 1947 freigelassen wurde. Kozyrew nahm seine astrophysikalischen Forschungen wieder auf, aber er hatte zehn Jahre verloren. So viel Glück hatten andere sowjetische Wissenschaftler nicht; viele wurden hingerichtet. Die Verfolgung erstreckte sich sogar auf die Angehörigen der Wissenschaftler. Auch Kozyrews Frau wurde inhaftiert, wenn auch nicht so lange wie ihr Mann.

In anderen Ländern ging man nicht ganz so extrem gegen die wissenschaftliche Erkenntnis vor, und bald ging es nicht mehr um die Frage, ob das Universum expandiert, als vielmehr darum, ob es einen Anfang hatte. In diesem Punkt berührten astronomische Entdeckungen und physikalische Theorien ganz eindeutig auch philosophische und religiöse Fragen.

Man kann Galileis Prozeß als einen klaren Wettstreit zwischen der Autorität der Kirche und der Autorität der Wissenschaft interpretieren. Wer geglaubt hatte, die Wissenschaft habe diesen Wettstreit gewonnen, mußte im 20. Jahrhundert zu seinem Verdruß feststellen, daß die Wissenschaft anscheinend einen religiösen Standpunkt vertrat. Alle, für die die Existenz eines Gottes undenkbar war, sahen sich nun mit dem Undenkbaren konfrontiert: ein Anfang – ein Moment der Entscheidung, ob es ein Universum geben würde – ein Schöpfer.

Nicht jeder, dem der Urknall philosophisches Unbehagen bereitete, war ein erklärter Atheist. Viele hatten, oft ohne darüber nachzudenken, ob es mit ihren religiösen Überzeugungen zu vereinbaren war, darauf vertraut, daß die Wissenschaft die Welt erklären könne. Seit Newtons Zeiten hatte sich innerhalb und außerhalb der Wissenschaft die Annahme verbreitet, daß jeglichem Geschehen, auch den rätselhaftesten und verborgensten Phänomenen, wissenschaftliche Gesetze und Erklärungen zugrunde liegen und daß es dem menschlichen Geist mit der Zeit gelingen werde, diese Gesetze und Erklärungen zu entdecken. Diese geheiligte Annahme geriet durch den Urknall ins Wanken.

Robert Jastrow gibt in seinem 1978 erschienenen Buch *God and the Astronomers* eine bündige Beschreibung der Lage. Selbst Astronom und Agnostiker, tadelt Jastrow gleichwohl die Reaktion seiner Kollegen, nämlich »die Reaktion einer angeblich ach so objektiven Wissenschaft auf Tatsachen, die von der Wissenschaft selbst enthüllt wurden, die aber mit den Glaubensartikeln unseres eigenen Faches in Konflikt geraten«. Er schreibt:

Dies ist eine überaus merkwürdige Entwicklung, mit der niemand gerechnet hatte, abgesehen von den Theologen. Sie hatten schon immer das Bibelwort geglaubt: Am Anfang schuf Gott Himmel und Erde. Augustinus hatte dazu bemerkt: »Wer kann dieses Mysterium verstehen oder es anderen erklären?« Die Entwicklung kam unerwartet, weil es der Wissenschaft mit so außerordentlichem Erfolg gelungen war, die Kette von Ursache und Wirkung zeitlich zurückzuverfolgen. (...) Jetzt möchten wir in dieser Untersuchung zeitlich gern noch ein Stückchen weiter zurückgehen, doch davor scheinen sich unüberwindliche Hindernisse aufzutürmen. Sie sind offenbar nicht durch ein weiteres Jahr oder ein weiteres Jahrzehnt der Forschung, eine weitere Messung oder eine neue Theorie auszuräumen; jetzt hat es vielmehr den Anschein, als werde es der Wissenschaft nie gelingen, den Schleier, der das Mysterium der Schöpfung umgibt, zu lüften. Für den Wissenschaftler, der immer an die Macht der Vernunft geglaubt hat, endet die Geschichte wie ein schlechter Traum. Er hat die Berge der Unwissenheit erklommen, er ist im Begriff, den höchsten Gipfel zu erobern, und als er sich über die letzte Felskante emporzieht, empfängt ihn eine Schar von Theologen, die dort seit Jahrhunderten sitzen.

Drei Physiker aus Cambridge schlugen die Einladung aus, mit den Theologen zu disputieren. Hatte es einst hervorragende Möglichkeiten gegeben, Galileis Ergebnisse auf andere Weise zu erklären, ohne daß die Erde sich bewegen mußte (das Modell Tycho Brahes zum Beispiel), so gab es auch jetzt geeignete Wege, die Ergebnisse von Hubble und Einstein so zu erklären, daß es keinen Anfang des Universums geben mußte.

1948 stellten die Österreicher Hermann Bondi und Thomas Gold mit Fred Hoyle eine Theorie vor, die eine Expansion des Universums zuließ, ohne daß das Universum einen zeitlichen Anfang haben mußte. Ihre »Steady-State«-Theorie wurde zum Hauptkonkurrenten der Urknall-Theorie. Bondi, Gold und Hoyle vertraten die Auffassung, das Universum habe nicht immer all die Materie enthalten, die es heute enthält. Während der Expansion des Universums bilde sich ständig neue Materie, um die entstehenden Lücken auszufüllen, so daß die mittlere Materiedichte im Universum gleichbleibt. Während die Sterne in einer Galaxie wie der unseren ausbrennen und die

Galaxie stirbt, bilden sich aus der neuen Materie neue Galaxien. Ein »Steady-State«-Universum hätte weder Anfang noch Ende. Der in der Urknall-Theorie implizierte unliebsame Hinweis auf eine »Schöpfung« wäre beseitigt.

Mindestens zwei Jahrzehnte lang wogte der wissenschaftliche und philosophische Streit zwischen den Verfechtern der einen und der anderen Theorie, bis in den sechziger Jahren schließlich neue Fakten bekannt wurden, die die Steady-State-Theorie nicht zu erklären vermochte, während die Urknall-Theorie sie vorhergesagt hatte. Es ist eigentlich nicht erstaunlich, daß Hoyle, einer der geistigen Väter der Steady-State-Theorie, ein sehr aufschlußreiches Buch über die kopernikanische Revolution schrieb, in dem er nicht nur große Sympathie für Ptolemäus erkennen läßt, sondern auch unmißverständlich erklärt, *beide* hätten recht gehabt, Kopernikus ebenso wie Ptolemäus.

Die Beobachtungstatsachen, die so eindrucksvoll für den Urknall sprachen, stammten nicht von einem optischen Teleskop. Die Astronomen hatten inzwischen entdeckt, daß das Grundprinzip: »Das glaube ich erst, wenn ich's gesehen habe« sie enorm einschränkte. Das meiste von dem, was sich im Universum abspielt, ist überhaupt nicht zu »sehen«. Es vollzieht sich außerhalb des sichtbaren Bereichs des Spektrums.

Nicht von ungefähr hat die Erforschung des Himmels sich jahrhundertelang auf den Bereich des sichtbaren Lichts beschränkt, und nicht zufällig war die Radioastronomie der erste neuentstandene Zweig der Astronomie. Nur in diesen beiden Bereichen des elektromagnetischen Spektrums, dem optischen und dem Radiobereich, können die Wellen die Erdatmosphäre durchdringen. Strahlung im Infrarotbereich dringt nur bis zu den höchsten Bergen vor. Alle sonstige Strahlung wird von der Erdatmosphäre blockiert. Ultraviolette, Röntgen- und Gammastrahlen aus dem All können nur mit Teleskopen oberhalb der Atmosphäre erforscht werden, und das wurde erst gegen Ende der 50er Jahre möglich.

Die Radioastronomie begann ein Vierteljahrhundert vorher, beinahe durch Zufall. In den dreißiger Jahren wurden transatlantische Telefongespräche per Funk übertragen und dabei von einem lästigen Rauschen begleitet. Karl Jansky von den Bell Telephone Laboratories in Holmdel, New Jersey, erhielt die Aufgabe, die Störungsursache zu ermitteln. Jansky baute eine spezielle Radioantenne, eine lange Anordnung von Metallröhren, die ihm bei seiner Suche helfen sollte.

Die Hauptursache des Rauschens fand Jansky in Gewittern, doch daneben gab es ein schwaches Zischgeräusch, das sich nicht so einfach erklären ließ. Am stärksten war das Zischen, wenn die Himmelsregion in Richtung des Sternbilds Schütze im Zenit stand. In dieser Richtung liegen die zentralen Regionen unserer Galaxis. Befand sich dieser Teil des Himmels unter dem Horizont, war das Zischen schwächer, aber ganz verschwand es nie. Vor Janskys Entdeckung hatte man vermutet, die Sonne sei die stärkste Quelle von Radiostrahlung am Himmel, so wie sie auch die hellste Lichtquelle ist. Jetzt sah es so aus, als könne eine Quelle in einem anderen Teil des Spektrums sehr »hell« sein, ohne als sichtbares Licht in Erscheinung zu treten. Jansky wußte, daß er das Zentrum der Galaxis entdeckt hatte. Aber gab es da draußen vielleicht noch etwas, das unserer Wahrnehmung entging?

Man könnte meinen, eine Entdeckung wie die Janskys hätte Schlagzeilen machen müssen, doch fand sie kaum Beachtung, auch nicht von seiten der Astronomen. Der einzige, der nicht so apathisch reagierte, war Grote Reber, ein exzentrischer Junggeselle und Funkamateur in Wheaton, Illinois, der durch seine Zeitschrift *Popular Astronomy* von Janskys Radiozischen erfuhr. Reber kratzte seine Ersparnisse zusammen und baute sich im Hinterhof des mütterlichen Anwesens eine eigene Anlage, um nach Radiosignalen vom Himmel zu fahnden. Rebers Teleskop war eine Schüssel von neun Metern Durchmesser. Als der Astronom Jesse Greenstein vom Yerkes-Observatorium später das Hinterhof-Teleskop besichtigte, bezeichnete er Reber als »den idealen amerikanischen Erfinder. Er hätte Millionen verdienen können, wenn er sich nicht ausgerechnet für Radioastronomie interessiert hätte.«

In den vierziger Jahren versuchte Greenstein, Reber eine Anstellung an der Universität Chicago zu verschaffen. Daraus wurde nichts, weil die Universität Reber nur unter der Bedingung einstellen wollte, daß Washington für sein Gehalt und die Forschungsmittel aufkomme, und Reber hatte keine Lust, irgendwelchen Bürokraten en détail zu erklären, wie das Geld für neue Teleskope verwendet werden würde. Von Reber abgesehen, interessierte sich in den Vereinigten Staaten bis in die fünfziger Jahre hinein praktisch niemand für Radioastronomie.

Nachdem während des Zweiten Weltkriegs das Radar entwickelt worden war, begriffen Astronomen in anderen Ländern schneller, daß die Erforschung der Strahlung in einem anderen Bereich des elektromagnetischen Spektrums außerhalb des sichtbaren Bereichs sich lohnen könnte. 1946 wurde erstmals das Echo eines zum Mond hinaufgesandten Radiosignals empfangen, und in den folgenden Jahren war das Radioteleskop von Jodrell Bank in England weltweit führend in der Kartierung von Radioquellen im All, dicht gefolgt von der Universität Cambridge und einem Team in Australien. Besonders starke Strahlungsquellen im Radiobereich des Spektrums wurden als »Radiosterne« und »Radiogalaxien« bezeichnet.

In den Anfangsjahren der Radioastronomie gab es ein Problem, das mit dafür verantwortlich war, daß ihr seitens der optischen Astronomen zunächst so wenig Beachtung geschenkt wurde: Radioteleskope wie das von Reber konnten den Ort einer Quelle am Himmel nicht hinreichend genau messen, um feststellen zu können, welches sichtbare Objekt die Radiowellen abstrahlte. Dafür hätte die Auflösung aufs Hundertfache gesteigert werden müssen, und das hätte bedeutet, ein Teleskop von einem Kilometer Durchmesser zu bauen. Das Spektrum der Radiowellen erstreckt sich über einen breiten Bereich, aber sie sind alle länger als Wellen im sichtbaren Teil des Spektrums, und das ist das Problem. Eine brauchbare Auflösung ist erst mit einem Radioteleskop zu ereichen, das erheblich größer ist als die Länge der von ihm empfangenen Radiowellen. Sich auf kürzere Radiowellen zu beschränken, bringt einen nicht viel weiter. Bei den sehr viel kürzeren Wellen im *sichtbaren* Teil des Spektrums ist mit optischen Teleskopen dagegen relativ einfach eine gute Auflösung zu erzielen. 1949 wurde dieses Problem von den Radioastronomen schließlich gelöst: Sie schalteten ein Netz kleiner Teleskope mit einer Empfangsstation zusammen, die die Signale zusammenfaßt. Bei einem solchen Netz spricht man von einem »Radiointerferometer«.

England und Australien blieben führend auf diesem Gebiet. 1950 erhielten Martin Ryle und seine Mitarbeiter von der Universität Cambridge Beweise für Radiostrahlung von vier nahen Galaxien, darunter Andromeda. Ryle war ein Anhänger der Urknall-Theorie, für die er und seine Kollegen immer mehr Beweise fanden, als sie die Verteilung von Radioquellen am Himmel systematisch kartierten. Sie entdeckten, daß die Zahl der Radiogalaxien in weiter Ferne sehr viel größer ist als in unserer Nachbarschaft. Da wir aber, je weiter wir ins All hinausspähen, auch um so weiter in die Vergangenheit zurückschauen, sah Ryle mit seinen Radioteleskopen das Universum in einem sehr viel früheren Stadium, und was er beobachtete, deutete darauf hin, daß die Dichte der Radiogalaxien damals größer war als heute. Dies ist in einem expandierenden Universum, in dem sich alles im großen Maßstab voneinander entfernt und früher sehr viel enger zusammengedrängt war, auch zu erwarten.

Es ist weitgehend Greensteins Einfluß zu verdanken, der inzwischen Professor am California Institute of Technology war, daß 1954 in West Virginia das National Radio Astronomy Observatory entstand und in der Nähe des Yosemite-Nationalparks in Kalifornien unter der Ägide des CalTech ein Radiointerferometer errichtet wurde. Doch auch in der Zwischenzeit, in der die Radioastronomie in den Vereinigten Staaten praktisch nicht existierte, hatte die Bell Telephone Company ihre Forschung auf dem Gebiet des Funkverkehrs fortgesetzt. So kam es denn auch in den Bell Laboratories, wo Jansky in den dreißiger Jahren erstmals das Radiorauschen aus dem All untersucht hatte, zu jener Entdeckung, die in den Augen der meisten Wissenschaftler als entscheidender Beweis für die Urknall-Theorie galt.

Arno Penzias stammte aus einer jüdischen Familie in München. Seine Familie – er hatte noch einen Bruder – gehörte zu den letzten Juden, die es schafften, Nazideutschland zu verlassen. Er war sechs Jahre alt, als sie im Winter 1940 als mittellose Einwanderer in New York ankamen. Sein Physikdiplom erwarb Penzias am City College in New York, seinen Doktortitel an der Columbia-Universität. 1961 trat er eine Stelle bei den Bell Labs an, wo zwei Jahre später der Texaner Robert Wilson sein Mitarbeiter wurde. Wilson neigte anfangs mehr zur Steady-State- als zur Urknall-Theorie. Während seines Studiums am CalTech hatte Fred Hoyle, der dort eine Gastprofessur wahrnahm, ihn stark geprägt. 1963, ein Jahr nach Erlangung des Doktortitels, ging Wilson an die Ostküste, um bei den Bell Labs zu arbeiten.

Bei Bell gab es eine große Hornantenne, die für die Verbindung mit dem Echo I-Nachrichtensatelliten gebaut worden war. Im Frühling 1964 benutzten Penzias und Wilson diese Antenne, um ein Rauschen zu untersuchen, das die Übertragung durch den Satelliten beeinträchtigte. Die Wissenschaftler, die mit der Antenne arbeiteten, mußten Korrekturen vornehmen und sich auf Signale beschränken, die stärker waren als das »Rauschen«. Man konnte diese lästige Erscheinung einfach ignorieren, aber Penzias und Wilson entschlossen sich, sie genauer unter die Lupe zu nehmen. Ihnen fiel auf, daß das Rauschen konstant blieb, wohin sie die Antenne auch richteten. Falls das Rauschen aus der Erdatmosphäre stammte, hätte eine auf den Horizont gerichtete Antenne mehr Rauschsignale auffangen müssen als eine senkrecht nach oben gerichtete Antenne. Penzias und Wilson vermuteten, daß das Rauschen entweder von jenseits der Erdatmosphäre oder aus der Antenne selbst stammen mußte. Also wurden die Tauben, die in der Antenne nisteten, hinausgeworfen, und ihre Exkremente wurden entfernt. Nichts änderte sich.

Penzias und Wilson wußten nichts von theoretischen Vorhersagen, die Ende der vierziger Jahre gemacht worden waren, und von den Forschungen, die in Großbritannien, in der UdSSR und wenige Meilen weiter in Princeton, New Jersey, betrieben wurden. Der aus Rußland stammende Physiker George Gamow, der sich 1933 in den Westen abgesetzt hatte, und die beiden Amerikaner Ralph Alpher und Robert Herman hatten in den vierziger Jahren auf der Grundlage von Friedmanns Gleichungen ein Bild vom frühen Universum entworfen, bis zurück zu dem Ereignis, mit dem das Universum begann. Ihrer Vorhersage zufolge mußte es eine Reststrahlung geben, die aus der Zeit rund tausend Jahre nach der Entstehung des Universums stammte. Wenn die Urknall-Theorie stimmte, war das Universum damals sehr heiß, doch inzwischen mußte sich die Temperatur auf etwa fünf Grad über dem absoluten Nullpunkt abgekühlt haben. Die Vorhersage wurde nicht überprüft, weil es nicht leicht war, eine solche Strahlung zu beobachten.

Anfang der sechziger Jahre erwog man durchaus noch die Möglichkeit, daß es diese Strahlung geben könnte, und man überlegte, welche Temperatur sie haben könnte. 1964, als Penzias und Wilson den Taubendreck aus der Antenne kratzten, waren Fred Hoyle und sein Kollege Roger Taylor in England damit beschäftigt, die Hintergrundtemperatur zu berechnen, die das Universum heute haben würde, falls es mit einem Urknall begonnen hatte. In der Sowjetunion war Jakow Borisowitsch Seldowitsch, ausgehend von der heute beobachteten Häufigkeit der Elemente Wasserstoff, Helium und Deuterium, zu dem Schluß gekommen, daß das Universum mit einem heißen Urknall begonnen hatte und daß seine Hintergrundtemperatur gegenwärtig wenige Grad über dem absoluten Nullpunkt lag. Sowjetische Forscher hatten von neueren radioastronomischen Messungen berichtet und daraus Folgerungen bezüglich der Hintergrundstrahlung gezogen. Sie hatten sogar angedeutet, daß nur eine Antenne auf der Erde imstande sei, diese Strahlung festzustellen – wenn dies überhaupt möglich sei –, und zwar die Antenne von Bell Labs in Holmdel.

In diese Richtung zielten auch die Überlegungen von Robert Dicke in Princeton. 1916 in Missouri geboren, gehörte er zur selben Generation wie Hoyle. Er hatte in Princeton und an der Universität Rochester studiert, hatte während des Zweiten Weltkriegs am Massachusetts Institute of Technology (MIT) in der Radarforschung gearbeitet und war mittlerweile Dozent in Princeton geworden. Hin und wieder hatte er sich mit der Frage nach der Hintergrundtemperatur des Universums und der bislang unentdeckten Hintergrundstrahlung befaßt. 1964 beauftragte er P. J. E. Peebles, einen jungen Forscher in Princeton, damit, herauszufinden, wie sich die Temperatur in einem expandierenden Universum, das mit einem heißen Urknall begonnen hatte, entwickelt haben könnte. Als Peebles seine Berechnungen abgeschlossen hatte, beauftragte Dicke zwei andere Forscher, auf dem Dach des Physiklabors in Princeton eine Antenne zu errichten, mit der die theoretisch vorhergesagte Strahlung festgestellt werden sollte. Zu diesem Zeitpunkt erhielt Dicke einen Anruf von Arno Penzias und Robert Wilson.

Der Zufall wollte es, daß Bernard Burke, ein anderer Radioastronom, von Penzias und Wilsons Problem hörte und zugleich (im Unterschied zu ihnen) über Dickes Forschungen im Bilde war. Burke brachte Dicke, Penzias und Wilson zusammen, und sie waren sich rasch einig, daß Penzias und Wilson durch Zufall die Strahlung gefunden hatten, die Dicke zu entdecken gehofft hatte.

Man hat diese allgegenwärtige Strahlung, die mit gleicher Intensität aus allen Himmelsrichtungen kommt, mit einer verblichenen Fotografie des Universums verglichen, wie es 300 000 Jahre nach dem Urknall aussah. Es ist das älteste »Foto«, das wir besitzen, und der unmittelbarste Beweis dafür, daß das Universum einmal viel heißer und dichter war als heute. Im Laufe der Expansion des Universums hat sich diese Strahlung so stark abgekühlt und eine so starke Rotverschiebung erfahren, daß sie uns im Mikrowellenbereich des Spektrums mit einer Temperatur von rund drei Grad über dem absoluten Nullpunkt erreicht, etwas kühler als die fünf Grad, die Gamow, Alpher und Herman in den vierziger Jahren vorhergesagt hatten.

Woher stammt diese Strahlung? Der Urknall-Theorie zufolge war das Universum in seinen ersten Stadien von elektromagnetischer Strahlung erfüllt. Diese Strahlung lag nicht im sichtbaren Teil des Spektrums; dafür war sie viel zu heiß, im Bereich von Billionen Grad. Mit der Expansion des Weltalls wurden die

Wellenlängen der Strahlung länger, und sie verschob sich innerhalb des Spektrums. Allmählich kühlte sich das Universum ab, aber auch als es rund 300 000 Jahre alt war, war die Strahlung noch zu energiereich, als daß Elektronen und Protonen sich zu Atomen hätten vereinen können. Wenn ein Elektron anfing, ein Proton zu umkreisen, wurde es von einem Photon, einem Teilchen der elektromagnetischen Strahlung, aus der Bahn gestoßen. Um die 300 000-Jahr-Marke herum hatte sich das Universum so weit abgekühlt, daß die Photonen nicht mehr genügend Energie hatten, um Elektronen von Protonen wegzustoßen. Elektronen und Protonen konnten zusammen Wasserstoffkerne und -atome bilden, und Photonen konnten sich freier bewegen. Physiker sprechen von der »Entkoppelung« von Materie und Strahlung. Nach diesem Wandel verbreitete sich Strahlung (Photonen) in alle Richtungen, und es ist diese Strahlung, die wir heute, mit einer Rotverschiebung über das ganze Spektrum hinweg bis in den Mikrowellenbereich, als kosmische Mikrowellen-Hintergrundstrahlung beobachten können. Die Reise dieser Strahlung begann zwar vor längerer Zeit und in größerer Ferne als alles, was wir sonst noch beobachten, doch braucht man, um sie zu entdecken, keine speziellen Geräte. Der Schnee, der sich auf dem Fernsehbildschirm zeigt, wenn ein Sender nicht sendet, besteht teilweise aus dieser Strahlung, diesem schwachen Nachglühen des Urknalls.

Es gehört zu den interessanten Kleinigkeiten der Astronomie, daß Penzias und Wilson eigentlich nicht die ersten waren, die die kosmische Mikrowellen-Hintergrundstrahlung entdeckten und maßen. Ed Ohm, ein anderer Ingenieur bei Bell Labs, hatte 1961 ebenfalls zu ermitteln versucht, woher das »Rauschen« kam. Er eliminierte alles, was sich auf andere Weise erklären ließ, und landete bei dem Äquivalent einer Strahlung, die eine Temperatur von rund drei Grad über dem absoluten Nullpunkt hatte. Zu seinem Pech fand Ohm das Problem nicht ebenso lästig wie Penzias und Wilson, und so ging er ihm nicht weiter nach, noch ahnte er etwas von seiner Bedeutung. Es setzte sich auch niemals in Verbindung mit jemand anderem, der über die theoretischen Vorhersagen Bescheid wußte. So waren es dann Penzias und Wilson, die für die Entdeckung einen Nobelpreis erhielten.

Warum wurde diese Entdeckung nicht früher gemacht? Gamow, Alpher, Herman oder Dicke hätten, wenn sie es versucht hätten, die kosmische Mikrowellen-Hintergrundstrahlung wahrscheinlich früher entdecken können. Wie die Dinge lagen, mußte dafür aber wohl einiges zusammenkommen: eine Privatfirma – American Telephone and Telegraph (AT&T) –, die so umsichtig war, Grundlagenforschung zu finanzieren und solche Forscher wie Wilson und Penzias für sich zu gewinnen, die Hartnäckigkeit und Neugier dieser Männer selbst, die, anders als Ohm, nicht zufrieden waren, bevor sie dem Geheimnis nicht auf die Spur gekommen waren, und der glückliche Zufall einer Begegnung zwischen Beobachtung und Theorie, als diese *beinahe* wie Schiffe in der Nacht aneinander vorbeigefahren wären.

Vom Beginn der sechziger Jahre an schien sich für die Anhänger der Urknall-Theorie alles wie von selbst zu einem klaren Bild zu fügen. Hinzu kam die Entdeckung, daß Quasare, in denen die Theorie ein Frühstadium der Galaxienbildung sah, nur in riesigen Entfernungen von der Erde vorkommen. Hätte die Steady-State-Theorie recht damit, daß Galaxien immer wieder sterben und durch neue Galaxien aus neuer Materie ersetzt werden, und wären Quasare ein Element des Prozesses der Galaxienbildung, dann müßten sie ziemlich gleichmäßig über das ganze Universum verteilt sein. Die Tatsache, daß dies nicht der Fall ist, spricht gegen die Steady-State- und für die Urknall-Theorie. Die große Entfernung der Quasare von uns im Raum (und damit auch in der Zeit) bedeutet, daß sie nur existiert haben, als das Universum sehr viel jünger war, daß es dieses spezielle Stadium der Galaxienbildung folglich nur in der fernen Vergangenheit gegeben hat, daß es in späteren Abschnitten der Geschichte des Universums nicht wieder vorgekommen ist und daß es heute nicht mehr existiert. Das Universum wiederholt sich nicht.

Seither haben Astronomen und Physiker die kosmische Mikrowellen-Hintergrundstrahlung auf Hinweise darauf untersucht, wie sich das Universum entwickelt hat. Paul Richards und seine Kollegen in Berkeley versuchten 1973 durch Ballonexperimente herauszufinden, ob die Hintergrundstrahlung das von der Urknall-Theorie vohergesagte Spektrum aufweist. Genau das fanden sie bestätigt.

Weiter erhärtet wurde die Theorie, ebenfalls Anfang der siebziger Jahre, als man anhand der Spektren von anderen Galaxien die Häufigkeit der in ihnen vorkommenden Elemente ermittelte. Nach der Urknall-Theorie müßte die Masse aller Elemente, aus denen sich das Universum zusammensetzt, zu 25 Prozent aus Helium-4 bestehen. Die Untersuchungen bestätigten das, ebenso wie Messungen innerhalb der Milchstraße. Auch die Häufigkeiten anderer Elemente wie Deuterium, Helium-3 und Lithium entsprachen den Vorhersagen der Theorie.

Zwar sah es somit immer mehr danach aus, als sei der Steady-State-Theorie dasselbe Schicksal beschieden wie dem tapferen letzten Versuch Tycho Brahes, das geozentrische Weltbild zu retten, doch war auch die Urknall-Theorie nicht ganz ohne Probleme. Es gab zwei Stolpersteine: das »Horizontproblem« und das »Flachheitsproblem«.

Das »Horizontproblem« entsteht aufgrund der Beobachtung, daß die kosmische Mikrowellen-Hintergrundstrahlung sehr homogen ist, daß sie also in allen Richtungen dieselbe ist, und zwar auch in Regionen, die viel zu weit voneinander entfernt sind, als daß selbst in den frühesten Stadien des Universums jemals Strahlung von einer Region in die andere gelangt sein könnte. In diesen weit voneinander entfernten Bereichen ist die Intensität der Strahlung so weitgehend identisch, daß man annehmen muß, hier sei durch einen Energieaustausch ein Gleichgewicht hergestellt worden. Es stellt sich die Frage, wie das geschah.

Das »Flachheitsproblem« bezieht sich auf die Frage, warum das Universum entweder nicht längst mit einem großen Krach zusammengestürzt ist oder warum es sich umgekehrt nicht so rasant ausgedehnt hat, daß es der Gravitation nicht möglich gewesen wäre, Materie zusammenzuziehen, so daß Sterne entstehen konnten. Weder das eine noch das andere hat stattgefunden oder findet derzeit statt. Doch die Existenz eines Universums, das sich zwischen diesen beiden Extremen irgendwie in der Schwebe hält, ist dermaßen unwahrscheinlich, daß es die Vorstellungskraft überfordert.

Eine revidierte Fassung der Urknall-Theorie versprach beide Probleme zu lösen: die »Inflationstheorie«, die in den späten siebziger Jahren auf den Plan trat. Alan Guth, der damals als junger Physiker am Linearbeschleuniger in Stanford arbeitete, vermutete, daß das Universum eine frühe Phase rasanten Wachstums durchgemacht haben könnte, bevor sich das Wachstum auf die heutige Expansionsgeschwindigkeit verlangsamte. Guth war sich sogleich bewußt, daß er da auf eine großartige Idee gekommen war. »SENSATIONELLE ERKENNTNIS« schrieb er in sein Notizbuch und umrahmte die Worte gleich zweimal.

Guth machte sich daran, einen Prozeß zu beschreiben, durch den sich innerhalb von weniger als 10^{-30} Sekunden nach dem Urknall (als Bruch geschrieben hat diese Zahl eine 1 im Zähler und im Nenner eine 1 gefolgt von 30 Nullen) die Gravitation in eine gewaltige abstoßende Kraft verwandelt haben könnte. Diese Kraft habe dann, statt die Materie zusammenzuhalten und die Expansion des Universums zu bremsen, in einem unvorstellbar kleinen Sekundenbruchteil die Expansion derart beschleunigt, daß sich das Universum von einer geringeren Größe als der eines Protons im Atomkern etwa auf die Größe eines Golfballs ausdehnte. Nach der Inflationsphase, so vermutete Guth, habe sich das Universum weiter ausgedehnt, aber in einem ruhigeren Tempo.

Die Inflationstheorie löst das Horizontproblem, indem sie postuliert, das sichtbare Universum sei aus einer Region hervorgegangen, die so winzig war, daß sie ins Gleichgewicht kommen konnte, bevor die Inflationsphase einsetzte. Dem Flachheitsproblem begegnet die Inflationstheorie folgendermaßen: Es gibt zwar eine unbegrenzte Zahl möglicher Entwicklungen des Universums – solche, bei denen das Universum in sich zusammenfällt, solche, bei denen es sich bis in alle Ewigkeit ausdehnt und dabei unendlich dünn wird, und auch die, bei der es zwischen beiden Extremen exakt im Gleichgewicht bleibt –, es kann aber durchaus erwartet werden, daß sich das Universum in vollkommenem Gleichgewicht befindet und immer weiter expandiert, aber mit einer stetig abnehmenden Geschwindigkeit, und weder in sich zusammenfällt noch sich unendlich verdünnt. Vor der Inflationstheorie hatte die Urknall-Theorie diesen Balanceakt des Universums nicht erklären können. Guth und andere, die zur Inflationstheorie beigetragen haben, sagen jedoch aus, daß diese Phase der rasanten Inflation ein etwaiges Ungleichgewicht zwischen der aus dem Urknall herrührenden Expansionsenergie und der zusammenziehenden Kraft der Gravitation beseitigt hätte und ein flaches Universum geschaffen hätte. Die Entstehung eines flachen Universums ist aufgrund der beiden einander entgegenwirkenden Kräfte eigentlich extrem unwahrscheinlich, doch als Voraussetzung für intelligentes Leben unabdingbar.

Um sich die Inflationstheorie zu veranschaulichen, stellen Sie sich wieder anhand eines Ballons vor, wie das Universum vor Beginn der Inflationsphase ausgesehen haben könnte. Blasen Sie ein wenig Luft in den Ballon. Das ist die Expansion des Universums vor der Inflationsphase. Bringen Sie jetzt auf der Ballonoberfläche einen winzigen roten Punkt an. Befestigen Sie den Ballon anschließend an einer Maschine, mit der man Ballons rasch aufblasen kann, und stellen Sie die Maschine auf volle Kraft. Der Ballon wird dadurch zu einer beachtlichen Größe aufgebläht. Auch der winzige rote Punkt ist jetzt sehr groß geworden. Nun stellen Sie sich bitte vor, daß nicht der ganze Ballon, sondern allein der rote Punkt alles repräsentiert, was wir vom Universum sehen können und jemals sehen werden. Die Inflationstheorie sagt aus, daß das, was wir gewöhnlich als Universum bezeichnen, gleichermaßen nur ein winziger Bruchteil des Ganzen ist.

Angenommen, wir hätten nicht nur einen roten Punkt gezeichnet, sondern den ganzen Ballon mit Punkten, vielleicht sogar mit unendlich vielen, übersät. Wird, nachdem wir den Ballon aufgeblasen haben, jeder Punkt etwas repräsentieren, das seiner Größe nach dem beobachtbaren Universum entspricht?

Andrei Linde von der Universität Stanford ist der Auffassung, daß dies wahrscheinlich nicht der Fall ist. Linde, der ein Studium an der Moskauer Universität und am Physikalischen Institut P. N. Lebedew in Moskau absolvierte, war schon ein renommierter Physiker, bevor er 1990 nach Stanford wechselte. Eines seiner zahlreichen Verdienste ist eine 1983 von ihm aufgestellte neue Version der Inflationstheorie.

Nach dieser Version befand sich das frühe Universum vor der Inflationsphase in einem chaotischen Zustand, vergleichbar mit dem der Meeresoberfläche. Wenn das Universum dermaßen chaotisch war, wäre es unsinnig, von *dem* Anfangszustand zu sprechen. Wir könnten alle möglichen Anfangszustände entdecken, je nachdem, welchen Teil wir untersuchen. Jeder der Punkte auf dem Ballon könnte andere lokale Verhältnisse aufweisen. Dementsprechend hat jeder Punkt anders auf die abstoßende gravitative Kraft reagiert. Einige haben auch gar nicht reagiert. Einer Version der Theorie zufolge befanden sich jedoch nach dem Ende der Inflation die Punkte, die tatsächlich aufgebläht wurden, genau im Gleichgewicht zwischen der Gravitation (die nun in der uns vertrauten Weise wirkte) und der aus dem Urknall herrührenden abstoßenden Kraft, so wie wir es heute in unserem Universum beobachten können. Möglicherweise hat nur einer von all diesen Punkten dieses Gleichgewicht erreicht. Wenn ja, dann ist dieser Punkt unser Universum.

Zwar vermochte die Inflationstheorie die Probleme der Urknall-Theorie erfolgreich zu lösen, doch fehlte es an Beobachtungsdaten, aus denen man hätte ablesen können, daß die Inflation auch wirklich die richtige Erklärung ist. Entdeckungen in den späten neunziger Jahren sollten den Theoretikern eine Reihe neuer Probleme bereiten, gaben ihnen aber auch die Aussicht auf neue Lösungen und Beobachtungsdaten.

Doch noch ein drittes Problem machte den Urknall-Theoretikern nach der Entdeckung von Wilson und Penzias hartnäckig zu schaffen: die Frage, warum aus einem Universum, das nach 300 000 Jahren so gleichförmig erschienen war, eine solche Vielfalt von Zusammenballungen entstanden war. Bei wiederholten Messungen fanden die Forscher, daß die kosmische Mikrowellen-Hintergrundstrahlung in allen Richtungen, bis an die Grenzen des beobachtbaren Universums von gleichförmiger

Temperatur war. Das frühe Universum mußte also extrem gleichmäßig strukturiert gewesen sein, ohne Zusammenballungen oder Unregelmäßigkeiten, die sich in Fluktuationen dieser Temperatur bemerkbar gemacht hätten. Wie hatte sich das Universum dann zu Galaxienhaufen, Galaxien, Sternen, Planeten und sogar zu so kleinen Materiehaufen wie den Menschen entwickeln können? Der Keim für diese Entwicklungen mußte irgendwo in der Vergangenheit liegen, aber wo?

Materieteilchen ziehen einander an. Je näher die Teilchen einander sind, desto stärker wirkt die gravitative Anziehung auf sie ein. Wenn alle Materieteilchen im Universum gleich weit voneinander entfernt sind und es keine Bereiche gibt, in denen ein paar Teilchen auch nur einen Hauch enger zusammengerückt sind, wird auf jedes Teilchen aus allen Richtungen die gleiche Anziehung wirken, und keines wird sich von der Stelle rühren, um sich einem anderen Teilchen zu nähern.

Eine solche gegenseitige Blockade hatten die Forscher offenbar im frühen Universum entdeckt. Die Materie schien so gleichmäßig verteilt zu sein, daß aus ihr niemals die Strukturen hätten entstehen können, die wir heute im Universum sehen. Wenn es nicht so war, warum fand man dann nicht auch nur die geringste Fluktuation in der Hintergrundstrahlung, jenem »Foto« von der damaligen Verteilung der Materie?

Schließlich gab George Smoot, Astrophysiker am Lawrence Berkeley Laboratory und an der Universität von Kalifornien, im April 1992 bekannt, er und seine Kollegen von mehreren anderen Institutionen hätten die lange gesuchten »Runzeln«, also lokale Dichteschwankungen, gefunden. Ein Satellit, der Cosmic Background Explorer (COBE), hatte die Fluktuationen in der kosmischen Mikrowellen-Hintergrundstrahlung entdeckt, nach denen Astrophysiker seit einem Vierteljahrhundert gesucht hatten. Die Temperaturabweichungen beliefen sich auf nicht mehr als ein hunderttausendstel Grad, aber das reichte nach Überzeugung der Forscher aus, um zu erklären, wie sich das Universum entwickelt hatte. Diese winzigen topographischen Abweichungen im Universum, als es erst 300 000 Jahre alt war, waren der Beweis für Gravitationsverhältnisse, unter denen es möglich gewesen war, daß Materie andere Materie anzog und immer größere Zusammenballungen bildete.

Wie waren die winzigen Fluktuationen zustande gekommen? Eine gleichmäßige Verteilung der Materie war schon nach Meinung von Isaac Newton unwahrscheinlicher als das Gelingen des Versuchs, eine Nadel mit der Spitze auf einem Spiegel stehen zu lassen. Wir sind an ein Universum gewöhnt, das voller Asymmetrien und Unregelmäßigkeiten ist, an genau die Situation, die für die modernen Theoretiker erklärungsbedürftig ist. Warum ist das Universum so?

Es hat Versuche gegeben, die Frage nach dem Zustandekommen der winzigen Fluktuationen zu beantworten, aber entsprechende Beobachtungsdaten liegen nicht vor. Inflationstheoretiker haben darauf hingewiesen, daß das, was wir »leeren Raum« nennen, nach der Heisenbergschen Unschärferelation der Quantenmechanik nicht wirklich leer sein kann. Zu jeder Zeit und an jedem Ort des Universums kommt es zu winzigen Energiefluktuationen. Im jungen Universum wurden die durch diese Fluktuationen erzeugten Wellenberge und -täler während der Inflationsphase vermutlich so stark aufgebläht, daß sie zu Keimzellen aller späteren Unregelmäßigkeiten wurden.

Im Jahr 2000 will die NASA ihre Mikrowellen-Anisotropie-Sonde ins All schicken. Diese Sonde mit dem englischen Namen »Microwave Anisotropy Probe«, abgekürzt MAP, soll die Hintergrundstrahlung 30mal genauer messen als COBE. Noch genauere Beobachtungen erwartet man sich ab 2004 vom Planck-Satelliten der Europäischen Raumfahrtbehörde ESA. Daneben sind mehrere Ballonexperimente in Planung.

Aber auch jetzt schon können wir aus vielfältigen Tatsachen schließen, daß wir wirklich in einem Urknall-Universum leben. Die Geschichte dieses Universums stellt sich theoretisch – durch die Inflationstheorie nachgebessert – folgendermaßen dar: Alles, was wir beobachten und jemals werden beobachten können, war einmal zu einer unvorstellbar dichten Masse zusammengepreßt. Diese explodierte, und alles einschließlich des Raums begann sich auszudehnen. Nach der kurzen Phase einer extrem schnellen Inflation verlangsamte sich die Expansion und ging in einem langsameren Tempo weiter. Die Materie breitete sich aus und kühlte ab. Alles war gleichmäßig und praktisch gleichförmig, mit Ausnahme einiger kleiner Runzeln, der »Dichtefluktuationen«. Im Verlauf der Expansion konzentrierte sich durch die gravitative Anziehung um jene Gebiete, in denen Materie bereits dichter konzentriert war, noch mehr Materie, und aus diesen Zusammenballungen entstanden schließlich Sterne, Galaxien, Haufen und Superhaufen von Galaxien, die durch die Gravitation zusammengehalten werden.

Während Beobachtungen und Experimente die Vorhersagen der Urknall-Theorie bestätigten, stellten Theoretiker erneut die Frage nach dem Zeitpunkt des »Anfangs« und auch die, ob ein expandierendes Universum, das kein Steady-State-Universum ist, überhaupt einen Anfang haben muß?

Sowohl der gesunde Menschenverstand als auch die Mathematik legen folgenden Schluß nahe: Wenn man in einem Universum, das sich immer weiter ausdehnt, die Zeitrichtung umkehren und zum Anfang zurückkehren könnte, müßte sich zeigen, daß es sich wieder zusammenzieht. Am Ende würde es sich in einem Punkt konzentrieren. Kann man auch zu einem anderen Schluß kommen?

Die russischen Wissenschaftler Jewgenij Lifschitz und Isaak Chalatnikow schlugen schon 1963 ein anderes denkbares Ende dieser zeitlichen Umkehrung vor. Sie ließen den Film mit der Geschichte des Universums rückwärts laufen, nach einem Drehbuch, in dem das Universum kontrahiert und alle Galaxien einander näher kommen, sich offenbar auf Kollisionskurs befinden. Lifschitz und Chalatnikow zeigten jedoch, daß die Galaxien außer der Bewegung, die sie aufeinander zutreiben läßt, noch eine zusätzliche Bewegung aufweisen. Könnte diese nicht dafür verantwortlich sein, daß sie einander zwar näher kommen, aber am Ende doch, einander gewissermaßen flüchtig grüßend, aneinander vorbeifliegen? War dies eine Möglichkeit, einen Anfang auszuschließen? Wäre es denkbar, daß wir das Universum wieder expandieren sehen, wenn wir den Film nur lange genug rückwärts laufen lassen? Oder war es unausweichlich, daß alles an einem Punkt begann?

Es war diese Frage, die Stephen Hawking in Cambridge und Roger Penrose in Oxford ab Mitte der sechziger Jahre beschäftigte.

Hawkings Geschichte kennt jeder. Er ist schon zu Lebzeiten zur Legende geworden als der Physiker, der bis zu den Grenzen wissenschaftlicher Erkenntnis vordringt, der spektakulären Eingebungen folgt, der sich selbst oft zu widersprechen scheint und Bestseller schreibt, die höchste Ansprüche an die Leser stellen. Eine unheilbare, langsam fortschreitende Muskellähmung hat Hawking regungslos an den Rollstuhl gefesselt, aber an geistiger Beweglichkeit tut es ihm keiner nach.

Auch Roger Penrose denkt unkonventionell. In seiner Jugend entdeckte er ein »unmögliches Objekt«, eine Figur, die nicht wirklich existieren kann, weil sie sich selbst widerspricht. Sein Vater half ihm, diese Idee in die »Penrose-Treppe« umzusetzen, und M.C. Escher verwendete diese auf zwei seiner berühmten Lithographien, *Aufstieg und Abstieg* und *Wasserfall*. Penrose gelang es außerdem, ein unmögliches Objekt in einem vierdimensionalen Raum bildlich darzustellen. Auch später hat er sich immer wieder mit »spielerischer« Mathematik befaßt. Er wurde zu einem der kreativsten Mathematiker, Physiker und Autoren, und er hat zwei Formen entdeckt (»Penrose-Kacheln«), die in dreidimensionaler Gestalt einer anderen Art von Materie zugrunde liegen könnten.

Auf der Grundlage früherer Untersuchungen von John Archibald Wheeler, Subrahmanyan Chandrasekhar und anderen zeigte Penrose 1965, daß, die Gültigkeit der Allgemeinen Relativitätstheorie und einiger anderer Gesetzmäßigkeiten vorausgesetzt, ein massereicher Stern durch die Kraft seiner eigenen Gravitation in sich zusammenstürzt, wenn sein nuklearer Brennstoffvorrat erschöpft ist. Er bildet dann einen Punkt von unendlicher Dichte und unendlicher Krümmung der Raumzeit, eine »Singularität«. Die Allgemeine Relativitätstheorie sagt die Existenz von Singularitäten vorher. Anfang der sechziger Jahre überlegten einige Physiker, daß beim Gravitationskollaps eines Sterns von hinreichender Masse eine Singularität im Zentrum eines Schwarzen Lochs entstehen könnte, aber kaum jemand nahm diese Überlegung ernst. Penrose rechnete aus, daß dies auch dann der Fall sein wird, wenn der Kollaps nicht vollkommen reibungslos und symmetrisch abläuft. Und zwar nicht »möglicherweise«, sondern ganz bestimmt.

In seiner Doktorarbeit, die er 1965 in Cambridge vorlegte, kehrte Stephen Hawking die Zeitrichtung um und wandte dieselbe Überlegung auf das gesamte Universum an. Er vermutete, beim Zurückspulen der Expansion des Universums etwas Ähnliches zu entdecken wie Penrose' Schwarze Löcher. Wenn der Kollaps (die Umkehrung der Expansion des Universums) weit genug fortgeschritten war, änderten auch zusätzliche Bewegungen der Galaxien nichts mehr an der Geschichte des Universums. 1970 konnten Hawking und Penrose folgendes beweisen (in Hawkings Worten): »... wenn die allgemeine Relativität richtig ist, (muß) jedes akzeptable Modell des Universums mit einer Singularität beginnen«. Alles, woraus einmal die Materie und Energie des Universums werden sollte, die die Menschen irgendwann würden beobachten können, wäre demnach nicht auf den Raum zusammengedrängt gewesen, wie Lemaître sich vorgestellt hatte (das Uratom), sondern auf etwas noch viel Kleineres – einen Punkt von unendlicher Dichte.

Das ging nun wirklich zu weit! Mit unendlichen Zahlen können physikalische Theorien nicht arbeiten. Wenn die Allgemeine Relativitätstheorie eine Singularität von unendlicher Dichte und unendlicher Raumzeitkrümmung vorhersagt, dann sagt sie ihr eigenes Versagen vorher. Bei einer Singularität ist mit all den Theorien der klassischen Physik nichts auszurichten. Man kann nicht vorhersagen, was sich entwickeln wird, sondern nur abwarten und beobachten, was geschieht. Vielleicht wird ja sogar gar nichts geschehen. Es gibt keine Möglichkeit, zu ergründen, warum diese Singularität plötzlich aufhört, eine Singularität zu sein, und zu einem Universum wird. Und was war vor der Singularität? Es ist nicht einmal klar, ob diese Frage überhaupt einen Sinn hat.

Die Entdeckung von Hawking und Penrose bedeutete jedoch nicht, daß niemand mehr versuchte, sich eine Geschichte vom Ursprung des Universums auszudenken, die all jenen mehr behagen würde, die sich mit unüberwindlichen Hindernissen und Hinweisen auf einen Schöpfer nicht abfinden wollten. Hawking sollte bald einer der Eifrigsten sein, die sich bemühten, den gordischen Knoten, den er und Penrose entdeckt hatten, aufzulösen.

7. Kapitel

Das Licht der Vorzeit wird entschlüsselt
1946–1999

Wenn mich jemand im Flugzeug fragte, was ich beruflich mache, habe ich früher gesagt, ich sei Physikerin, und damit war das Gespräch beendet. Als ich einmal sagte, ich sei Kosmologin, wollte man etwas über Make-up von mir wissen, und wenn ich als Berufsbezeichnung »Astronom« angebe, verwechselt man es mit dem Astrologen. Jetzt sage ich, daß ich Landkarten mache.

Margaret Geller

In der zweiten Hälfte des 20. Jahrhunderts wurde die kosmische Entfernungsleiter immer stabiler. Messungen mit alten und neuen Verfahren wurden benutzt, um die Ergebnisse so sicher wie möglich zu machen, und frühere Schätzungen noch einmal mit verbessertem technischem Gerät und einem neuen theoretischen Verständnis unter die Lupe genommen. Es wurde möglich, die Struktur der Galaxis und des ganzen Universums besser als je zuvor zu erkennen.

1946 hatten Forscher erstmals ein Radarsignal zum Mond geschickt und sein Echo aufgefangen. Danach war es den Astronomen möglich, die Entfernungsmessungen innerhalb des Sonnensystems zu verbessern; man schickte Signale zu den Planeten und zur äußeren Atmosphäre der Sonne und maß die Zeit bis zum Eintreffen des Radarechos. Später wurden unbemannte Sonden zu den Planeten geschickt. Wenn man ein Raumschiff zum Mars schickt, und es kommt mit nur geringfügigen Kurskorrekturen dort an, kann man sicher sein, daß man die Entfernung und die Bahn des Mars ziemlich genau gemessen hat. Alle Meinungsverschiedenheiten mit Cassini sind dadurch geklärt.

Zwischen 1838, dem Jahr, in dem Bessel, Henderson und von

Struve erstmals Sternparallaxen maßen, und dem Jahr 1900 wurden mit der Parallaxenmethode die ungefähren Entfernungen zu nicht weniger als rund hundert Sternen gemessen. Weil Lichtstrahlen auf dem Weg durch die Erdatmosphäre gebrochen werden und die Sterne dadurch verschwommen erscheinen, erhält man auch heute mit den besten erdgebundenen Teleskopen genaue Parallaxen von den hellsten Sternen nur bis zu einer Entfernung von rund 300 Lichtjahren, was in Anbetracht der Ausmaße der Galaxis sehr wenig ist. Eine beträchtliche Ausweitung des Beobachtungsbereichs ergab sich Ende der fünfziger Jahre, weil man jetzt Teleskope außerhalb der Atmosphäre stationieren konnte. Bis Anfang der neunziger Jahre hatten die Astronomen einigermaßen genaue Parallaxen von annähernd 10 000 Sternen gemessen. 1989 startete die Europäische Raumfahrbehörde den Satelliten »Hipparcos«, ein Akronym für »High Precision Parallax Collecting Satellite«. »Hipparcos« mißt noch immer Parallaxen, wobei ihm als Grundlinie die Umlaufbahn der Erde dient, aber er kann sie in weit größerer Ferne messen als erdgebundene Teleskope, innerhalb eines Raumvolumens, das hundertmal so groß ist. Bis Mitte der neunziger Jahre hatte »Hipparcos« den Katalog der genau gemessenen Entfernungen auf 120 000 Sterne anwachsen lassen. Vor seiner Indienstnahme gab es außer der veralteten »Bewegungshaufen-Methode« immer noch kein genaueres Verfahren, die Entfernung zum nächsten Sternhaufen, den Hyaden, zu bestimmen. »Hipparcos« mißt ihre Parallaxe direkt.

Einer der bedeutendsten historischen Fortschritte in der Vermessung des Kosmos war die Entdeckung, daß Cepheiden-Veränderliche als »Standardkerzen« dienen konnten, als Eichmaß für Entfernungen jenseits des mit der Parallaxenmethode erfaßbaren Bereichs. Wenn man jedoch die absoluten Entfernungen messen wollte und nicht nur das Verhältnis der Entfernung eines Sterns zu der eines anderen, brauchte man Cepheiden, die nah genug waren, um sie mit der Parallaxenmethode direkt messen zu können. Aber solche Cepheiden gab es nicht. Man konnte sie allenfalls mit einer Variante des statistischen Parallaxenverfahrens messen. Als Teil der Leiter war die Cepheiden-Sprosse somit

233

weniger verläßlich, als sie es hätte sein können, wenn es nähere Cepheiden gäbe. Auch hier verspricht der »Hipparcos«-Satellit endlich einen Durchbruch. Er hat inzwischen einige Cepheiden-Parallaxen direkt gemessen. Es gibt Zweifel an der Verläßlichkeit dieser Messungen, doch die Astronomen hoffen, diese Unge-wißheiten in der ersten Dekade des 21. Jahrhunderts mit einem Projekt namens »Space Interferometry Mission« auszuräumen.

Jeder Aspekt der Sterne ist von Fachleuten erforscht worden: ihre Physik, die Geschwindigkeit, mit der sie Wasserstoff in Helium umwandeln und ihren Brennstoffvorrat verbrauchen, ihre Masse, ihre Temperatur, ihr Lebenszyklus, ihr Spektrum, ihre gegenseitige Beeinflussung in Doppel- und Mehrfachsy-stemen, die Eigenarten, durch sie sich voneinander unterschei-den, und die Nutation, an der man erkennt, daß Planeten einen Stern umkreisen. Doch all diese neuen Erkenntnisse über die Sterne verringern nicht die Bedeutung der Cepheiden. Für die Ermittlung der absoluten Entfernungen bis weit ins Universum hinein sind sie die größte Stütze. Die Cepheiden, die Leavitt studierte, befanden sich in den Magellanschen Wolken, die rund 169 000 Lichtjahre von uns entfernt sind. Mit modernen erd-gebundenen Teleskopen entdecken die Astronomen heute Ce-pheiden in Galaxien, deren Entfernung von uns 15 Millionen Lichtjahre beträgt. Mit dem »Hubble«-Weltraumteleskop, dem Weltraum-Observatorium der NASA, das nach Reparaturarbei-ten im Dezember 1993 voll einsatzfähig ist, untersuchen die Astronomen Cepheiden in Galaxien, die annähernd 60 Millio-nen Lichtjahre weit entfernt sind. Der Spiegel des »Hubble«-Teleskops ist kleiner als der vieler erdgebundener Teleskope, aber weil er sich außerhalb der verzerrenden Erdatmosphäre befindet, bündelt er das Licht von Sternen zu Bildern, die um ein Vielfaches schärfer sind.

Die Cepheiden waren nur eine der erkennbaren Sternfami-lien, die die Astronomen in der wachsenden Zahl von Sternen entdeckten, deren Entfernung sie mit der einen oder anderen Parallaxenmethode messen oder abschätzen konnten. Eine andere wichtige Kategorie bilden die RR Lyrae-Sterne, die alle dieselbe mittlere absolute Helligkeit aufweisen.

Die genaue Betrachtung ihrer Spektren hat sich als eine der erfolgreichsten Methoden erwiesen, etwas über Sterne zu erfahren. In den letzten Jahrzehnten haben Astronomen die Spektren von Tausenden von Sternen untersucht, deren Entfernungen mit unterschiedlichen Methoden ermittelt wurden. Ausgehend von der Entdeckung Hertzsprungs, daß bei Sternen eines bestimmten Spektraltyps ein Zusammenhang zwischen der Breite ihrer Spektrallinien und ihrer absoluten Helligkeit besteht, konnten die Astronomen Tabellen erstellen, aus denen für jede beliebige Kombination von Spektraltyp und Linienbreite die absolute Helligkeit von Sternen ablesbar ist. Man muß nur die Spektrallinien eines Sterns ermitteln, aus der Tabelle die entsprechende absolute Helligkeit entnehmen, diese mit seiner scheinbaren Helligkeit vergleichen, und schon hat man seine Entfernung. Dieses Verfahren bezeichnet man als »Spektraltypparallaxe«. Seine Genauigkeit hängt davon ab, wie korrekt die Entfernungen der Sterne ermittelt wurden, die zur Erstellung der Tabelle benutzt wurden, doch die Astronomen halten die Daten überwiegend für sehr verläßlich. So kann man nicht nur die Entfernung beliebiger Sterne messen, von denen man ein Spektrum erhalten kann, sondern auch die Entfernung einer Gas- oder Staubwolke bestimmen, wenn man in ihr einen Stern findet und dessen Entfernung mißt.

Ein anderes Hilfsmittel, das wie die Spektroskopie aus dem 19. Jahrhundert stammt und dessen Nutzung im 20. Jahrhundert optimiert wurde, ist die Doppler-Verschiebung. Als Slipher in den zwanziger Jahren die Rotverschiebung von Nebeln maß, benutzte er das 24-Zoll-Teleskop am Lowell-Observatorium, eines der besten jener Zeit. Doch um Spektren zu erhalten, an denen er die Rotverschiebung messen konnte, mußte Slipher Nacht für Nacht in der ungeheizten Teleskopkuppel verbringen, denn jedes Foto mußte 20 bis 40 Stunden lang belichtet werden. Edwin Hubble verfügte schon über besseres Gerät, doch er und seine Zeitgenossen mußten immer noch jede einzelne fotografische Platte stundenlang mit dem aus einem Teleskop kommenden Licht belichten, damit sie das winzige Spektrum erhielten, das sie dann mit einer Lupe studieren durften, um die

Spektrallinien zu finden. Heute ist es eine Sache von Minuten, die Rotverschiebung von Galaxien und Sternen zu finden – das erledigen Teleskope, die mit »charge-coupled devices (CCDs)« ausgerüstet sind, Siliziumchips, die Licht vom Nachthimmel in digitalisierte Bilder umwandeln. Computergesteuerte Anordnungen machen es möglich, gleichzeitig die Spektren zahlreicher Galaxien einzufangen.

Die Rotverschiebung wurde zum Mittel der Wahl – das oft auch das einzig verfügbare Mittel war –, um das ferne Universum zu vermessen. Die Kartierung im größten Maßstab beruht ausschließlich auf Messungen der Rotverschiebung. Bis 1950 hatten die Astronomen die Rotverschiebung von rund hundert Galaxien gemessen. 1970 waren es schon rund zweitausend. Heute sind es über 100 000 Galaxien, deren Rotverschiebung katalogisiert wurde. Es gibt Projekte wie den Sloan Digital Sky Survey, der allein die Rotverschiebung von einer Million Galaxien erfassen soll.

Das Messen der Rotverschiebung ist jedoch keine unfehlbare Methode. Das Ausmaß der Verschiebung gibt Aufschluß über die Geschwindigkeit, mit der ein Objekt sich von der Erde entfernt, und auf dieser Grundlage kann man die Entfernungen ferner Objekte miteinander vergleichen. Die Methode würde in einer idealen Situation fehlerfrei funktionieren, in einer Situation, in der sich alles mit dem expandierenden Universum direkt voneinander weg bewegen würde (wie die Rosinen im aufgehenden Kuchenteig) und in der es keine anderen Bewegungen gäbe. So einfach ist es leider nicht.

Es ist nicht nur so, daß die Galaxien sich in dem Maße, wie das Universum expandiert, voneinander entfernen. Manche sind Teil eines Doppelsystems, bei dem zwei Galaxien um ihren gemeinsamen Schwerpunkt kreisen. So kommt es zu der Beobachtung, daß die eine sich schneller, die andere langsamer von uns zu entfernen scheint, als es allein aus der Expansion des Universums folgen würde, obwohl beide in Wirklichkeit etwa gleich weit entfernt sind. Spiralgalaxien drehen sich außerdem wie riesige Feuerräder, und wenn zwei zusammen ein Doppelsystem bilden, drehen sie sich wahrscheinlich im entgegengesetzten Sinne, was die Gesamtbewegung noch komplizierter macht. Doppel- und Einzelgalaxien gehören fast durchweg zu Galaxienhaufen, die um das Gravitationszentrum des Haufens kreisen. Die Haufen kreisen ihrerseits um das Gravitationszentrum eines Superhaufens, und auf alle – Galaxien, Haufen und Superhaufen – wirkt die gravitative Anziehung ein, die sie gegenseitig aufeinander ausüben. Da es ungemein schwierig ist, all diese Bewegungen zu berücksichtigen und richtig zu interpretieren, müssen die aus der Rotverschiebung abgeleiteten Messungen ständig korrigiert werden.

Halton C. Arp, der die Galaxien am Mount-Wilson-Observatorium viele Jahre lang studiert hat, vertritt in der Frage, wie verläßlich die Rotverschiebung als Maß für die Entfernung von fernen Galaxien und Quasaren ist, eine von der Mehrheit der Astronomen abweichende Auffassung. Zusammen mit Geoffrey Burbidge von der Universität von Kalifornien untersuchte er den hellsten Quasar, 3 C 237. Nach seiner Rotverschiebung zu urteilen, müßte er etwa zwei Milliarden Lichtjahre von uns entfernt sein. Arp fand jedoch, daß 3 C 237 mit einer riesigen Wasserstoffwolke im Sternbild Jungfrau zu interagieren scheint, die höchstens 65 Millionen Lichtjahre entfernt ist. Es gibt noch mehr solcher rätselhaften Fälle, in denen zwischen Objekten, deren Rotverschiebungen dramatisch voneinander abweichen, Verbindungen zu bestehen scheinen. Nach Arps Auffassung sind die Quasare nicht so weit entfernt, wie die Mehrheit der Astronomen gemessen zu haben glaubt, sondern sehr viel näher. Die meisten Kollegen tun Arps Befunde als Zufallsergebnisse ab.

Die Astronomie ist im Lauf des 20. Jahrhunderts immer tiefer ins All vorgedrungen, und zwar in einem rasanten Tempo, das das aller früheren Jahrhunderte in den Schatten stellt. Sie stieß dabei aber auch auf einige Hindernisse. Innerhalb der Milchstraße wird die Sicht, besonders in Richtung des galaktischen Zentrums, sowohl für das bloße Auge wie auch für optische Teleskope durch Wolken von interstellarem Staub behindert. Natürlich sind diese Staubwolken, die das sichtbare Licht blockieren, für andere Arten von Strahlung durchlässig – das hatte Jansky ja entdeckt –, doch kann keine Strahlungsart außer Radiowellen und sichtbarem Licht die Erdatmosphäre durchdringen. Die ersten Enthüllungen der Radioastronomie ließen bei vielen die Vermutung aufkommen, daß es im Universum sehr viel mehr zu beobachten gibt, als ein erdgebundenes Teleskop je würde entdecken können. Das im Zweiten Weltkrieg entwickelte Radar hatte mit dazu beigetragen, das Zeitalter der Radioastronomie einzuleiten. Es bedurfte eines weiteren Anstoßes der internationalen Politik, um Teleskope über die gesamte Erdatmosphäre zu verbreiten.

Die weltraumgestützte Astronomie entstand letztlich als ein Abfallprodukt des Versailler Vertrags, der den Ersten Weltkrieg beendete. Deutschland durfte aufgrund dieses Vertrags nur Artillerie kleineren Kalibers produzieren, und so richtete es seine Forschungsanstrengungen statt dessen auf den Raketenbau. Auf diesem neuen Gebiet wurden erhebliche technische Fortschritte gemacht, unter anderem wurde die V-2-Rakete gebaut, mit der im Zweiten Weltkrieg in den Jahren 1944 und 1945 der Süden Englands angegriffen wurde. Erbeutete V-2-Raketen gelangten in die Vereinigten Staaten, und 25 von ihnen wurden für wissenschaftliche Zwecke reserviert. Man ging rasch daran, Steuerungen zu entwickeln, damit man diese Raketen hinreichend genau und stabil positionieren konnte, um mit ihnen astronomische Beobachtungen zu machen.

Bis Ende der fünfziger Jahre wurde die Technologie im Westen stetig verbessert, und die Wissenschaftler hatten sich an eine üppige finanzielle Ausstattung gewöhnt, die mit dem Wettrüsten im Kalten Krieg und nationalen Sicherheitsinteressen gerechtfertigt wurde, auch bei Projekten, deren praktischer Nutzen nicht unmittelbar ersichtlich war. Zwischen Staat und Großforschung entwickelte sich eine Partnerschaft von noch nie dagewesenen Ausmaßen. Doch ihren eigentlichen Anstoß bekam die Weltraum-Astronomie des Westens von der Sowjetunion, die überraschend am 4. Oktober 1957 Sputnik 1 startete, den ersten künstlichen Satelliten, der die Erde umkreisen sollte. Allem Anschein nach hatte die Sowjetunion beim Wettlauf ins All und damit auch im Wettrüsten die Nase vorn. Um den

Vorsprung aufzuholen, pumpten die westlichen Länder und besonders die Vereinigten Staaten Gelder in die Entwicklung von Raumfahrzeugen und Satelliten, aber auch in die naturwissenschaftlichen Schul- und Universitätsfächer. Ich war damals ein Teenager, und ich kann mich nicht erinnern, daß es so etwas wie einen Wettlauf ins All gegeben hätte, bis es auf einmal hieß, daß »sie« uns voraus seien. Von der allgemeinen Panik wurde auch meine High-School in Texas erfaßt, die in der Hervorbringung künftiger Wissenschaftler offenbar nicht so gut war wie die sowjetischen Schulen. Es wurden bessere Physik- und Mathematikbücher und besseres Laborgerät angeschafft, die Lehrer wurden auf Fortbildung geschickt, und wir alle wurden dringend ermahnt, mehr Stunden in diesen Fächern zu belegen. Der Stern meines jüngeren Bruders stieg, interessierte er sich doch für Physik und Computer, während der meine sank, da ich mich der klassischen Musik widmete. Der Mathematikprofessor an der Universität von Texas nannte meinen späteren Ehemann unpatriotisch, weil er nicht Mathematik als Hauptfach studieren wollte.

Bald hatten auch die westlichen Länder Satelliten in die Umlaufbahn geschickt, zum großen Segen der gesamten Astronomie, nicht nur der raumgestützten Projekte. Die rasant steigenden Kosten wurden mit dem Kalten Krieg gerechtfertigt. Viel hatte sich seit 1609 geändert, als Galilei sich sein eigenes Perspicillum zusammengebaut hatte, und auch seit dem 19. Jahrhundert, in dem Lord Rosse den Bau seines Leviathan selbst finanziert und eine Universität ihre Mittel zusammengeworfen hatte, um das erste gute Teleskop für Harvard anzuschaffen. In den Anfängen des 20. Jahrhunderts hatte ein Bruchteil von Lowells Vermögen für den Bau eines großen Observatoriums ausgereicht, und ein privates Unternehmen, AT&T, kam für das Teleskop von Bell Labs auf. Gegen Ende des 20. Jahrhunderts wuchsen die Kosten der Astronomie in solche Höhen, daß sie selbst den Staatshaushalt der reichsten Länder massiv belasteten.

Zum Glück für die Astronomie hatten die Länder, die es sich leisten konnten, neben dem reinen Streben nach wissenschaftlicher Erkenntnis noch andere Motive, die naturwissenschaftliche Forschung zu unterstützen. Mit derselben Technik, mit der man Teleskope über die Atmosphäre befördern konnte, um hinaufzuschauen, konnte man nämlich auch Überwachungskameras befördern, um hinabzuschauen. Die technischen Mittel für den Bau und die Lenkung von Raumsonden konnten ebenso für den Bau und die Lenkung von militärischen Flugkörpern genutzt werden. Im übrigen war es sich eine moderne Supermacht schuldig, mit technischen und wissenschaftlichen Leistungen zu glänzen; im kleineren Maßstab hatten die Medici im Florenz der Renaissance und Ludwig XIV. von Frankreich genauso gehandelt.

Als Ende der fünfziger, Anfang der sechziger Jahre erstmals Teleskope und Kameras oberhalb der Atmosphäre eingesetzt wurden, entdeckte man, daß es dort eine Menge zu sehen gab. Aber erst ganz allmählich erkannte man das große Potential der Weltraum-Astronomie, das bis heute nicht ausgeschöpft ist. Dennoch, eine neue Ära hatte begonnen. Endlich konnte man das Universum beobachten, ohne durch die Refraktion behindert zu sein, die den Astronomen seit Galilei und Tycho Brahe zu schaffen gemacht hatte, und man konnte Objekte auf vielen verschiedenen Wellenlängen studieren und die Ergebnisse im einen Bereich des Spektrums mit denen in einem anderen vergleichen. Man fand nämlich Dinge, die gar keine optische Strahlung und Radiowellen aussenden, und auch solche, die sich in verschiedenen Bereichen des Spektrums ganz unterschiedlich darstellen.

Aber auch diese verbesserte Sicht verhalf nicht zu einem besseren Verständnis des Milchstraßensystems, denn zum einen waren die Entfernungen zu heißen Nebeln und Gaswolken, in denen Sterne geboren werden, nur schwer zu berechnen, und zum anderen war es noch immer nicht möglich, die Galaxis von außen zu betrachten. Mit der Zeit ist es den Astronomen zwar gelungen, Karten zu erstellen, die von der Qualität her beinahe einer Aufnahme der Galaxis aus der Ferne entsprechen, aber dennoch war es nach wie vor einfacher, Objekte zu studieren, die sich außerhalb der Milchstraße befinden.

Noch eine ganze Weile wurden die bedeutendsten Fortschritte auf diesem Gebiet nicht vom All aus erzielt, sondern mit erdgebundenen Teleskopen. Hubble hatte Galaxien als Standardkerzen benutzt. Andere Astronomen gingen davon aus, daß die hellsten Galaxien in allen Galaxienhaufen von annähernd gleicher absoluter Helligkeit sind. Diese Methode hat, wie sich herausstellte, einige Tücken: Wenn wir nachts in einiger Entfernung zwei Kerzen sehen, von denen wir wissen, daß sie aus der Nähe gleich hell sind, können wir anhand ihrer scheinbaren Helligkeit ihre relative Entfernung voneinander abschätzen, sofern wir nicht, ohne es zu merken, eine Kerze erwischt haben, die ungewöhnlich hell auflodert, weil gerade ein Falter in die Flamme geraten ist. Das Risiko, daß etwas Ähnliches passiert, besteht durchaus, wenn man sich entschließt, die hellsten Galaxien in Galaxienhaufen als Standardkerzen zu benutzen. In einem dichten Haufen kommt es nicht selten vor, daß sich die Bahnen von Galaxien kreuzen oder daß sie einander so nahe kommen, daß eine große Galaxie eine kleinere verschluckt und dadurch eine Zeitlang sehr viel heller wird als normal. Diese »zeitweilige« Veränderung kann sich über einige hundert Millionen Jahre hinziehen. Wenn man sich bei der Beobachtung eines fernen Galaxienhaufen entschließt, das, was als die hellste Galaxis erscheint, als Eichmaß für die Entfernung zu nehmen, läuft man Gefahr, daß man sich eine Galaxis ausgesucht hat, die vor einigen hundert Millionen Jahren eine andere verspeist hat und deshalb eigentlich nicht mit den hellsten Galaxien in anderen Haufen vergleichbar ist, die möglicherweise noch nicht gegessen haben.

Um diesem und auch anderen Problemen beizukommen, trieb Allan Sandage zusammen mit dem Schweizer Gustav Tammann den Bau der kosmischen Entfernungsleiter gewaltig voran. Durch die Beobachtungsergebnisse, die sie mit dem 200-Zoll-Teleskop auf Mount Palomar seit den frühen sechziger Jahren erhalten hatten, und ihre sorgfältigen Berechnungen drangen sie immer tiefer ins Universum vor. Zunächst schätzten sie mit Hilfe von Cepheiden die Entfernungen zu Galaxien der »Lokalen Gruppe«, der außer der Milchstraße und Andromeda noch einige relativ nahe Galaxien angehören. Ebenfalls mit Hilfe von Cepheiden schätzten sie anschließend die Entfernung zu einer großen Spiralgalaxis, NGC 2403, innerhalb einer anderen »Gruppe« namens M 81. Nachdem sie diese Entfernungen hatten, gingen sie daran, Größe und Helligkeit riesiger Wolken ionisierten Wasserstoffs in diesen Galaxien zu messen und zu ermitteln, wie sich Größe und Helligkeit dieser Wolken zur Gesamthelligkeit dieser Galaxien verhielten. Anhand dieser Beziehung konnten sie die Entfernung von weiter entlegenen Galaxien berechnen, die ebenfalls solche Gaswolken enthielten.

Sandage und Tammann nutzten zusätzlich ein neues Schema der Einteilung von Spiralgalaxien, das der Kanadier Sidney van der Bergh entwickelt hatte. Van der Bergh ging bei der Bestimmung ihrer Helligkeit von der Klarheit und Kontrastschärfe der Spiralarme aus. Damit hatte man einen weiteren Helligkeitswert zur Eichung der Entfernungen von noch weiter entlegenen Galaxien. 1975 gelangten Sandage und Tammann zu dem Schluß, das Universum sei möglicherweise 18 Milliarden Jahre alt, was eine erhebliche Steigerung gegenüber den 13 Milliarden Jahren, die Sandage 1958 geschätzt hatte, bedeutete. Das Ergebnis war äußerst befriedigend, denn damit war das Universum mindestens so alt wie seine ältesten Sterne und die noch älteren Kugelhaufen.

Sandage und andere zogen außerdem immer häufiger Supernovae als geeigneten Maßstab heran. Supernovae sind explodierende Sterne, und da sie extrem hell sind, sind sie über große Entfernungen von allen Sternen die am leichtesten zu beobachtenden. Nach einer Schätzung kann eine Supernova in einer Minute mehr Energie abstrahlen als alle »normalen« Sterne im beobachtbaren Universum. Nur ein Bruchteil davon liegt im sichtbaren Teil des Spektrums, aber auch das kann schon ausreichen, um die ganze Galaxie, in der die Supernova auftritt, zu überstrahlen. Solche Ereignisse würden sich natürlich hervorragend als Standardkerzen eignen, vorausgesetzt, sie verhalten sich einheitlich. Würden beispielsweise alle Supernovae dieselbe maximale Helligkeit erreichen, könnten Unterschiede in der

beobachteten maximalen Helligkeit nur der Entfernung zugeschrieben werden, und so hätte man einen exzellenten Maßstab, um herauszufinden, wie sich die Entfernung einer Supernova zu der einer anderen Supernova verhält. Unter Umständen
würde man auch einzelne Explosionen hinreichend gut verstehen können, um ihre Entfernung abzuschätzen, auch wenn jede
von ihnen ein Sonderfall ist und ein Vergleich sich nicht anbie-
tet. Beides wurde erforscht, und die Suche nach weit außerhalb
der Galaxis gelegenen Supernovae sowie deren Erforschung
wird derzeit mit großem Erfolg betrieben, um die Grenzen von
Astronomie und Astrophysik immer weiter zu stecken.

Wie sich gezeigt hat, erreichen nicht alle Supernovae dieselbe Helligkeit, aber eine Zeitlang nahmen die Astronomen an,
daß dies bei einer bestimmten Klasse, dem Typ Ia, der Fall sei.
Es war ein Rückschlag, als sich in den neunziger Jahren Helligkeitsunterschiede innerhalb dieses Typs herausstellten. Zum
Glück ließen sich diese Unterschiede aber hinreichend gut
erklären, und so wurde der Typ Ia wieder als Standardkerze
genutzt. Bei anderen Typen von Supernovae läßt sich die Entfernung bisher nur schwer ermitteln, aber zumindest kann man
anhand der Emissionen auf verschiedenen Wellenlängen den
Typ des explodierten Stern und seine Masse bestimmen und die
Folgen der Explosion in allen Einzelheiten untersuchen. Bei der
Explosion entsteht normalerweise Strahlung auf vielen Wellenlängen, die sich ausbreitet und auf umgebende Materie stößt.

Man teilt die Supernovae in zwei große Gruppen ein, Typ I
und Typ II. Typ-I-Supernovae sind explodierende »Weiße Zwerge«. Zu einer solchen Explosion kommt es, wenn ein älterer
Stern seinen Brennstoffvorrat verbraucht hat und zu einer Kugel
kollabiert ist, die etwa die Größe der Erde hat, deren Masse aber
nahezu derjenigen der Sonne entspricht. Wenn ein Stern von
solcher Masse dermaßen klein wird, ist seine Materie zu einer
geradezu unvorstellbaren Dichte zusammengepreßt.

Viele Weiße Zwerge führen kein Singledasein, sondern leben
in »Doppelsystemen«, in denen zwei Sterne um ihren gemeinsamen Schwerpunkt kreisen. Der Partner eines Weißen Zwerges ist oft ein großer Stern von weit geringerer Dichte. Während

sie einander umkreisen, saugt die Anziehungskraft des dichteren Zwergsterns Materie von dem Begleiter ab, und mit der Zeit legt der Zwerg an Gewicht (Masse) zu. Das geht immer weiter, bis er das 1,4fache der Sonnenmasse erreicht hat. Diese Masse bezeichnet man als Chandrasekhar-Grenze, nach dem indischen Physiker Subrahmanyan Chandrasekhar, der sie in den frühen dreißiger Jahren errechnete.

Wenn der Zwergstern seinen Kernbrennstoff verbraucht hat und seine Masse die Chandrasekhar-Grenze überschritten hat, stürzt er unter der Gewalt seiner eigenen Schwerkraft in sich zusammen und zerbirst in einer gewaltigen nuklearen Explosion. Dieser aus großer kosmischer Entfernung beobachtbare Kataklysmus ist eine Supernova vom Typ I. Nun haben alle Weißen Zwerge bei ihrer Explosion annähernd dieselbe Masse, und daraus folgerten die Astronomen, daß all diese Supernovae ungefähr dieselbe absolute Helligkeit haben und somit auch eine brauchbare Standardkerze abgeben müßten. Das ist auch der Fall, ungeachtet gewisser Helligkeitsunterschiede zwischen ihnen.

Supernovae vom Typ I sind relativ selten. In unserer Galaxis gab es eine im Jahr 1006, eine weitere im Jahr 1572, die Tycho Brahe sah, und noch eine im Jahr 1604, die Kepler beobachtete. Nicht gerade eine große Zahl von Stichproben. Um festzustellen, ob sie sich als Standardkerzen eignen und wie man sie am besten benutzt, war es notwendig, sie in anderen Galaxien zu beobachten, deren Entfernung bekannt ist. Zum Glück sind Supernovae vom Typ I, was die Energieausstrahlung im sichtbaren Teil des Spektrums angeht, die hellsten Supernovae. Das Licht von den am weitesten entfernten, die in den späten neunziger Jahren beobachtet wurden, war über sieben Milliarden Jahre zu uns unterwegs.

Supernovae vom Typ II waren dagegen vorher keine Zwerge. Sie sind explodierende Riesen. Der Stern, der in einer Typ-II-Supernova explodiert, liegt eindeutig oberhalb der Chandrasekhar-Grenze, ohne daß er deshalb von einem Begleitstern gezehrt hat. Wenn ein extrem massereicher Stern seinen ganzen Kernbrennstoff verbraucht hat und sich gegen den Zug seiner eigenen Gravitation nicht länger behaupten kann, stürzt er in sich zusammen, und die darauf folgende Explosion ist eine Supernova vom Typ II. Solche Explosionen sind zwar heftiger als beim Typ I, und man kann sie noch in einer Entfernung wahrnehmen, die wenigstens ein Drittel des überhaupt beobachtbaren Universums beträgt, doch erscheinen sie dem Auge in der Regel nicht so hell, weil ihre Energie nur zu einem Bruchteil in der Form sichtbaren Lichts zu uns gelangt. Wegen eines ziemlich großen Schwankungsbereichs ihrer absoluten Helligkeit eignet sich der Typ II nicht als Standardkerze. Man hofft jedoch, die Entfernung dieser Sterne anhand ihrer Strahlung, ihrer Temperatur und der Geschwindigkeit, mit der die Trümmer des Sterns auseinanderfliegen, abschätzen zu können.

Um Supernovae optimal als Entfernungsindikatoren nutzen zu können und vielleicht sogar eine Möglichkeit für die Messung ihrer tatsächlichen Entfernung zu finden, müßte man eine weit größere Zahl von ihnen entdecken. Sowohl mit dem »Hubble«-Weltraumteleskop als auch mit erdgebundenen Teleskopen in etlichen Ländern der Welt wird heute nach ihnen gesucht. Man macht dazu Aufnahmen von einem großen Himmelsabschnitt möglichst weit entfernt vom Licht der Milchstraße und dem naher Galaxien und vergleicht sie mit früheren Aufnahmen. Die Fotos werden von Computern abgetastet, die schon bekannte galaktische Lichtquellen ignorieren und ausschließlich nach neuen Quellen suchen. Wenn ein möglicher Kandidat auftaucht, wird dieselbe Himmelsregion noch einmal fotografiert, um festzustellen, ob das Licht sich bewegt hat. Ist das der Fall, hat man es vermutlich mit einem kosmischen Strahl oder einem Asteroiden zu tun. Bei wirklich neuen Lichtquellen schauen die Astronomen genauer hin, und dabei suchen sie vor allem nach bestimmten Spektralmustern, die auf eine Supernova vom Typ Ia hindeuten, jenem Typ, der sich besonders gut als Standardkerze eignet.

Timothy Ferris berichtet in seinem Buch *The Whole Shebang* von einer Supernovasuche ganz elementarer Art. Reverend Robert Evans von der Uniting Church in Australien blickt allnächtlich durch sein Teleskop und vergleicht die Beobachtungen mit den Bildern, die er in seinem erstaunlichen visuellen Gedächtnis gespeichert hat. Bis 1995 hatte Evans 27 Supernovae entdeckt, ein Rekord in der Geschichte der Astronomie.

Anhand der noch immer expandierenden Überreste von Supernovae, deren Licht die Erde vor unserer Zeit erreichte, konnte ermittelt werden, daß die Supernova von 1006 rund 5000 Lichtjahre von der Erde entfernt war, die Supernova von 1572 rund 7000 Lichtjahre. Tycho Brahe hatte also recht, als er darauf beharrte, daß die letztere weiter entfernt sei als der Mond. Er bezeichnete das Phänomen als eine »Nova«, doch nach unseren heutigen Begriffen ist eine Nova ein weniger dramatisches Auflodern zumeist eines Weißen Zwerges, nicht aber eine Explosion, die einen ganzen Stern restlos vernichtet. Für letztere prägte der Astronom Fritz Zwicky in den dreißiger Jahren den Begriff »Supernova«.

Unter den Verfahren, die in den letzten 25 Jahren entwickelt wurden, gibt es mehrere zur Messung der absoluten Helligkeit anderer Galaxien, und einige von ihnen kommen sogar ohne die kosmische Entfernungsleiter aus. Eine, die Tully-Fisher-Methode, geht auf die amerikanischen Astronomen R. Brent Tully und U. Richard Fisher zurück. Sie entdeckten 1977 einen Zusammenhang zwischen der absoluten Helligkeit einer Spiralgalaxie und der sogenannten »21-Zentimeter-Linienbreite«. Die interstellare Materie in einer Spiralgalaxis besteht überwiegend aus Wasserstoffatomen, und diese Atome emittieren eine Radiofrequenzstrahlung mit einer Wellenlänge von 21 Zentimetern. Bei der Rotation einer fernen Galaxis kommen Teile der in ihr enthaltenen interstellaren Materie auf uns zu, während andere sich von uns entfernen, und aufgrund der Doppler-Verschiebung wird diese Spektrallinie unscharf. Die Unschärfe hängt direkt von der Rotationsgeschwindigkeit der Galaxis ab. Diese Geschwindigkeit hängt ihrerseits mit der Helligkeit der Galaxis zusammen. Auf dieser Wellenlänge kann man die Radiospektren von extrem schwachen Quellen studieren.

Bei einem anderen neuen Verfahren, der »Helligkeitsfluktuations-Methode«, wird die ungleichmäßige Helligkeit an der

Oberfläche des zentralen Kerns der Spiralgalaxis gemessen bzw. in der Nähe des Zentrums, wenn es sich um eine elliptische Galaxis handelt. Dahinter steckt die Überlegung, daß die scheinbare Ungleichmäßigkeit bei nahen Galaxien größer ist als bei weit entfernten, denn je näher die Galaxis, desto leichter läßt sie sich in Sterne auflösen und desto unwahrscheinlicher ist es, daß sie als einheitlich leuchtender Körper erscheint.

Die Astrophysiker Seldowitsch und Raschid Sunjajew haben eine dritte Möglichkeit entdeckt, die Entfernung zu weit entfernten Galaxienhaufen zu ermitteln. Sie maßen die Intensität der kosmischen Mikrowellen-Hintergrundstrahlung beim Durchlaufen von Galaxienhaufen, die Röntgenstrahlung emittieren, und stellten fest, daß die Hintergrundstrahlung, die einen solchen Haufen durchläuft, aufgeheizt wird. Es entsteht ein »Hot spot« in der Hintergrundstrahlung. Diese Strahlung hatte im frühen Universum zunächst eine extrem hohe Temperatur, und je weiter entfernt die durchlaufene Galaxis ist, desto dichter und heißer sollte der »Hot spot« sein. Anhand seiner Eigenschaften schätzen die Forscher die Entfernung zu dem Galaxienhaufen ab.

Um die vierte, 1964 von dem Norweger Sjur Refsdal vorgeschlagene Methode zu verstehen, bedarf es einiger Ausführungen über »Gravitationslinsen«, ein Phänomen, das theoretisch schon in den Anfängen des 20. Jahrhunderts vorhergesagt, aber erst vor kurzem beobachtet wurde.

Einstein zufolge ruft Masse eine Krümmung der Raumzeit hervor, und je größer die Massenkonzentration, desto größer die Krümmung. Ein das All durchquerender Lichtstrahl wird infolgedessen abgelenkt, wenn er an massereichen Körpern wie Planeten und Sternen oder an Massenkonzentrationen wie Galaxien oder Galaxienhaufen vorbeiläuft. Ein Beispiel aus unserer näheren Umgebung: Der von einem Stern kommende Lichtstrahl wird abgelenkt, wenn er dicht an der Sonne vorbeiläuft. In Unkenntnis dieses Effekts würden wir den (während einer Sonnenfinsternis erkennbaren) scheinbaren Ort des Sterns für seinen tatsächlichen Ort halten (siehe Abbildung 7.1).

Abbildung 7.1

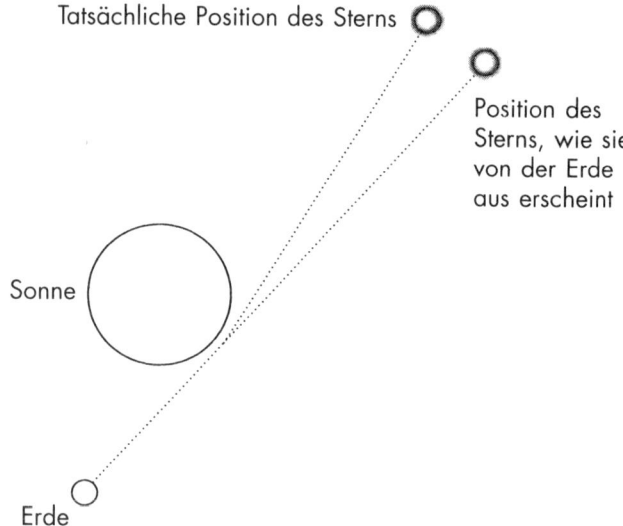

Tatsächliche Position des Sterns

Position des
Sterns, wie sie
von der Erde
aus erscheint

Sonne

Erde

Ein Lichtstrahl von einem fernen Stern läuft dicht an der Sonne vorbei. Durch die Krümmung der Raumzeit in der Nähe der Sonne wird
der Weg des Strahls zur Sonne hin ein wenig abgelenkt. Normalerweise ist der Stern wegen der Helligkeit der Sonne nicht zu sehen,
anders während einer Sonnenfinsternis. Wenn wir dann nicht die
Ablenkung des Strahls durch die Sonne berücksichtigen, täuschen
wir uns über die Richtung, aus der das Licht kommt, und den wahren Ort des fernen Sterns am Himmel.

Man könnte meinen, daß eine solche Ablenkung die Messung
der Entfernung zu fernen Galaxien eher behindert als erleichtert. Dem ist nicht so. Angenommen, ein Lichtstrahl von einem
fernen Quasar eilt durch den Raum auf die Erde zu. Irgendwo
zwischen Quasar und Erde ist ein Galaxienhaufen, und die
Raumzeit wird in seiner Umgebung gekrümmt. Die Krümmung
lenkt wie eine Linse den Lichtstrahl ab, so daß er, wenn er auf
der Erde ankommt, nicht eine, sondern zwei oder sogar mehrere Bahnen durchlaufen hat. Beobachter auf der Erde sehen
statt eines einzigen Lichtpunkts zwei oder mehr Bilder von dem
Quasar, gelegentlich auch einen Ring von Licht.

Liegt der Haufen, der für die Ablenkung verantwortlich ist, genau auf der direkten Linie zwischen Quasar und Erde, legt ein Lichtstrahl, der auf der einen Seite an ihm vorbeiläuft, dieselbe Strecke zurück wie ein Strahl, der auf der anderen Seite vorbeiläuft. Liegt der Haufen aber nicht genau auf dieser Linie, muß ein Lichtstrahl, der auf der einen Seite an ihm vorbeiläuft, eine längere Strecke zurücklegen als ein Strahl, der auf der anderen Seite vorbeiläuft. Dieser Strahl wird die Erde nicht so schnell erreichen, da die Lichtgeschwindigkeit immer gleich ist.

Wenn das von einem Quasar kommende Licht von einem Galaxienhaufen abgelenkt wird, läßt sich anhand des Winkels zwischen den auf der Erde eintreffenden Lichtstrahlen der äußerst geringe Längenunterschied zwischen den zurückgelegten Wegen berechnen. Man weiß dann zwar, daß ein Weg um ein Fünfmilliardstel länger ist als der andere, hat aber noch nicht die tatsächliche Länge der Wege. Nun haben Quasare aber eine Eigenheit, die uns aus dieser Sackgasse heraushilft. Ihre Helligkeit schwankt unregelmäßig über einen Zeitraum von Tagen, Wochen oder gar Jahren. Wenn der Quasar auflodert, sieht man das Auflodern von der Erde aus in dem einen Abbild früher als in dem anderen, weil der entsprechende Lichtstrahl eine kürzere Strecke zurückgelegt hat. Aus der zeitlichen Verzögerung und der unterschiedlichen Weglänge läßt sich die Entfernung zu dem Quasar berechnen. Beträgt die Verzögerung beispielsweise ein Jahr und der Unterschied der Weglänge ein Fünfmilliardstel, dann ist der Quasar fünf Milliarden Lichtjahre weit entfernt.

Diese Methode kommt ganz ohne die kosmische Entfernungsleiter aus, obwohl Quasare zu den am weitesten von uns entfernten Objekten gehören; in unserer Umgebung findet sich nicht einer. Sie sind zwar nicht so alt wie die kosmische Mikrowellen-Hintergrundstrahlung, aber es besteht kein Zweifel, daß sie wie Leuchttürme kurz vor den Grenzen des beobachtbaren Universums zu uns herüberleuchten. Das Licht, das wir sehen, hat die Quasare vor so langer Zeit verlassen, daß wir sie in einem Zustand sehen, den sie hatten, als das Universum noch jung war und erst einen Bruchteil seines heutigen Alters erreicht hatte. Inzwischen dürfte aus den Quasaren etwas ganz anderes geworden sein, vielleicht die eine oder andere Art von Galaxis, wie wir sie heute in unserer Nähe finden.

Als Refsdal 1964 die Idee vorbrachte, daß Gravitationslinsen uns einen Hinweis auf die Entfernung von Quasaren liefern könnten, waren diese gerade erst entdeckt worden und stellten noch ziemlich rätselhafte Phänomene dar. Sie sahen eher nach schwachen Sternen als nach Galaxien aus, hatten aber auch wieder Ähnlichkeit mit Gasnebeln. Ihre Untersuchung ergab, daß sie nach kosmischen Maßstäben sehr klein, aber extrem hell waren und ihre Helligkeit über kürzere oder längere Zeiträume schwankte. Alle wiesen eine verblüffend starke Rotverschiebung auf.

An einer der ersten Untersuchungen dieser Objekte Anfang der sechziger Jahre waren neben Allan Sandage auch Thomas Matthews und Maarten Schmidt vom California Institute of Technology beteiligt. Mit dem damaligen Stand der Physik konnten sie nicht erklärt werden. Alle drei denkbaren Erklärungen für die starke Rotverschiebung warf Probleme auf:

Erstens konnte die Rotverschiebung durch ein Gravitationsfeld verursacht sein. Die Rotverschiebung entsteht, wie ich bereits ausgeführt habe, durch die Dehnung der Lichtwellen, wenn das Objekt, von dem sie ausgesandt werden, sich beschleunigt von uns entfernt. Nicht nur die Beschleunigung, auch die Gravitation dehnt Lichtwellen. Das ist nicht weiter erstaunlich, denn auch in Alltagssituationen fühlen sich Gravitation und Beschleunigung gleich an und haben den gleichen Effekt. Wir erleben das beispielsweise im Fahrstuhl: Wenn er beschleunigt, fühlen wir uns schwerer, wenn er abbremst, fühlen wir uns leichter, so als habe sich die Erdanziehung verändert. Im Fall der Quasare konnte die Rotverschiebung aber nicht an einem Gravitationsfeld liegen; anderenfalls hätten die Quasare so massereich und so nah sein müssen, daß sie die Bahnen der Planeten im Sonnensystem gestört hätten. Nichts deutete darauf hin, daß dies der Fall war, und so schied Möglichkeit Nr. 1 aus.

Zweitens konnte es sich bei den Objekten um Sterne han-

deln, die mit so großer Kraft aus unserer Galaxis hinausge-
schleudert worden waren, daß sie auf eine Geschwindigkeit
beschleunigt wurden, wie sie der gemessenen Rotverschiebung
entsprach. Eine Untersuchung der Spektren dieser Objekte ließ
das jedoch als höchst unwahrscheinlich erscheinen.

Am wahrscheinlichsten aber war, daß die Objekte wirklich
sehr weit entfernt waren. Um eine Rotverschiebung hervorzurufen, wie die Astronomen sie maßen, mußten die Quasare mit
einer Geschwindigkeit entweichen, die sich auf 37 Prozent der
Lichtgeschwindigkeit belief. Wenn eine solche Rotverschiebung
auf der Expansion des Universums beruhen sollte, mußten sie
ungeheuer weit weg sein. Wie war es dann möglich, daß wir sie
von der Erde aus beobachten konnten? Als einer der ersten
Quasare wurde 3 C 273 untersucht. Nach seiner Rotverschiebung zu urteilen, mußte er rund zwei Milliarden Lichtjahre entfernt sein. Dennoch war er schon 1895 auf Fotos aufgetaucht,
die mit recht kleinen Teleskopen gemacht worden waren. War
er tatsächlich zwei Milliarden Lichtjahre entfernt, mußte er hundertmal mehr Energie abstrahlen als die hellsten Galaxien. Auch
das kam den Astronomen, die sich als erste bemühten, diese
rätselhaften Objekte zu verstehen, unwahrscheinlich vor. Wie
groß waren diese Gebilde nun wirklich?

Des Rätsels Lösung lieferte die veränderliche Helligkeit. Die
Abstände, in denen eine Lichtquelle flackert, können nicht kürzer sein als die Zeit, die Strahlung benötigt, um die Lichtquelle
zu durchqueren. Sonst würde das nächste Flackern einsetzen,
bevor das letzte beendet ist, und durch die Überlagerung würde gar kein Flackern mehr zu beobachten sein. Strahlung kann
nicht schneller als Lichtgeschwindigkeit sein. Da bei 3 C 273
merkliche Helligkeitsänderungen im Abstand von einem Monat
erfolgen, muß der größte Teil des Lichts aus einer Region stammen, die nicht ausgedehnter ist als die Strecke, die Licht innerhalb eines Monats durchquert.

Diese Überlegung legte den Schluß nahe, daß Quasare für
kosmische Verhältnisse winzig sind, aber man hat etliche entdeckt, die eine noch stärkere Rotverschiebung aufweisen als 3
C 273. Wenn wir derartig kleine Objekte über solche Entfer-

nungen beobachten können, müssen sie das Hellste sein, was überhaupt im Universum existiert, so hell wie Dutzende oder gar Hunderte von Galaxien zusammen. Dabei kommt das Licht von 3 C 273 aus einer Region, deren Durchmesser nur einen Licht*monat* beträgt, während das Licht von einer Galaxis aus einer Region kommt, deren Durchmesser sich auf 100 000 Licht*jahre* oder mehr beläuft.

Man weiß heute weit mehr über Quasare als Anfang der sechziger Jahre, doch rätselhaft sind sie geblieben. Ihre Energiequelle ist vermutlich ein Schwarzes Loch in ihrem Kern. Die Quasare gehören zu den räumlich wie zeitlich fernsten Objekten des Alls, und zusammen mit ihren engen Verwandten, den schnell flackernden BL-Lacertae-Objekten und den Blazaren, zu den mächtigsten aller bisher entdeckten Energiequellen.

Im Lauf des 20. Jahrhunderts versuchte man, die Galaxis und den übrigen Kosmos in umfassenderen Katalogen und Karten zu erfassen. In den fünfziger Jahren gab es die erste moderne »Volkszählung« im Universum. Es handelt sich um den Sternatlas der National Geographic Society und des Mount-Palomar-Observatoriums, dessen Aufnahmen mit einem 48-Zoll-Teleskop gemacht wurden.

Mitte der fünfziger Jahre waren sich die Forscher ziemlich sicher, daß das Milchstraßensystem den Tausenden anderer Galaxien ähnelt, die sie in der Ferne beobachten konnten, und im Vergleich zu ihnen mittelgroß ist. Das beste Bild, das irdische Beobachter mit bloßem Auge von der Galaxis gewinnen können, erhält man, wenn man nachts zur Milchstraße hinaufschaut. Das schimmernde Band ist Teil der galaktischen Scheibe, die man entlang der Ebene der Galaxis sieht, und zwar nicht von außerhalb der Galaxis, sondern von innen heraus. Aus dem Studium anderer Galaxien konnten Astronomen jedoch erschließen, daß Galaxien von der Masse der Milchstraße zu einem von zwei Typen gehören müssen: Es sind entweder gasfreie elliptische Galaxien oder Spiralgalaxien wie Andromeda. Die Milchstraße ist nicht gasfrei. Sie kann folglich nur eine Spiralgalaxie sein. Ausgehend von dem, was man über andere Spiralgalaxien weiß, bedeutet das: Sie hat die Form eines Feuerrades und besteht aus einer dünnen Scheibe von Gas, Staub und hellen, relativ jungen Sternen, einem Zentralgebiet mit dichter gepackten älteren Sternen, um das die Scheibe rotiert, und einem schwachen Halo von noch älteren Sternen. William Herschel verglich die Milchstraße mit einem Schleifstein. Heutige Astronomen vergleichen sie, noch unpoetischer, mit einem Spiegelei. Die Scheibe ist das Eiweiß, der Kern das Eigelb.

Im Jahr 1950 begann der amerikanische Astronom William Morgan vom Yerkes-Observatorium bei Chicago mit der Kartierung der Spiralstruktur der Milchstraße. Er zeichnete die Positionen von zwei Arten heller junger Sterne auf, den sogenannten O- und B-Sternen, die keine zehn Millionen Jahre alt sind, und fand, daß sie in zwei parallelen Reihen angeordnet sind. Eine der Reihen bildet den Arm, in dem unser Sonnensystem liegt und den man heute den Lokalen Arm nennt. Die andere Reihe ist der nächste äußere Arm, der Perseusarm. Morgan konnte diese Entdeckungen bestätigen, indem er Nebel untersuchte, deren Entfernung er anhand der Sterne abschätzte, von denen sie beleuchtet werden. Bei dieser Untersuchung entdeckte er näher am Zentrum der Galaxis noch einen dritten Arm, der später Sagittariusarm getauft wurde.

Andere optische Astronomen taten es Morgan gleich und untersuchten ebenfalls O- und B-Sterne sowie Nebel, stießen dabei aber auf Staubwände, die keine Strahlung im sichtbaren Bereich durchlassen. Diese Barriere ähnelt mehr einem Wald im dichten Nebel als einer undurchlässigen Wand, denn in einigen Regionen ist der Staub dünner, so daß optische Teleskope ihn durchdringen können; im Wald wären das dann Büsche, in der Milchstraße handelt es sich um dunkle Molekülwolken. Dennoch können Astronomen, die im optischen Bereich näher an das galaktische Zentrum heranzukommen hoffen, praktisch nicht weiter sehen als 10 000 Lichtjahre.

Der holländische Astronom Jan Oort hatte sich etwa zur gleichen Zeit mit australischen Kollegen zusammengetan, um den Spiralarm mit Radioteleskopen von Australien und Holland aus zu erkunden. Die in einer Spiralgalaxis verteilte interstellare

Materie besteht überwiegend aus Wasserstoffatomen, die auf einer Wellenlänge von 21 Zentimetern Radiofrequenzstrahlung emittieren. Untersucht man die 21-Zentimeter-Emission von Wasserstoff im Milchstraßensystem, kann man etwas über die Gasverteilung erfahren. Die Bewegung des Gases, so Oorts Überlegung, müßte sich in der emittierten Strahlung als Verschiebung der Wellenlänge bemerkbar machen, die Aufschluß über die Rotation der Galaxis geben würde. Setzte man die Geschwindigkeit dieser Rotation in Beziehung zum Abstand vom galaktischen Zentrum, könnte man die Entfernung zu Gaswolken und Nebeln ermitteln.

Um eine Karte von den Spiralarmen zu erhalten, gingen Oort und Kollegen so vor, daß sie die Intensität der Strahlung zu den gemessenen Rot- und Violettverschiebungen in Beziehung setzten und diese graphisch darstellten. Ein Kurvenmaximum würde auf eine Wasserstoffwolke hindeuten, die entsprechende Verschiebung deren Entfernung verraten. Sie erhielten eine Karte der Wasserstoffkonzentrationen, die in der Tat Spiralarme erkennen ließ, aber es ergab sich keine Ähnlichkeit mit anderen Spiralgalaxien, die sie direkter beobachten konnten (siehe Abbildung 7.2). Der Grund wurde erst in den siebziger Jahren deutlich. In den Spiralarmen der Galaxis gibt es keine größeren Wasserstoffkonzentrationen, und die Maxima von Oorts Kurve deuteten teilweise auf Gas hin, das sich zwischen den Armen

Abbildung 7.2

 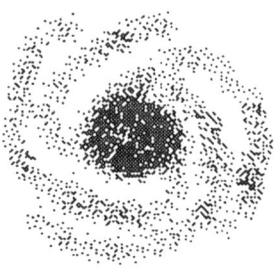

Zwei Galaxien: links eine Balkenspirale, rechts eine Galaxis mit kreisförmigem Zentralgebiet

befindet. Irreführend sind außerdem die Bewegungen und Geschwindigkeitsänderungen des Gases, nachdem es in einen Spiralarm eingetreten ist. Wasserstoff ist kein so brauchbarer Spiralarm-»Markierer«, wie Oort gehofft hatte; allerdings wurde mit seiner Hilfe der Äußere Arm ermittelt, der jenseits des Perseusarms liegt.

Yvon und Yvonne Georgelin hatten die Untersuchungen von William Morgan in Frankreich fortgesetzt und legten 1976 eine Karte der Galaxis vor, die auf den Entfernungen zu heißen Nebeln basiert. Patrick Thaddeus und Kollegen in Harvard haben diese Karte durch Untersuchungen der Molekülwolken – der Büsche im optischen Wald – vor einiger Zeit erheblich verbessert. Die Bewegung einer solchen Wolke macht sich, wie auch beim Wasserstoff, durch eine Verschiebung der Wellenlänge im Radiobereich des Spektrums bemerkbar, wobei es sich hier um die Strahlung von Kohlenmonoxidmolekülen handelt. Sieht man einmal von einem dichten Molekülring in Nähe des galaktischen Zentrums ab, der sich jeder Kartierung seiner Gesamtstruktur entzieht, konnten Thaddeus und sein Team einzelne Molekülwolken anhand ihrer unterschiedlichen Geschwindigkeiten identifizieren und aus diesen Geschwindigkeiten ihre Entfernung von der Sonne ermitteln. So entstand die detaillierteste und genaueste Karte der Spiralarme, die wir bis heute haben.

Oort war mit seiner Vermutung, die Struktur der Galaxis sei am besten aus den in ihr stattfindenden Bewegungen zu erschließen, auf der richtigen Spur. Die meisten fernen Wolken von Wasserstoff oder Kohlenmonoxidmolekülen bewegen sich auf uns zu oder von uns fort, denn die Galaxis rotiert nicht starr wie ein Wagenrad. Was im Sonnensystem gilt, gilt auch in einer Spiralgalaxis: Der Einfluß der Gravitation, die von der Massenkonzentration im Zentrum ausgeht, nimmt nach außen hin ab, mit der Folge, daß die äußeren Teile einer Spiralgalaxis sich langsamer bewegen, genauso wie die äußeren Planeten im Sonnensystem. Ferne Wolken bleiben dadurch nicht immer gleich weit von uns entfernt, sondern bewegen sich mit bis zu 100 Kilometern pro Sekunde auf uns zu oder von uns weg, und diese Bewegung äußert sich in einer Doppler-Verschiebung.

Wenn wir entlang der Umlaufbahn der Sonne um das galaktische Zentrum nach vorn und nach hinten schauen, scheinen die nähergelegenen Gaswolken nach beiden Richtungen hin ihren Abstand von uns beizubehalten. Eine merkliche Bewegung zeigen erst Wolken, die in beiden Richtungen weiter entfernt sind. Wenn wir von der Erde aus in die dem galaktischen Zentrum entgegengesetzte Richtung schauen, ist dort praktisch keine Bewegung festzustellen. Schaut man in Richtung des Zentrums, kann man in der unmittelbaren Nähe ebenfalls keine Bewegung erkennen, aber in der Nähe des Zentrums finden heftige nichtzirkuläre Gasbewegungen statt. Auf der uns zugewandten Seite läuft die Bewegung auf uns zu; auf anderen Seite strebt sie von uns fort. Die Astronomen sind sich noch nicht einig, ob diese Bewegung darauf hindeutet, daß sich im Kern der Galaxis eine gewaltige Explosionsbewegung vollzieht, oder ob sie bedeutet, daß das Zentralgebiet balkenförmig ist.

In den meisten Darstellungen der Galaxis aus der Draufsicht, in der sie sich wie ein Feuerrad darbietet, ist das Zentralgebiet kreisförmig. Es könnte sein, daß dieses Bild ein wenig korrigiert werden muß. Bei etwa der Hälfte der Spiralgalaxien besteht der mittlere Teil aus einem kurzen Balken, an dessen Enden die Spiralarme beginnen (siehe Abbildung 7.2). Aus Beobachtungsdaten des sogenannten »astronomischen Infrarot-Satelliten« ist zu erkennen, daß die Sterne auf der einen Seite des galaktischen Zentrums der Erde etwas näher sind als die Sterne auf der anderen Seite. Erklärlich wäre das, wenn wir dort einen Balken aus Sternen vor uns hätten, der zu unserer Sichtlinie einen Winkel bildete (siehe Abbildung 7.3). Außerdem könnte die gravitative Anziehung des rotierenden Balkens die Bewegungen der Gaswolken hervorrufen, die in der Nähe des galaktischen Zentrums beobachtet werden. Es könnte durchaus sein, daß das Zentralgebiet nur ein kurzer, dicker Balken ist, der, von außerhalb der Galaxis betrachtet, eher elliptisch als rund oder rechteckig wirkt.

Bei der Messung der Entfernung zu einem Objekt, das sich innerhalb des Radius befindet, mit dem die Sonne um das galaktische Zentrum kreist, tritt eine Abweichung zutage, die

Abbildung 7.3

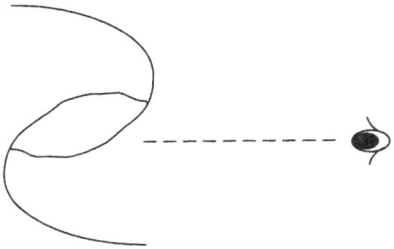

So erscheint das Zentralgebiet einer Balkenspirale, wenn es zu unserer Sichtlinie einen Winkel bildet.

ein gutes Beispiel für die Komplikationen ist, mit denen es die moderne Astronomie zu tun hat. Bei allen Objekten, die sich innerhalb dieses Radius befinden, läßt die aus der Doppler-Verschiebung abgeleitete Geschwindigkeit keinen Rückschluß auf die Entfernung zu. Vielmehr entsprechen jeder Geschwindigkeit jeweils *zwei* mögliche Entfernungen. Die Geschwindigkeit nimmt in jeder Richtung mit der Entfernung von uns zu, bis ein Punkt erreicht wird, der genauso weit entfernt ist wie das galaktische Zentrum. Jenseits dieses Punktes nehmen die Geschwindigkeiten wieder ab, und zwar bis auf null für ein Objekt, das dieselbe Umlaufbahn wie die Sonne beschreibt, sich aber auf der anderen Seite der Galaxis befindet. Man ist also auf zusätzliche Anhaltspunkte angewiesen, um zu erkennen, ob ein Objekt innerhalb des Radius der Sonnenbahn die kürzere oder die längere Entfernung hat, oder anders gesagt, welche der beiden möglichen Entfernungen, die sich aus dieser Geschwindigkeit ergeben, die richtige ist.

Abbildung 16 im Bildteil, eines der besten Bilder von der Galaxis insgesamt, zeigt die Scheibe und das Zentralgebiet. Es wurde vom COBE-Satelliten gemacht und ist kein Schnappschuß, sondern eine Karte, die auf der Basis von Beobachtungsdaten im Infrarotbereich erstellt wurde, einem Bereich des Spektrums, der nicht durch Staubwolken oder interstellaren Staub blockiert wird.

Während sich ein Teil der Astronomen der Erforschung und Kartierung der Galaxis widmete, untersuchten andere das Universum jenseits der Milchstraße. Diese Kartenmacher werden dabei immer wieder mit der Frage konfrontiert, ob Friedmann nicht vielleicht doch unrecht hatte. Die moderne Kosmologie geht weiterhin von seiner Annahme aus, daß das Universum für uns nach allen Richtungen hin gleich aussieht und daß das so bleibt, wo immer wir uns auch befinden. Aber tatsächlich sieht es gar nicht so aus, jedenfalls nicht von der Erde aus. Am Südhimmel sehen wir die Magellanschen Wolken, nicht aber am Nordhimmel, an dem wir wiederum einen anderen fernen Lichtfleck erkennen, den Andromedanebel. Wenn wir die Milchstraße betrachten, blicken wir entlang der Ebene unserer Galaxis. Dort erblicken wir mehr Sterne als an jedem anderen Teil des Himmels. So könnten wir uns an jeden beliebigen Punkt des Universums begeben, und stets würden wir die sichtbare Materie ungleichmäßig verteilt finden. Selbst in dem sehr viel größeren Maßstab einiger hundert Millionen Lichtjahre gibt es noch Strukturen, darunter unvorstellbar große Superhaufen und leere Räume mit einem Durchmesser von 300 Millionen Lichtjahren. Ein gleichmäßig durchmischter Rosinenkuchenteig ist das gewiß nicht.

Wenn wir also Friedmann zustimmen, daß das Universum isotrop (nach allen Richtungen gleich aussehend) und homogen (mit einer gleichmäßig über das All verteilten Materie) ist, dann kann es nicht um diese Größenordnungen gehen. Erst ab einem sehr viel größeren Maßstab stellt sich das Universum als isotrop und homogen dar. Allerdings haben die Astronomen noch nicht herausgefunden, ab welcher Größenordnung das Universum gleichmäßig erscheint, was bedeuten würde, daß wir eine Stichprobe nicht mehr von einer anderen unterscheiden könnten.

Das moderne Bild des Universums im allergrößten Maßstab kristallisierte sich in den achtziger Jahren heraus, und es wich dramatisch von allen bisherigen Vorstellungen ab. Margaret Geller, John Huchra und Valerie de Lapparent vom Harvard-Smithsonian-Zentrum für Astrophysik gingen ersten Untersuchungen nach, die darauf hindeuteten, daß das Universum strukturierter sein könnte, als man bisher vermutet hatte. Sie wählten einen Streifen des Nordhimmels aus und kartierten dort die Rotverschiebungen von über tausend Galaxien. Wenn man diesen Streifen immer tiefer ins All hinein verfolgt, erweitert er sich zu einem Keil (siehe Abbildung 7.4), und dieser spezielle, bahnbrechende Keil heißt heute »Geller-Huchra-Keil«.

Zu Beginn des Projekts glaubte niemand, auch Huchra und Geller nicht, daß etwas Sensationelles dabei herauskommen würde, und als die Daten vorlagen, ließen sie sich Zeit mit der Auswertung. Als sie endlich dazu kamen, war das Erstaunen groß. Dieser Keilausschnitt des Universums unterschied sich gewaltig von dem, was man erwartet hatte. Man fand kein homogenes, kleinteiliges Tapetenmuster von Galaxien, das keinen Anhaltspunkt bot, um einen Teil vom anderen zu unterscheiden. Was man vor sich hatte, waren riesige leere Räume, die fast keine Galaxien aufwiesen, gesäumt von Haufen und Galaxien, die sich ausnahmen wie die Lichter einer Küstenstadt, die man nachts vom Flugzeug aus sieht. Es war eine Art »Chi-

Abbildung 7.4

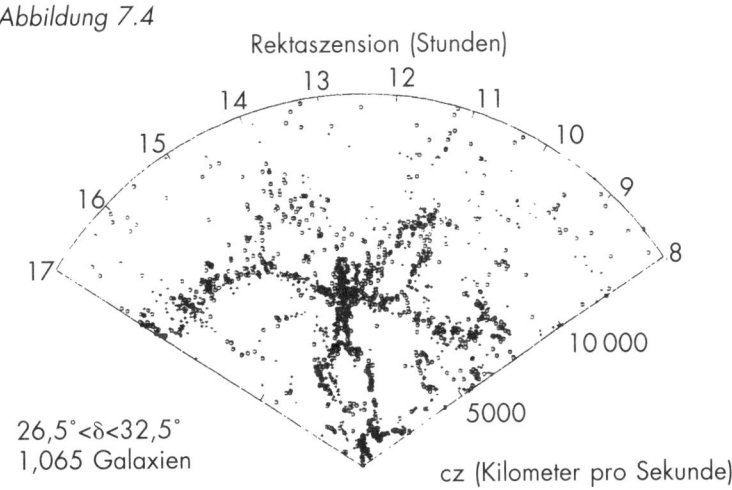

Der Geller-Huchra-Keil zeigt zwei Galaxien: links eine Balkenspirale, rechts eine Galaxis mit kreisförmigem Zentralgebiet

nesische Mauer« von Galaxien, eine Milliarde Lichtjahre lang und mehrere zehn Millionen Lichtjahre dick. Da konnte man durchaus von einer Struktur reden. Huchra glaubte, er und seine Kollegen hätten einen Fehler gemacht. Geller war eher bereit, alte Annahmen aufzugeben. »Ich hege entschiedene Skepsis gegenüber entschiedenen Überzeugungen, besonders meinen eigenen«, meinte sie in einem Interview mit dem Wissenschaftsautor Timothy Ferris.

Geller und Huchra setzten die Untersuchung mit besseren Instrumenten fort und kartierten die Rotverschiebungen in den an den ersten Geller-Huchra-Keil angrenzenden Raumkeilen. Es war kein Irrtum gewesen. Die beeindruckende Struktur zeigte sich auch hier.

Andere Astronomen (darunter Alex Scalay, David Koo, Richard Kron, T. J. Broadhurst, Richard Ellis und Jeff Munn) benutzten inzwischen ein bleistiftförmiges »Schmalbündel«, um die Tiefen des Alls zu erkunden. Statt eines Himmelsstreifens wählten sie eine Fläche aus, die halb so groß ist wie der Vollmond. Ein Streifen erweitert sich, wie schon gesagt, zu einem Keil, je tiefer man ins All vordringt; ein kleiner Kreis erweitert sich zu einem Kegel (wie in Abbildung 1.4a). Eine Schmalbündel-Aufnahme ergibt eine kegelförmige dreidimensionale Karte, die mit zunehmender Entfernung immer breiter wird. Man trägt die Ergebnisse in einer Grafik ab, in der die Zahl der Galaxien, die bei den verschiedenen Rotverschiebungen entdeckt wurden, die y-Achse und die Rotverschiebung die x-Achse bilden. Dadurch erkennt man Häufungen von Galaxien, aber auch große leere Räume, die von manchen als »Superblasen« bezeichnet werden. Keine davon hat einen mehr als doppelt so großen Durchmesser wie die zuvor kartierten Leerräume – und das ist signifikant für die Frage nach noch größeren Strukturen.

Im Dezember 1995 wurde mit der »Wide Field and Planetary Camera 2« an Bord des »Hubble«-Weltraumteleskops eine andere Untersuchung durchgeführt. Sie machte über einen Zeitraum von zehn Tagen 342 Aufnahmen von einem ganz winzigen Himmelsfleck im Sternbild des Großen Bären, der ein

Hundertvierzigstel der scheinbaren Größe des Vollmonds ausmacht. Diese Region weist relativ wenige nahe Sterne oder
Galaxien auf. Bei den Aufnahmen wurden nacheinander Filter
für ultraviolettes, blaues, rotes und infrarotes Licht benutzt. Das
zusammengesetzte Bild, das sich so ergab, bezeichnet man als
»Hubble Deep Field«; es ist ein schmaler, tiefreichender »Bohr-
kern« vom Himmel, vergleichbar den Bohrkernen, die Geologen aus der Erdkruste holen. Das »Deep Field« verrät nichts
über das Alter der aufgenommenen Galaxien oder ihre Entfernung, sondern schichtet einfach Galaxien übereinander, die aus
ganz verschiedenen Stadien der Entwicklung des Universums
stammen.

Das »Field« reicht in eine Zeit von vor zehn Milliarden Jahren zurück und bietet einen noch nie dagewesenen Blick auf
junge, bislang unbeobachtete Galaxien, von denen einige vier-
milliardenmal schwächer sind als solche, die das menschliche
Auge gerade noch erkennen kann. Nur der COBE-Satellit
schaute noch tiefer ins All und weiter in die Vergangenheit
zurück, als er die Runzeln in der kosmischen Mikrowellen-Hintergrundstrahlung maß.

Das »Deep Field« wies Spiralen, elliptische Galaxien und eine
große Auswahl an sonstigen Galaxisformen und -größen in den
unterschiedlichsten Entwicklungsstadien auf. Zwar sind die
Entfernungen der Galaxien nicht zuverlässig aus dem Foto zu
ermitteln, doch die große Zahl sehr schwacher Galaxien ließ die
Astronomen gleich vermuten, daß einige von ihnen entstanden
sein könnten, als das Universum sehr jung war. Sie begannen
sofort, die Rotverschiebungen zu messen. Bis zum Frühjahr 1997
hatten sie für Tausende der schwachen Galaxien Entfernungen
ermittelt, die einer Rotverschiebung vom Wert 1 entsprechen.
Diese Verschiebung läßt den Schluß zu, daß das Licht, das heute von einer dieser schwachen Galaxien die Erde erreicht, die
Galaxie verließ, als das Universum gerade halb so alt war wie
heute. Noch höhere Werte der Rotverschiebung bedeuten, daß
das Licht aus einer noch weiter zurückliegenden Vergangenheit
stammt. Der Wert 3 bedeutet zum Beispiel, daß das Universum
zwischen 12,5 und 25 Prozent seines heutigen Alters hatte.

Die Tatsache, daß sie in einer Entfernung, die einer Rotverschiebung von 1 entspricht, Galaxien von spiraliger und elliptischer Form gefunden hatten, ließ die Forscher vermuten, daß diese Formen ein (für Galaxien) relativ ereignisloses Dasein führten. Spiralen und elliptische Galaxien brauchen sich offenbar über Jahrmilliarden hinweg nicht sehr zu verändern, denn die ältesten sehen nicht auffallend anders aus als diejenigen in unserer Nähe, und ihre Zahl war in der fernen Vergangenheit der Zahl im heutigen Universum vergleichbar. Wer vom »Deep Field« allerdings Aufschlüsse über den Entstehungsprozeß von Spiralen und elliptischen Galaxien erwartet hatte, sah sich enttäuscht. Um das zu sehen, hätte man offensichtlich noch tiefer in die Vergangenheit vorstoßen müssen.

Das »Deep Field« zeigt andere Galaxien, deren Leben ereignisreicher war. Ihre unregelmäßigen, gewundenen Formen deuten darauf hin, daß Kollisionen und Fusionen von Galaxien im frühen Universum weit häufiger vorkamen als heute, und das ist logisch, wenn damals ein größeres Gedränge herrschte. Ein weiteres Ergebnis dieser Untersuchung war, daß die Häufigkeit der Sternentstehungen im Universum in der zweiten Hälfte seiner Geschichte drastisch zurückgegangen ist.

Für die meisten Galaxien, die im Grenzbereich der Beobachtungen des »Hubble Deep Field« gefunden wurden, ist es noch nicht möglich, die Entfernung anhand ihrer Rotverschiebung zu ermitteln, denn von diesen schwachen Galaxien kommt so wenig Licht, daß man selbst mit den größten Teleskopen ihre Rotverschiebung nicht messen kann. Die Astronomen haben jedoch andere Methoden entwickelt. So kann man zum Beispiel andere Objekte als Eichmaß der Entfernung benutzen. Zum Glück strahlen einige Galaxien starke Emissionen im Radiofrequenzbereich des Spektrums aus, die über größte Entfernungen feststellbar sind. Heute nimmt man an, daß die Strahlung aus dem aktiven Kern dieser »Radiogalaxien« stammt. Zudem sind viele von ihnen von anderen Typen von Galaxien umgeben. Durch Messung der Rotverschiebung der Radiogalaxien können die Astronomen abschätzen, wie weit diese ganzen Galaxienhaufen entfernt sind. Bei einigen findet man eine Rotverschiebung von 2,3 – das Licht, das heute die Erde erreicht, verließ sie also, als das Universum weniger als dreißig Prozent seines heutigen Alters hatte.

Dem neusten Stand der Technik entsprechend, koordiniert man Daten, die von verschiedenen Arten von Teleskopen – erdgebundenen und raumgestützten – in unterschiedlichen Bereichen des Spektrums gewonnen wurden. An der Untersuchung einiger ferner Haufen waren unter anderem beteiligt: das »Hubble«-Weltraumteleskop, das Keck-10-Meter-Teleskop auf Hawaii als eines der leistungsstärksten erdgebundenen Teleskope und satellitengestützte Röntgenteleskope wie der deutsche ROSAT-Satellit. Auf diese Weise fanden die Astronomen heraus, daß einige der »jungen« Galaxienhaufen wahrscheinlich schon extrem massereich waren. Ihre Sterne waren bereits alt, als das Licht sie verließ, und folglich müssen die Galaxien sehr viel früher entstanden sein.

Um die Entfernungen der schwachen Galaxien im »Hubble Deep Field« zu ermitteln, hat man sich noch eine Methode einfallen lassen. Die Spektrallinien des Lichts von noch weiter entfernten Quasaren sollen Aufschluß darüber geben, ob dieses Licht auf seinem Weg zur Erde mit Gaswolken in Berührung gekommen war, die sich in den Halos um Galaxien befinden. Durch solche Detektivarbeit wurden Galaxien mit Rotverschiebungen von 3 und noch mehr aufgespürt. Ein weiterer hilfreicher Anhaltspunkt war die Tatsache, daß alle sehr fernen Galaxien hinsichtlich ihrer Farbe eine ganz bestimmte »Signatur« haben. Der in Galaxien und im Raum zwischen ihnen vorhandene Wasserstoff absorbiert sämtliches ultraviolette Licht unterhalb einer bestimmten Wellenlänge. Das Spektrum des Lichts von den fernsten Galaxien bricht daher bei dieser Wellenlänge ab. Mit Hilfe von Filtern stellt man fest, daß eine Galaxis jenseits dieser Wellenlänge »verschwindet«.

Auch auf den neusten Karten des Universums von 1998 sieht man zusammenhängende, dünne Wände oder Streifen von Haufen, die riesige leere Räume einschließen. Die Superhaufen bilden ihrerseits Komplexe von Superhaufen, »Wänden« oder »Flächen« mit einer Länge von bis zu einer Milliarde

Lichtjahre, die noch gewaltigere Leerräume einschließen. Jemand hat mal gemeint, wenn man von diesem Bild zurückträte, sähe man, daß das Universum ein Schweizer Käse ist. Richard Gott und Kollegen in Princeton finden, daß ein Schweizer Käse der Sache zwar nahekomme, ein Schwamm aber das bessere Bild sei. In einem Schwamm hängt das gesamte Material miteinander zusammen, ebenso wie die Löcher untereinander zusammenhängen. Die gewaltigen Galaxienhaufen findet man im Universum wahrscheinlich an den Stellen, an denen beim Schwamm die Teile seines Materials einander berühren. Nach Ansicht anderer Theoretiker sind Galaxien, Galaxienhaufen und Superhaufen eher mit dem schimmernden Schaum auf einem Meer von dunkler, unsichtbarer Materie zu vergleichen, ähnlich dem Schaum, der sich auf Meereswellen bildet.

Die größten erkennbaren Strukturen auf den bisher vorhandenen dreidimensionalen Karten, zum Beispiel der von Geller und Huchra, haben etwa die Größe des in der Karte erfaßten Raumvolumens. Um eine statistisch verwertbare Anzahl dieser Riesengebilde zu erhalten und herauszufinden, ob es vielleicht noch größere Strukturen gibt, muß man weiträumigere Gebiete kartieren.

Es laufen derzeit zwei Projekte, die genau das tun. Ein britisch-australisches Vorhaben, das sich »2DF Galaxy Red Shift Survey« nennt, benutzt ein 3,9-Meter-Teleskop des englisch-australischen Observatoriums auf dem Siding Spring Mountain in Australien. Man hofft, bis zum Jahr 2000 die Rotverschiebungen von einer Viertelmillion Galaxien erfaßt zu haben. Hinweise auf die Wände und Leerräume lassen sich bereits erkennen. Ein weiteres neues Projekt unter der Leitung von James Gunn in Princeton ist der »Sloan Digital Sky Survey« (SDSS), die digitale Durchmusterung des Himmels. Auch wenn man in Rechnung stellt, daß Teamarbeit in der heutigen wissenschaftlichen Forschung gang und gäbe ist, fällt der SDSS durch die große Zahl der Beteiligten aus dem Rahmen. Astronomen von der Universität Chicago, von Princeton, vom Fermilab bei Chicago, von John Hopkins, dem Institute for

Advanced Study, dem US Naval Observatory, der Staatsuniversität Washington und der japanischen Teilnehmergruppe wirken hier zusammen.

Das Sloan-Teleskop selbst – es ist Teil des Apache Point-Observatoriums, das in den Ausläufern der Sacramento Mountains nördlich von El Paso (Texas) liegt – ist von bescheidener Größe, aber dank des beeindruckenden technischen Apparats, mit dem es verbunden ist, vermag es die weitreichendste und umfassendste Untersuchung des sichtbaren Universums zu leisten, die Durchmusterung von einem Viertel des Nordhimmels. Zum Sloan-Apparat gehören »charge-coupled devices« (CCDs), »ladungsgekoppelte« Siliziumchips, die Licht vom Nachthimmel in digitalisierte Bilder umwandeln, die man auf Magnetband speichern und am Computer bearbeiten kann. Nach neun Jahren der Organisation, Planung und Vorbereitung begann man im Sommer 1998 mit der Durchmusterung des Himmels, und im Lauf der nächsten sechs Jahre sollen fünffarbige Bilder von fünfzig Millionen Galaxien, 100 000 Quasaren, Millionen von Einzelsternen in der Milchstraße und sonstigen möglicherweise auftauchenden Objekten aufgenommen werden. Mike Turner, der zur Chicagoer Gruppe gehört, sprach von einem »Handbuch des Himmels«. Doch es ist mehr als das – es ist ein maßstabsgerechtes dreidimensionales Modell von einem großen Teil des Universums.

Aber auch, wenn es gelungen sein sollte, das Universum in drei Dimensionen zu kartieren, wird die Situation nicht viel anders sein als im 17. Jahrhundert. Auch damals hatten die Astronomen das, was es »dort draußen« gibt, zunehmend genauer katalogisiert und kartiert, doch erst Newton hatte die Dynamik entdeckt, die erklärte, *warum* sich die Dinge in der beobachteten Weise darstellen.

Es ist relativ klar, welche Elemente die noch zu findende Erklärung enthalten wird. Gravitation und Relativität gehören ganz sicher dazu. Ein wichtiger Bestandteil wird auch die Quantentheorie sein, die Theorie des ganz Kleinen, der Atome, Moleküle und Elementarteilchen; denn so groß die Haufen und Superhaufen heute auch sind – im frühen Universum war das

Material, aus dem sie bestehen, auf einen so kleinen Raum zusammengedrängt, daß diese Theorie darauf angewendet werden kann. Die gewaltigsten Strukturen wurden vermutlich durch Quantenfluktuationen innerhalb eines Sekundenbruchteils nach dem Urknall angelegt. Und die Unebenheiten des frühen Universums, die sich in der kosmischen Mikrowellen-Hintergrundstrahlung zeigen, beruhen vermutlich auf Wechselwirkungen, die sich innerhalb des Feuerballs abspielten, bevor er auch nur die Größe eines Apfels erreicht hatte.

Auch die Chaos- und Komplexitätstheoretiker – ihr Thema sind der Zufall, die Grenzen zwischen Zufälligkeit und Vorhersagbarkeit und die Muster, die aus dem scheinbaren Chaos hervortreten – sind überzeugt, daß ihre Theorien etwas über die Dynamik sagen können, aus der die Struktur des Universums hervorgegangen ist. Und es ist nicht zu leugnen, daß das Universum im größten uns bekannten Maßstab, auf der Ebene des »Schwamms«, den Graphen und Fraktalen ähnelt, die in der Chaostheorie eine Rolle spielen.

Um sich von der Struktur der Galaxis und der des Universums, wie sie sich nach dem letzten Stand der Astronomie darstellen, ein umfassendes Bild zu machen, begibt man sich am besten auf eine imaginäre Reise. Zu Beginn sollte der Reisende darauf hingewiesen werden, daß Licht eine Geschwindigkeit von rund 300 000 Kilometern pro Sekunde hat. Vom Mond bis zur Erde benötigt es 1,3 Sekunden, von der Sonne bis zur Erde 8,3 Minuten, von der Sonne bis zu Pluto 4 Stunden und rund 4,3 *Jahre* von der Sonne bis zum nächsten Stern. Von 4 Stunden auf 4,3 Jahre, das ist schon ein enormer Sprung, und doch befinden sich innerhalb des Bereichs, den das Licht der Sonne in 17 Jahren erreichen kann, nur etwa fünfzig Sterne.

Ob die Milchstraße groß oder klein ist, ist letztlich relativ. Berücksichtigt man das ganze Universum, darf man nicht nur Planeten und Sonnensysteme einbeziehen, sondern auch weit kleinere Dinge: Mikroben, Moleküle, Atome, Quarks oder Neutrinos. Verglichen mit diesen Dingen sind wir durchaus nicht klein, während die Galaxis, verglichen mit uns, von unvorstellbarem Ausmaß ist. Und dabei ist sie unter den Galaxien nur von mittlerer Größe. Verglichen mit der größten Struktur, die wir im Universum kennen, ist sie verschwindend klein.

Wir ignorieren einfach die Tatsache, daß kein Mensch je die Milchstraße von außen gesehen hat, und stellen uns vor, ein Abschnitt der Reise beginne außerhalb der Galaxis. Vor uns sehen wir die große Spirale, der wir uns allmählich nähern, wie ein Falter, der zwischen den Flügeln eines Ventilators hindurchzufliegen versucht. Die Reise führt uns nicht durch das Zentralgebiet, sondern durch die flache Scheibe. Zunächst passieren wir eine mehrere tausend Lichtjahre dicke »Schicht«, die wahrscheinlich aus extrem heißem Gas und schwachen älteren Sternen besteht. Die Erkundung dieser Region war schwierig, und bisher wissen wir noch nicht genau, was sich dort befindet.

Anschließend gelangen wir in eine Region, die man als Hauptscheibe bezeichnet; sie ist etwa 2000 Lichtjahre dick. Hier befinden sich viele der Sterne der Galaxis, und wenn wir die richtige Flugbahn wählen, kommen wir durch unser eigenes Sonnensystem. Sollte unsere Route uns nicht durch einen der Arme der Spirale führen, sondern durch die Zwischenbereiche, die scheinbar sehr viel dünner bevölkert sind, werden wir erstaunt feststellen, daß sich dort gar nicht so viel leerer Raum befindet, wie wir erwartet haben. Aber keine Angst: Es ist nicht so, als flögen wir durch einen Ventilator und könnten von Glück sagen, wenn wir nicht von einem der Flügel erwischt werden. Die Arme sind nämlich durchaus nichts so Festgefügtes wie ein Ventilatorflügel. Innerhalb eines Spiralarms ist die Zahl der Sterne pro Kubiklichtjahr nicht sehr viel größer als in den Zwischenbereichen. Allerdings ist, wenn wir durch einen Arm fliegen, die Wahrscheinlichkeit größer, daß wir an extrem hellen, massereichen und kurzlebigen Sternen und leuchtenden Nebeln vorbeikommen, die vom Licht der jungen Sterne angestrahlt werden.

Auf unserer Weiterfahrt kommen wir nun in die dünnste Schicht der Galaxis. Bestünde die Galaxis aus einer Schokoladenwaffel mit Pfefferminzfüllung, wäre die Hauptscheibe die Schokolade, und die innere Scheibe, in die wir jetzt eindringen, wäre die Pfefferminzfüllung. Sie besteht aus Gas und Staub, ist nur 500 Lichtjahre dick, und sie ist die Kinderstube der Galaxis. Hier finden sich die jüngsten Sterne, und hier werden neue Sterne geboren. Der Vergleich mit einer Schokoladenwaffel mit Pfefferminzfüllung stimmt indessen nicht ganz, denn bei dieser endet die Füllung dort, wo die Hauptscheibenschichten enden. Die Gasschicht aber ragt noch einmal um mehr als ein Drittel des Abstands vom galaktischen Zentrum über den Rand hinaus und ist am äußeren Ende umgebogen wie eine Hutkrempe. Auf der einen Seite der Galaxis ist sie nach oben gebogen, auf der anderen erst nach unten und dann wieder nach oben.

Wenn wir unsere Reise auf der anderen Seite der galaktischen Scheibe fortsetzen, durchfliegen wir dieselben Schichten in umgekehrter Reihenfolge. Verglichen mit dem Duchmesser längs ihrer Ebene (von der Kante her gesehen), ist die Galaxis wirklich sehr dünn. Eine Schokoladenwaffel mit Pfefferminzfüllung ist eigentlich ein weniger geeigneter Vergleich, weil sie zu dick und im Verhältnis zur Dicke zu kurz ist. Die Proportionen der Galaxis ähneln mehr denen einer Schallplatte.

An dieser Stelle sei an einen früheren Versuch erinnert, die Galaxis zu kartieren. Harlow Shapley hatte recht mit der Annahme, daß die Kugelhaufen die Umrisse des Halos der Galaxis markieren, auch wenn es einige gibt, die weit außerhalb liegen. Omega Centauri ist ein Kugelhaufen, den Ptolemäus katalogisierte (wenn auch nicht als Haufen) und in dem Halley einen Kugelhaufen erkannte. Herschel sprach von ihm in Superlativen – »der reichhaltigste ... größte ... wahrhaft staunengebietend ... mit Sternen, die buchstäblich nicht zu zählen sind« –, was durchaus seine Berechtigung hat. Er ist der hellste, größte und massereichste Haufen der Galaxis und enthält zig Millionen Sterne. Die gesamte Milchstraße enthält 100 bis 500 Milliarden Sterne (die Schätzungen differieren beträchtlich). Viele davon sind im Zentralgebiet versammelt oder vielleicht in einem riesigen Schwarzen Loch gelandet, das im Zentrum all dieser Sterne vermutet wird.

Die Milchstraße, die wir auf dem Weiterflug hinter uns lassen, ist nur eine von vielen Milliarden Galaxien, die nicht alle die gleiche Form und Größe haben. Ihre Masse schwankt zwischen dem Zehnmillionen- und dem Zehnbillionenfachen der Sonnenmasse, aber das sind die Extremwerte. Wir befinden uns jetzt noch innerhalb der »Lokalen Gruppe« von Galaxien, die einen Durchmesser von rund fünf Millionen Lichtjahren hat und eine abgeflachte Form aufweist.

Die Astronomen benutzen den Begriff »Gruppe« zur Beschreibung des hierarchischen Aufbaus des Universums, wobei es sich allerdings nicht um eine starre Hierarchie handelt. Das würde der reichen Vielfalt seiner Strukturen nicht entsprechen. Das Universum enthält, je größer wir den Maßstab wählen, erst Galaxien, dann Gruppen, Haufen, Superhaufen und Komplexe von Superhaufen oder »Wände«.

Eine Gruppe umfaßt in der Regel drei bis sechs auffällige Galaxien und eine Reihe von kleineren, schwächeren. Die Lokale Gruppe bildet da keine Ausnahme. Die größte Spirale in ihr ist der Andromedanebel, der rund 400 Milliarden Sterne enthält. An zweiter Stelle steht die Milchstraße, gefolgt von einer kleineren, aber immer noch beeindruckend großen Spirale namens M 33. Diese drei Riesen sind alles, was ein Beobachter, der sich zum Beispiel im Virgohaufen befindet, von unserer Lokalen Gruppe sehen könnte, doch enthält sie noch zehnmal so viele kleinere Galaxien, und vermutlich gibt es weitere, die bisher nicht entdeckt wurden, weil sie von der Erde aus durch Staubwolken in der Milchstraße verdeckt sind. Andromeda hat zwei kleinere Begleiter, M 32 und NGC 205, beides elliptische Galaxien. Die bekanntesten Begleiter der Milchstraße sind die Magellanschen Wolken, die irreguläre Galaxien sind, und drei weitere Satelliten-Galaxien. Zwei davon, die Carina-Galaxis und die Sextans-Galaxis, sind kugelförmige Zwerggalaxien. Das 1990 entdeckte Sextans-Zwergsystem ist etwas weiter entfernt als die Magellanschen Wolken, und die Gesamtleuchtkraft seiner Sterne beträgt nur das Hunderttausendfache der Leuchtkraft der Sonne, weniger, als manche Einzelsterne in der Milchstraße aufbringen. Eine erst im Jahr 1993 entdeckte Satelliten-Galaxis ist die Sagittarius-Galaxie, die uns am nächsten ist. Wahrscheinlich wird dieses Zwergsystem einmal von der Milchstraße verschluckt werden. Durch die Anziehungskraft der Galaxis hat es bereits einige seiner äußeren Sterne verloren.

Während die Entfernung zum Andromedanebel mit 2,25 Millionen Lichtjahren einigermaßen sicher geklärt ist, ist die Entfernung zu M 33, der drittgrößten Spirale der Lokalen Gruppe, noch umstritten. Edwin Hubble kam bei seiner ersten Messung in den zwanziger Jahren auf eine etwa gleich große Entfernung wie die zum Andromedanebel. Die Cepheiden-Daten, die Hubble bei dieser Messung benutzte, wurden jedoch von Allan Sandage mit moderneren Verfahren neu interpretiert, mit dem Ergebnis, daß M 33 wahrscheinlich drei Millionen Lichtjahre von uns entfernt ist, erheblich weiter als der Andromedanebel. Dem widersprechen andere Astronomen, die dieselben Cepheiden bei infraroten Wellenlängen untersucht haben. Nach ihren Untersuchungen sind beide Galaxien zwar weiter entfernt, als Hubble errechnet hatte, aber seine Annahme, daß sie etwa gleich weit von uns entfernt sind, bestätigte sich.

Gruppen wie unsere Lokale Gruppe haben keine spezielle Struktur oder Form; man bezeichnet sie als »irreguläre Haufen«, und ihre Galaxien sind eine Mischung aus allen möglichen Typen. Doch nehmen diese Galaxien nicht etwa zufällig in enger Nachbarschaft einen gemeinsamen Weg durchs All. Alle Galaxien der Lokalen Gruppen werden durch gegenseitige Anziehung zusammengehalten, und sie kreisen alle um ein gemeinsames Gravitationszentrum. Derzeit rasen der Andromedanebel und die Milchstraße mit einer Geschwindigkeit von 300 Kilometern pro Sekunde aufeinander zu. Es war kein Irrtum, als Slipher im Spektrum von Andromeda eine Violettverschiebung entdeckte. Irgendwann könnte es zu einem Zusammenprall kommen, aber noch ist das kein Thema für Graffiti in der U-Bahn. Das Ereignis liegt noch einige Milliarden Jahre in der Zukunft, und bis die beiden Galaxien einander vollständig durchdrungen haben, werden noch einmal einige Milliarden Jahre vergehen. Am Ende wird wahrscheinlich aus den beiden Spiralgalaxien eine große elliptische Galaxis geworden sein. Es könnte aber auch so kommen, daß Andromeda und Milchstraße einander höflich umkreisen und sich dann wieder voneinander entfernen. Was von beidem wird eintreten? Die NASA hat vor, im Jahr 2005 die »Space Interferometry Mission« zu starten, einen Satelliten mit verschiedenen Teleskopen, die unter anderem den exakten Winkel der Bahn von Andromeda bestimmen können.

Die Beziehungen zwischen Galaxien sind natürlich nicht immer friedlicher Natur. Andromeda scheint M 32 eine beachtliche Anzahl seiner Sterne entrissen zu haben, während M 32 seinerseits die Spiralstruktur von Andromeda verbogen hat. NGC 205 hat sich unter der Anziehungskraft von Andromeda verzogen. Die Mehrheit der Astronomen ist ferner der Ansicht, daß die Kleine Magellansche Wolke auseinandergerissen wird, vermutlich durch die Gravitation der Milchstraße. Über die halbe Weite des Himmels zieht sich ein langes, schmales Band von Wasserstoff, das anscheinend von dem großen Wasserstoffvorrat gespeist wird, der die beiden Magellanschen Wolken umgibt. Es könnte sein, daß dieses Gas aus der gerupften Kleinen Wolke stammt und auf ihrer Bahn um die Milchstraße wie eine Schleppe hinter ihr hergezogen wird.

Würden wir die Lokale Gruppe verlassen, wären wir einige Millionen Lichtjahre unterwegs, ehe wir die nächsten Galaxien erreichen. Doch wir können mehr über die großräumige Struktur des Universums erfahren, wenn wir, statt uns immer weiter von der Erde zu entfernen, zu immer größeren Maßstäben übergehen. Dabei muß man die »Hierarchie« des großräumigen Aufbaus des Universums im Auge behalten, darf aber nicht dem Irrtum erliegen, das Universum sei ineinander verschachtelt – mit Galaxien innerhalb von Gruppen innerhalb von Wolken innerhalb von Haufen innerhalb von Superhaufen innerhalb von Komplexen von Superhaufen. Die Verhältnisse da draußen sind komplizierter.

Die Lokale Gruppe liegt nicht weit entfernt vom Rand der Coma-Sculptor-Wolke, einer großen Wolke, die ihrerseits nah an die äußeren Grenzen des Virgo-Superhaufens heranreicht. Der Virgo-Haufen, der im Vergleich zur Lokalen Gruppe riesig ist, ist das gigantische Herz des Virgo-Superhaufens und etwa 60 Millionen Lichtjahre von der Erde entfernt. Er besteht aus

Tausenden von Galaxien und einer Menge heißem Gas, und er ist ein »regulärer Haufen«, weil er nicht eine solche Mischung von Galaxientypen enthält wie die buntscheckige Ansammlung, für die unsere Lokale Gruppe ein Beispiel ist. Über tausend auffallende Galaxien scharen sich um zwei riesige elliptische Galaxien, und daneben enthält er wahrscheinlich erheblich mehr Galaxien, die weniger auffällig sind und noch nicht von den Astronomen entdeckt wurden; die Zahl der Spiralgalaxien ist jedoch sehr gering.

Man braucht gar nicht erst zu versuchen, sich von den riesigen Entfernungen, um die es hier geht, eine Vorstellung zu machen. Die tatsächlichen Verhältnisse können wir vielleicht noch am ehesten begreifen, wenn wir uns von diesen Größenordnungen einfach überwältigen lassen, wenn wir erkennen, daß wir unfähig sind, sie uns vorzustellen und zu uns vertrauten Größen in Beziehung zu setzen. Der folgende Kasten gibt nach dem Stand von 1995 annäherungsweise die Größenordnungen im Universum an. Doch ehrlicherweise muß man zugeben, daß solche Zahlen unser menschliches Vorstellungsvermögen übersteigen. Nur um einen groben Vergleich zu geben, seien hier einige Zahlen genannt, die mit den größeren Maßstäben zu tun haben: eine typische Gruppe von Galaxien hat einen Durchmesser von einigen Millionen Lichtjahren; die Lokale Gruppe hat eine Größe von etwa 5 Millionen Lichtjahren; der Durchmesser eines Haufens kann 10 bis 20 Millionen Lichtjahre betragen, der einer Wolke rund 30 Millionen Lichtjahre, der eines Superhaufens 100 bis 200 Millionen Lichtjahre.

Es bleibt die Frage: Hat die Astronomie die oberste Stufe der Hierarchie entdeckt, oder geht es immer weiter zu ständig größeren Strukturen? Werden sich die Leerräume als Teile eines Systems von Superleerräumen entpuppen? Sind die Superhaufen zusammengefaßt zu Haufen von Superhaufen? Werden wir je eine hierarchische Ebene finden, auf der das Universum isotrop und homogen ist? Gibt es diese Ebene überhaupt?

Es gibt vorsichtige Antworten auf diese Fragen. Schmalbündel-Untersuchungen, die bis zu 6 Milliarden Lichtjahre ins All vordringen (jeweils 3 Milliarden Lichtjahre nach beiden Seiten

Größenordnungen im Universum, nach dem Stand von 1995

Die folgenden Zahlen geben nicht reale Größen wieder, sondern ungefähre Beziehungen zwischen Größenordnungen, ausgedrückt in Zehnerpotenzen. Zur Erläuterung: Ist die hochgestellte Zahl (der Exponent) positiv, gibt sie an, wie viele Nullen die Zahl enthält. Beispiel: 10^3 ist 1000 (drei Nullen), 10^4 ist 10 000, 10^8 ist 100 000 000. Was mit 10^8 gekennzeichnet ist, gehört also zu einer Größenordnung, die zehnmal so groß ist wie etwas, das mit 10^7 gekennzeichnet ist, und hundertmal so groß wie etwas, das mit 10^6 gekennzeichnet ist. Ist der Exponent negativ, gibt er an, wie viele Nullen der Nenner eines Bruchs enthält, dessen Zähler 1 ist: 10^{-3} ist 1/1000; 10^{-4} ist 1/10 000; 10^{-8} ist 1/100 000 000. Was mit 10^{-6} gekennzeichnet ist, gehört also zu einer Größenordnung, die zehnmal kleiner ist als etwas, das mit 10^{-5} gekennzeichnet ist, und hundertmal kleiner als etwas, das mit 10^{-4} gekennzeichnet ist usw.

Menschen bis Elefanten	1–10
Großstädte	10^4–10^5
Mond	10^6
Erde	10^7–10^8
Sonne	10^9–10^{10}
Umlaufbahn der Erde	10^{11}–10^{12}
Sonnensystem	10^{13}
Galaxien	10^{20}–10^{21}
Lokale Gruppe	10^{24}
beobachtbares Universum	10^{27}
Grenze des gerade noch mit bloßem Auge Beobachtbaren	10^{-3}–10^{-2}
sichtbare Lichtwellen	10^{-7}–10^{-6}
Moleküle und Viren	10^{-9}–10^{-7}
Atome	10^{-10}
Atomkerne	10^{-14}

der Galaxis), haben keine größeren Strukturen als die Superblasen ergeben. Haufen, Superhaufen und Leerräume scheinen
in extremen Entfernungen mehr oder weniger gleichförmig verteilt zu sein, mit etwa gleichbleibender Anzahl, wohin man auch
schaut. Vielleicht sind Isotropie und Homogenität hier zu finden, in dem Schwamm, der die letzte Stufe zu sein scheint.

Die Astronomie hat es nicht vermocht, eine durchgehende
Chronologie des Geschehens zu zeigen, die von der Ära der
kosmischen Mikrowellen-Hintergrundstrahlung bis zur Gegenwart reichen würde. In der Geschichte des Universums klafft
eine Lücke, vergleichbar mit den verlorenen Jahren eines Menschen, der an Amnesie leidet. Auf die Struktur des Universums
bezogen, bedeutet das: Es gibt ein Fenster, durch das wir in das
frühe Universum etwa 300000 Jahre nach dem Urknall blicken
können (dieses Fenster liefert die kosmische Mikrowellen-Hintergrundstrahlung) … und dann gibt es, für jedermann erkennbar, die Leerräume und Flächen und Wände von Superhaufen,
die zeitlich und räumlich sehr viel näher an der Gegenwart sind.
Es ist dasselbe Universum, aber wenn man sich nur an das
Äußere hielte, würde man nie darauf kommen. Das Geschehen
in dem dunklen Zwischenabschnitt aufzudecken ist eine der
Aufgaben für die nächste Generation von Physikern und Astronomen.

Dabei läßt das eine Fenster in das frühe Universum durchaus Homogenität erkennen. Gewiß war das Bemerkenswerte-
ste, was wir letzthin über den kosmischen Mikrowellenhinter-
grund erfahren haben, die Entdeckung, daß er minimal
*in*homogen ist, aber abgesehen von dieser kleinen Abweichung
ist er auffallend homogen, und ein Bild von einer noch älteren
Vergangenheit haben wir nicht. Freilich zeigt es das Universum
in seinem frühesten Stadium. Es ist, als hätten wir das Bild einer
samthäutigen Schönheit vor uns, das uns verrät, wie eine runz-
lige alte Dame mit knapp zwanzig Jahren aussah, uns aber nicht
den geringsten Anhaltspunkt für die »Struktur« liefert, die dieses Gesicht heute hat. Es ist kein Beweis dafür, daß das Universum heute isotrop und homogen ist.

Ein Standfoto kann weder einen Menschen noch ein Universum angemessen abbilden. Die Frage, was da draußen ist, kann nicht sinnvoll erörtert werden, ohne daß man zugleich fragt, wie das, was da draußen ist, sich bewegt. Welche Bewegung vollzieht die Galaxis zum Beispiel relativ zum Rest des Universums, von Andromeda abgesehen? Eine mögliche Antwort bestünde darin, ihre Bewegung relativ zur kosmischen Mikrowellen-Hintergrundstrahlung zu messen, weil diese Strahlung aus einer Richtung weit jenseits der fernsten Galaxien kommt. Man geht von der folgenden Überlegung aus: Wenn sich die Galaxis durch die kosmische Mikrowellen-Hintergrundstrahlung bewegt, dann muß diese Strahlung »vor« der Galaxis (in der Richtung, in die sie sich bewegt) eine höhere Temperatur haben als »hinter« ihr. Falls die Temperatur in allen Richtungen dieselbe ist, bewegt sich die Galaxis nicht. George Smoot und Kollegen maßen diesen Temperaturunterschied Anfang der siebziger Jahre von hochfliegenden U2-Flugzeugen aus. Sie fanden heraus, daß das Milchstraßensystem sich mit einer Geschwindigkeit von 600 Kilometern pro Sekunde in Richtung des Virgo-Haufens bewegt. Dabei entfernt sich der Virgo-Haufen aber in der uns entgegengesetzten Richtung, und die Distanz zwischen ihm und uns nimmt zu, allerdings nicht mit der Geschwindigkeit, die zu erwarten wäre, wenn die Ursache allein die Expansion des Universums wäre.

Auch wenn die Bewegung anderer Galaxien schwieriger zu ermitteln ist als die unserer eigenen, hat man doch ein bemerkenswertes Resultat gefunden: Mehrere hundert Galaxien, darunter auch die Milchstraße, machen sich in eine bestimmte Richtung davon, und zwar mit einer Geschwindigkeit, die nicht mit der Expansion des Universums zu erklären ist. Sie müssen von einer riesigen hypothetischen Massenkonzentration angezogen werden, der Alan Dressler, einer von denen, die diese Bewegung erstmals berechneten, den Namen »Großer Attraktor« gab. Ein offenkundiger Verursacher, dem man diese Gravitationswirkung anlasten konnte, war aber nicht leicht auszumachen. Lange war die Identität des Großen Attraktors der Wissenschaft ein Rätsel; und sie ist immer noch nicht vollständig gelüftet. Anfang 1996 meldeten jedoch Renee Kraan-Korteweg und ihre Kollegen vom Observatorium Paris-Meudon, daß sie einen massereichen Galaxienhaufen gesichtet hätten, der genau dort zu liegen scheint, wo sich der Große Attraktor befinden müßte. Seine Entfernung und Masse war den Wissenschaftlern bis dahin entgangen, weil das Licht von diesem Haufen weitgehend vom Staub in der Milchstraße verschluckt wird.

Bewegt sich das Universum als Ganzes? Natürlich dehnt es sich aus, aber wie steht es mit anderen Bewegungen? Könnte das Universum nicht rotieren? Bewegt es sich durch ein noch größeres Umfeld? Darauf sei mit einer Gegenfrage geantwortet: In bezug auf was könnte man vom Universum als Ganzem sagen, daß es rotiert oder nicht rotiert, sich bewegt oder sich nicht bewegt? Wir sind damit fast wieder bei Fragen angelangt, die sich schon das Altertum stellte. Einige dieser Fragen haben sich inzwischen erübrigt, andere werden wohl für immer unbeantwortet bleiben. Doch einige Antworten, von denen unsere Vorfahren – selbst solche Köpfe wie Kepler und Newton – wohl nicht geglaubt haben, daß ein Mensch sie je kennen würde, behaupten moderne Astronomen, Astrophysiker und theoretische Physiker jetzt *fast* mit Händen greifen zu können.

8. KAPITEL

Die Suche nach dem Omega
1930–1999

Als ich anfing, hatte die Kosmologie große Ähnlichkeit mit der Philosophie. Es gab kaum eine Chance, irgend etwas präzise zu messen. Jetzt wird sie zu einer Wissenschaft von hoher Präzision.

Alexander Szalay

Wie alt ist das Universum? Wie sieht seine Zukunft aus? Heutzutage dreht sich die Forschung, die in den modernsten Zweigen der Physik und Astrophysik betrieben wird, zum großen Teil um diese zwei fundamentalen Fragen. Um sie zu beantworten, müssen wir die Massendichte des Universums kennen, das so schwer zu fassende »Omega«, den Dichteparameter.

Unter der Massendichte des Universums versteht man die Menge von Materie je Kubikmeter, gemittelt über das ganze beobachtbare Universum. Diese Materie ist offenkundig ungleich verteilt, jedenfalls in den uns zugänglichen Größenordnungen. Man müßte, um die mittlere Dichte zu ermitteln, die gesamte Materie im Universum addieren und dann durch die Anzahl der Kubikmeter im Universum teilen. Auf den ersten Blick sollte man meinen, daß dies absolut undurchführbar ist.

Man sollte aber die modernen Astrophysiker nicht unterschätzen. Es ist nämlich möglich, gewisse Schätzwerte zu erhalten. Bei einer Methode, der »repräsentativen Stichprobe«, unterteilen die Forscher den Himmel in gleich große Abschnitte, ermitteln die Zahl der Galaxien in einem Abschnitt und multiplizieren das Ergebnis mit der Anzahl der Abschnitte. Da die Massen von Galaxien bekannt sind, erhält man so eine grobe Schätzung der Gesamtmasse des Universums. Durch Daten, die

277

Studien wie das »Hubble Deep Field« liefern, werden diese Stichproben zunehmend untermauert.

Man kann die mittlere Massendichte aber auch dadurch ermitteln, daß man untersucht, wie das Universum funktioniert – wie schnell es expandiert, ob die Expansion sich beschleunigt oder verlangsamt, wie sich die Gravitation in verschiedenen Teilen des Universums auswirkt, welche Kräfte außer der Gravitation im Spiel sind und wie sich der Inhalt des Universums im Lauf der Zeit entwickelt hat. Das klingt schon erheblich komplizierter als das Zählen von Galaxien und anschließende Multiplizieren mit Abschnitten. Es ist tatsächlich extrem kompliziert. Dennoch haben die Theoretiker eine Formel, die ihrer Ansicht nach zeigt, wie die Massendichte des Universums mit diesen Fragen zusammenhängt, eine Gleichung, die es ihnen erlaubt, die Antworten gegeneinander abzuwägen. Es ist die sogenannte »Gleichung für Omega«.

Aus der Gleichung geht hervor, wie sich der Dichteparameter Omega auf die Zukunft des Universums auswirkt. Ist Omega größer als 1 (sollte also, gemittelt über das gesamte Weltall, mehr als ein Wasserstoffatom pro 10 Kubikmeter vorhanden sein), wird die Expansion des Universums irgendwann zum Stillstand kommen, und es wird wieder kontrahieren. Wir hätten ein »geschlossenes« Universum. Ist Omega kleiner als 1 (sollte also, gemittelt über das gesamte Weltall, weniger als ein Wasserstoffatom pro 10 Kubikmeter vorhanden sein), wird das Universum ewig weiterexpandieren. Wir hätten ein »offenes« Universum. Ist Omega genau gleich 1, hat das Universum die »kritische Dichte«, die es ihm erlaubt, genau mit der richtigen Rate weiter zu expandieren, um einen Kollaps zu vermeiden, wobei seine Expansion sich stetig verlangsamt, aber niemals ganz zum Stillstand kommt. Wir hätten ein »flaches« Universum, wie es die Inflationstheorie vorhersagt (siehe Kasten folgende Seite).

Weshalb ist das Schicksal des Universums so eng mit seiner Massendichte verbunden? Zunächst ist »Masse« das Maß dafür, wieviel Materie vorhanden ist – in einem Planeten, einem Stern, einer Galaxie oder, in diesem Fall, im ganzen Universum. Die

> **Omega** ist *größer* als eins: Die Expansion des Universums hört irgendwann auf, und es stürzt in sich zusammen (»geschlossenes« Universum).
> **Omega** ist *kleiner* als eins: Das Universum expandiert endlos und dünnt dabei ständig aus (»offenes« Universum).
> **Omega** ist *gleich* eins: Kritische Dichte – das Universum expandiert genau mit der richtigen Geschwindigkeit, um einem Kollaps zu entgehen (»flaches« Universum, wie es die Inflationstheorie vorhersagt).

Materieteilchen im Universum üben eine gravitative Anziehungskraft aufeinander aus. Die Stärke der Anziehungskraft hängt von der Entfernung zwischen den Objekten ab. Je näher sie einander sind, desto stärker »fühlen« sie die Anziehung des anderen. Ob das Universum irgendwann kontrahiert oder ob es weiterhin expandiert, hängt überwiegend davon ab, wie dicht oder dünn die Materie im Universum verteilt ist. Es spricht vieles dafür, daß die Massendichte das Schicksal des Universums bestimmt.

Um die Gleichung für Omega zu lösen, muß man vier Größen kennen, von denen drei derzeit nicht mit Sicherheit bekannt sind. Die vier Größen sind: die Lichtgeschwindigkeit, die Kosmologische Konstante (Einsteins theoretische Konstante, die ein Universum ermöglichen soll, das weder expandiert noch kontrahiert), die Hubble-Konstante und der Verzögerungsparameter. Die dritte und vierte Größe bedürfen der Erläuterung:

Die *Hubble*-Konstante H_0 bezeichnet die Geschwindigkeit, mit der das Universum expandiert. Sie gibt jedoch nicht unmittelbar Auskunft über die Geschwindigkeit, mit der die Dinge sich da draußen voneinander entfernen. Ist die Hubble-Konstante zum Beispiel 50, heißt das, daß die Fluchtgeschwindigkeit je Megaparsec Abstand vom Beobachter um 50 Kilometer pro Sekunde *zunimmt*. Um das mit einem ganz einfachen hypothetischen Fall zu illustrieren (auch wenn es in so geringer Entfernung von der Erde *keine* Galaxien gibt): Ist die Hubble-Konstante gleich 50, und ist Galaxis A ein Megaparsec von der Erde entfernt, dann würde Galaxis A mit einer Geschwindigkeit von 50 Kilometern pro Sekunde entweichen. Eine zwei Megaparsec von der Erde entfernte Galaxis B würde mit einer Geschwindigkeit von 100 Kilometern pro Sekunde entweichen. Bei einer drei Megaparsec entfernten Galaxis wären es 150 Kilometer pro Sekunde, und so weiter. Würden die Milchstraße, Galaxie A und Galaxis B eine gerade Linie bilden, und würden wir uns in Galaxis A befinden, so würden wir beobachten, daß die Milchstraße sich mit einer Geschwindigkeit von 50 Kilometern pro Sekunde in die eine Richtung und Galaxis B sich mit derselben Geschwindigkeit in die andere Richtung von uns entfernt. Hier gilt die Rosinenkuchenregel »doppelt so weit weg ist doppelt so schnell« nicht, für die es keine Rolle spielt, welchen Wert die Hubble-Konstante hat und von wo aus wir andere Galaxien zurückweichen sehen.

Der *Verzögerungsparameter* mißt die Geschwindigkeit, mit der sich die Expansion aufgrund der gravitativen Anziehung zwischen all den Galaxienhaufen verlangsamt. Man sollte meinen, daß die Astrophysiker seinen Wert bereits kennen müßten. Wenn es stimmt, daß wir sehr ferne Galaxien und Galaxienhaufen in dem Zustand beobachten, in dem sie vor Milliarden Jahren waren, wieso kann man dann nicht die Geschwindigkeit, mit der sie entweichen, mit der Fluchtgeschwindigkeit näher stehender Galaxien vergleichen und auf diese Weise ermitteln, ob die Expansion sich verlangsamt hat, und wenn ja, um wieviel? Genau das versuchen die Astrophysiker auch zu tun, aber es ist nicht so einfach. Die Schwierigkeit könnte nach Ansicht einiger Theoretiker darin liegen, daß das Universum sich tatsächlich gerade im Gleichgewicht hält zwischen einer Massendichte, bei der es in alle Ewigkeit expandieren könnte, und einer Massendichte, bei der es in einem »Big Crunch«, einem »Großen Krach« zusammenstürzen würde. Vielleicht ist also gerade die Schwierigkeit, diese Geschwindigkeit zu bestimmen, ein Hinweis darauf, daß Omega gleich eins ist und das Universum mit genau der richtigen Geschwindigkeit endlos expandiert, wobei seine Expansion sich stetig verlangsamt, aber nie zum Stillstand kommt und in einen Kollaps mündet.

Was die Sache unter anderem kompliziert macht, ist der Umstand, daß die Massendichte des Universums sich mit der Zeit ändert. Sofern nicht neue Materie oder Energie entsteht (was die Steady-State-Theorie behauptete, die meisten Physiker aber bestreiten), nimmt die Dichte in einem expandierenden Universum unausweichlich immer mehr ab.

Die Gleichung für Omega bringt den Zusammenhang zwischen diesen Größen oder Werten auf eine knappe Formel. Man braucht kein Experte zu sein, um zu erkennen, daß Zusammenhänge bestehen. Die Gleichung bringt präzise zum Ausdruck, wie und in welchem Ausmaß diese Zusammenhänge bestehen. Auf die Gefahr hin, daß der eine oder die andere jetzt in Deckung geht, gebe ich hier (Abbildung 8.1) die Formel für Omega wieder. Betrachten Sie sie als Belohnung, die die geduldigen Leser, die in diesem Buch so weit gekommen sind, sich verdient haben. Keine Angst, Sie müssen sie nicht lösen.

Inwieweit ist es Wissenschaftlern gelungen, die Unbekannten in dieser Gleichung aufzulösen? Sie kennen auf jeden Fall die Lichtgeschwindigkeit. Eine Zahl können sie also schon einfügen.

Den Wert des Verzögerungsparameters und der Kosmologischen Konstante kennt bislang niemand. Der numerische Wert der Hubble-Konstante ist umstritten. Den Wissenschaftlern von heute geht es heute nicht anders als ihren Vorgängern, die zwar die Keplerschen Gesetze hatten, aber nicht Cassinis und Flam-

Abbildung 8.1

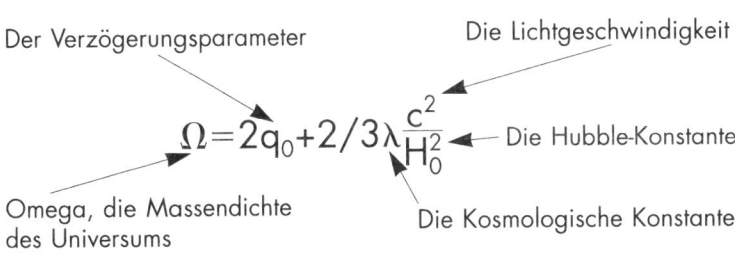

Der Verzögerungsparameter

Die Lichtgeschwindigkeit

$$\Omega = 2q_0 + 2/3\lambda\frac{c^2}{H_0^2}$$

Die Hubble-Konstante

Omega, die Massendichte des Universums

Die Kosmologische Konstante

Die Formel für Omega

steeds Messungen der Entfernung zum Mars. Die Formel ist da, aber nicht alle einzusetzenden Werte, um das Schicksal des Universums vorhersagen zu können.

Eine große Schwierigkeit bei der Abschätzung der Materiemenge im Universum bereitet der Umstand, daß es anscheinend nicht genug davon gibt. Der Schweizer Astronom Fritz Zwicky entdeckte in den dreißiger Jahren, daß Galaxien in dem »großen Haufen« im Sternbild Coma Berenices (Haar der Berenike) sich im Verhältnis zueinander zu schnell bewegten, als daß die Gravitation sie aneinander binden könnte. Aufgrund der Wirkungsweise der Gravitation und der Beobachtungen, die man an diesem Galaxienhaufen machen kann, müßte die Anordnung eigentlich auseinanderfliegen. Zwicky kam auf zwei mögliche Erklärungen. Entweder war das, was sich als ein Haufen von Galaxien darbot, vielleicht nur eine zufällige, zeitweilige Zusammenfügung, oder diese Galaxien hatten Eigenschaften, die mit dem Teleskop nicht zu erfasssen waren. Wenn der Haufen durch gravitative Anziehung zusammengehalten würde, hätte er sehr viel mehr Materie enthalten müssen, als wir beobachten. Niemand zog die dritte Möglichkeit in Erwägung, nämlich daß die Physiker sich gewaltig geirrt haben in bezug auf die Wirkungsweise der Gravitation oder in der Annahme, sie wirke überall auf die gleiche Weise.

Zwickys Entdeckung führte zu der Überlegung, daß es vielleicht nicht möglich sei, mehr als nur einen winzigen Bruchteil der im Universum vorhandenen Materie zu beobachten. Durch Beobachtungen und theoretische Erklärungen ist seitdem vieles zusammengekommen, was Zwickys These von der »Dunklen Materie« stützt. Damit das Universum so funktioniert, wie es das offenbar tut, muß es sehr viel mehr Materie enthalten, als mit dem bisherigen Instrumentarium feststellbar ist. Nach gewissen Berechnungen geben 90 bis 99 Prozent der gesamten Materie auf keiner Wellenlänge des gesamten elektromagnetischen Spektrums irgendwelche Strahlung ab. Während sich andere Teile des Urknall-Bildes zu einem logischen Ganzen fügten, blieb die »fehlende Materie« ein Rätsel.

Man braucht nicht bis zum Sternbild Coma Berenices zu reisen, um ein Beispiel dafür zu finden: Die Masse und Verteilung der im Milchstraßensystem beobachtbaren Materie reicht nicht aus, um die Rotation der Milchstraße zu erklären. Was aber wäre erforderlich, um die beobachtete Rotation der Milchstraße hervorzurufen? Die Materie müßte sich überwiegend außerhalb der sichtbaren galaktischen Scheibe befinden, sie müßte weit über den Rand der beobachtbaren Scheibe hinausreichen, und ein Großteil müßte sich nicht auf Höhe der Scheibe, sondern »oberhalb« und »unterhalb« von ihr befinden. Wäre das alles gegeben, so wäre die Rotation erklärlich. Man vermutet, daß die Galaxis von einem Halo dunkler Materie umgeben ist, der sich sehr viel weiter erstreckt als die beobachtbare Masse der Galaxis. Der Gesamtdurchmesser der Galaxis könnte vier- bis fünfmal größer sein als das, was sich in allen Spektralbereichen beobachten läßt. Dunkle Materie könnte auch eine Erklärung für die »Hutkrempenkrümmung« der dünnen galaktischen Gasscheibe liefern.

Die dunkle Materie kann man nur indirekt erforschen, anhand der Wirkung, die sie auf andere Dinge ausübt, genauer gesagt, anhand ihrer Gravitationswirkung auf andere Materie und Strahlung. Manchmal verrät sie sich dadurch, wie sie Lichtstrahlen ablenkt. Lichtstrahlen werden durch die Anwesenheit massereicher Objekte wie Planeten, Sterne, Galaxien und Galaxienhaufen abgelenkt, unabhängig davon, ob diese Objekte selbst auf irgendeiner Wellenlänge feststellbar sind. Wenn die Ablenkung zu groß ist, um von der beobachtbaren Materie des Objekts herrühren zu können, oder wenn gar kein ablenkendes Objekt beobachtbar ist, wissen die Forscher, daß da noch mehr sein muß, was sich zwischen ihnen und dem Hintergrund da draußen befindet. Sie vermuten, daß dunkle Materie vorliegt.

Das Geheimnis der dunklen Materie ist der Kern des Problems, Alter und Zukunft des Universums zu bestimmen. Eine überschlägige Berechnung, ob die beobachtbare Materie ausreicht, um die erforderliche gravitative Anziehung zu erzeugen, damit das Universum die kritische Dichte (Omega gleich eins) behält, kommt zu dem Ergebnis, daß die mit dem heutigen Instrumentarium beobachtbare Menge bei weitem nicht ausreicht. Aber die Diskussion ist damit nicht beendet, weil dunkle Materie ja wirklich existiert und niemand bislang sicher weiß, wieviel es davon gibt und woraus sie besteht.

Legt man die Urknall-Theorie eng aus, hätte selbst eine mikroskopische Abweichung von Omega gleich eins zur Folge gehabt, daß das Universum sehr früh wieder kollabiert wäre oder sich so schnell ausgedehnt hätte, daß es nie zur Sternbildung gekommen wäre. Für dieses Problem des kritischen Werts liefert die Inflationstheorie eine Lösung; die Frage ist nur, ob das Universum in dem Maße von diesem kritischen Wert abhängig ist. Ist es das nicht, würde es sich dramatisch von unserem bisherigen Bild unterscheiden, nur ist nicht ersichtlich, in welcher Weise sich das Universum auf diesen Wert einstellt. Alle bisherigen Messungen der Massendichte haben andere Werte als die kritische Dichte ergeben. Danach hätte das Universum zu schnell expandieren müssen, als daß Sterne hätten entstehen können. Das hat es aber nicht getan. Gibt es etwas, was wir noch nicht wissen?

Als Kandidaten für die dunkle Materie wurden bislang hypothetische, mysteriöse Teilchen vorgeschlagen, aber auch Schwarze Löcher mit der milliardenfachen Masse der Sonne. Zur Auswahl stehen zudem urzeitliche Schwarze Löcher (die winzig sind und im Frühstadium des Universums entstanden), Planeten, Zwergsterne, die so schwach sind, daß sie bisher nicht beobachtet wurden, massereiche kalte Gaswolken, Kometen und Asteroiden sowie ein reiches Sortiment von toten oder verunglückten Sternen. Nach Meinung einiger Physiker sollten noch ein paar Nummern des *Astrophysical Journal* mit dazugezählt werden.

1998 rückten Neutrinos, nur schwer entdeckbare Teilchen, unter die ersten Kandidaten auf. Daß es Neutrinos gibt, ist keine Neuigkeit. Wolfgang Pauli postulierte 1930 die Existenz dieser Teilchen, um einen rätselhaften Energieverlust bei bestimmten Kernreaktionen zu erklären, aber erst 1956 wurde ihre Existenz durch Beobachtungen von Frederick Reines und Clyde Cowan am Savannah-River-Kernreaktor bewiesen.

Die Existenz von Neutrinos wird heute von niemandem bestritten, nur sind sie nach wie vor schwer zu beobachten. Es gibt kaum Wechselwirkungen mit anderer Materie, welcher Art sie auch sei. Ein typisches Neutrino kann ungehindert eine Bleiwand von einem Lichtjahr Dicke durchfliegen. Einen Anhaltspunkt für ihr Vorkommen liefern seltene, zufällige Kollisionen mit einem Atom, aber auch dann ist der Nachweis nur indirekt.

Es ist fraglich, ob Neutrinos überhaupt eine Masse haben, aber falls nicht, können sie natürlich auch nicht zur Massendichte des Universums beitragen. Verschiedentlich ist in den letzten Jahren behauptet worden, man habe eine Neutrinomasse entdeckt. Einen überzeugenderen Nachweis lieferten 1998 japanische und amerikanische Physiker an einem Observatorium in Takayama (Japan).

Als Detektor benutzten sie einen Tank von den Ausmaßen einer Kathedrale, der 45 Millionen Liter ultrareines Wasser enthielt und 1,5 Kilometer tief in einem Berg untergebracht war, in einem ehemaligen Zinkbergwerk. Das Experiment wurde so begründet: Neutrinos entstehen unter anderem, wenn kosmische Strahlungsteilchen aus den Weiten des Alls auf die obere Erdatmosphäre stoßen. Die Experimentatoren hofften, Neutrinos, die von der oberen Atmosphäre direkt über dem Detektor kamen (kurzer Weg), und Neutrinos, die von unterhalb des Detektors kamen, nachdem sie die Erde durchquert hatten (langer Weg), miteinander vergleichen zu können. Neutrinos aus beiden Richtungen würden sich durch das Wasser bewegen und gelegentlich mit einem Atom zusammenstoßen. Dabei entsteht ein Schauer von Kollisionstrümmern, und die durch das Wasser schießenden Trümmerteilchen erzeugen kegelförmige Blitze blauen Lichts, die sogenannte »Tscherenkow-Strahlung«. Das Licht wird von 11 200 im Tank angebrachten 20-Zoll-Lichtverstärkern registriert. Die Lichtkegel werden daraufhin analysiert, mit welchen Anteilen verschiedene Neutrinotypen aus der einen oder anderen Richtung einlaufen. Ferner versucht man zu bestimmen, ob die Neutrinos, von denen es drei Typen gibt, auf dem Weg von der oberen Atmosphäre von einem Typ in einen anderen übergehen. Sollte das der Fall sein, müssen sie eine Masse haben.

Dr. Yoji Tkotsuka, Teamleiter und Direktor des Kamioka-Neu-trino-Observatoriums, das den Detektor betreibt, gab bekannt, daß deutliche Anhaltspunkte für eine Neutrinomasse vorliegen. »Wir haben«, berichtete er, »alle anderen denkbaren Ursachen der von uns gemessenen Effekte geprüft, und es bleibt nur die Neutrinomasse übrig.«

Nach Berechnungen auf der Grundlage dieser Befunde könn-ten (darüber herrscht aber keine Einigkeit) Neutrinos einen erheblichen Teil der Masse des Universums ausmachen. Das einzelne Neutrino fällt dabei nicht sehr ins Gewicht. Es hat eine nahezu verschwindende Masse: etwa ein Fünfhunderttausend-stel der Masse eines Elektrons. Aber was den Neutrinos an Mas-se fehlt, machen sie durch ihre ungeheure Menge wieder wett. Jeder Teelöffelvoll Weltraum enthält rund 300 Neutrinos. Ihre Zahl übertrifft die aller anderen Teilchen im Universum um das Milliardenfache. Mit der Entdeckung dieser winzigen Masse durch das Team in Takayama stieg denn auch die Massendich-te des Universums erheblich, einigen Berechnungen zufolge mit einem Schlag auf mehr als das Doppelte.

Das mag vielleicht verheißungsvoll klingen, doch auch die neuentdeckte Neutrinomasse kann die fehlende Materie nicht ganz erklären. Zwar könnte die Gesamtmasse der Neutrinos ausreichen, um die Expansion des Universums zu verlangsa-men, doch vermutlich reicht sie nicht aus, die Expansion zum Stillstand zu bringen und umzukehren. Das Rätsel ist nach wie vor ungelöst. Die Entdeckung einer Neutrinomasse hat die Zukunft des Universums nicht enthüllen können.

Mitte der achtziger Jahre legte eine Gruppe von Astronomen die Einsatzpläne für das »Hubble«-Weltraumteleskop fest. Die Bestimmung eines absoluten Entfernungsmaßstabs außerhalb der Galaxis und die Ermittlung der Expansionsgeschwindigkeit des Universums – der Hubble-Konstante – hatten dabei eine hohe Priorität. Einem Team von Astronomen aus den Vereinig-ten Staaten, Kanada, Großbritannien und Australien unter der Leitung von Wendy Freedman von den Carnegie-Observatori-en in Pasadena (Kalifornien) wurde für einen Zeitraum von fünf Jahren die längste Nutzungsdauer zugestanden. Das »Extragalactic Distance Scale Key Project« soll die Entfernungen zu nahen Galaxien mit bisher unerreichter Genauigkeit bestimmen. Die ermittelten Entfernungen bilden dann die Grundlage für andere Methoden, die in größeren Entfernungen anwendbar sind und verschiedene, voneinander unabhängige Messungen der Hubble-Konstante ermöglichen sollen.

Wendy Freedman stammt aus Toronto (Kanada), und aus ihrer Kindheit ist ihr eine Reise, die sie mit ihrem Vater in den kanadischen Norden unternahm, besonders lebhaft in Erinnerung. Dort betrachteten sie die Sterne, und er erklärte ihr, wie lange das Licht braucht, um uns auf der Erde zu erreichen. 1975 schrieb sich Freedman an der Universität Toronto ein, mit der Absicht, Biophysik zu studieren, doch bald wechselte sie zur Astronomie über. 1984 erlangte sie an der Universität Toronto die Doktorwürde in Astronomie und Astrophysik, anschließend war sie Carnegie-Stipendiatin an den Carnegie-Observatorien, und seit 1987 ist sie als erste Frau Mitglied des ständigen Lehrkörpers.

Zentrales Element von Freedmans »Extragalactic Distance Scale Key Project« ist die Messung der Cepheiden-Entfernungen zu zwanzig Galaxien mit Hilfe des »Hubble«-Teleskops. Sie sollen einen absoluten Maßstab für andere Methoden liefern, die nur relative Entfernungen ergeben (Supernovae Typ Ia, Supernovae Typ II, die Tully-Fisher-Beziehung und Fluktuationen der Oberflächenhelligkeit – siehe S. 293 f.).

Bei dem Versuch, die Entfernung zum Zentrum des Virgo-Superhaufens genauer zu messen, fanden Freedman und ihr Team 1994 zwanzig Cepheiden in der Galaxie M 100 im Virgo-Haufen, im Herzen des Superhaufens; es war die erste sichere Identifikation von Cepheiden in einer solchen Entfernung. Diese Cepheiden sind rund 56 Millionen Lichtjahre von der Erde entfernt und damit weniger weit, als man zuvor geschätzt hatte.

Freedman und Kollegen errechneten aus dieser neuen Entfernungsmessung und der (aus der Rotverschiebung abgeleiteten) Fluchtgeschwindigkeit von M 100 einen neuen Wert für die Hubble-Konstante: 80 Kilometer pro Sekunde je Megaparsec. Zuvor waren Experten unter der Leitung von Allan Sandage auf einen Wert von etwa 50 gekommen, also weit unter 80. Damit setzte eine der hitzigsten Debatten der modernen Astronomie ein, die sich, je nachdem, auf welcher Seite man steht, als eine extrem wichtige Kontroverse oder als viel Medienrummel um nichts darstellt.

Freedmans Mitteilung schlug ein wie eine Bombe. Die Hubble-Beobachtungen brachten alle in Verlegenheit. Bei der Entscheidung zwischen 50 oder 80 ging es um keine Kleinigkeit. Falls sich das Universum so viel schneller ausdehnt, als bisher angenommen, muß seit dem Urknall weniger Zeit verstrichen sein als die 10 bis 20 Milliarden Jahre, auf die sich die Mehrheit der Fachleute geeinigt hatte. Eine aus der Massendichte im Universum abgeleitete Hubble-Konstante von 80 bedeutet, daß das Universum höchstens 8 bis 12 Milliarden Jahre alt sein kann, wahrscheinlich eher 8.

In der Wissenschaft kommt es immer wieder vor, daß neue Entdeckungen ältere Überzeugungen in Frage stellen, und gelegentlich kommt am Ende eine von fast allen für unangreifbar gehaltene Erkenntnis zu Fall. Hier handelte es sich jedoch um eine der beunruhigendsten Anfechtungen wissenschaftlicher Grundüberzeugungen, die das 20. Jahrhundert erlebt hatte, waren die Astronomen sich doch aufgrund der als stichhaltig geltenden kernphysikalischen Erkenntnisse und der Umwandlungsrate von Wasserstoff in Helium im Inneren der Sterne ziemlich sicher, daß einige der ältesten Sterne der Milchstraße 14 Milliarden Jahre und vermutlich noch älter waren. Das Universum kann nicht jünger sein als seine Sterne.

Die Debatte erregte weltweit öffentliches Aufsehen, zum großen Mißfallen der Wissenschaftler. Astrophysik und Astronomie sind auf hohe staatliche Zuwendungen angewiesen und haben daher ein starkes Interesse daran, glaubwürdig zu bleiben. Nun, da der Kalte Krieg der Vergangenheit angehört, muß man sich überlegen, wie die Zuweisung öffentlicher Mittel für die wissenschaftliche Forschung begründet werden kann. Wenn man die Öffentlichkeit dafür gewinnen will, dieses wunderbare, aber kostspielige Abenteuer weiterhin zu unterstützen, dann sind Verlautbarungen, denen man entnehmen kann, daß Steuergelder für unsinnige Forschungen ausgegeben wurden, genau das falsche. Wie die Kirche zu Galileis Zeiten, so hat auch das wissenschaftliche Establishment von heute viel zu verlieren, wenn der Glaube erschüttert wird – diesmal der Glaube an die Wissenschaft.

Freedman und ihre Mitarbeiter sind junge Astronomen. Diejenigen, deren Zahlen sie in Frage stellten, gehören zu den angesehensten älteren Mitgliedern der Astronomenzunft. Sandage war, nachdem er einen Großteil seines Lebens damit zugebracht hatte, neue Meßverfahren zu entwickeln und sorgfältige Beobachtungen zu machen, zu einem Wert der Hubble-Konstante von 50 gelangt. Was das junge Team mitzuteilen hatte, mochte zwar alte Vorstellungen über den Haufen werfen, doch es kam nicht völlig unerwartet, und auch für solche rätselhaften Befunde gab es historische Beispiele. Hubble selbst war 1929 auf eine Hubble-Konstante von 500 Kilometern pro Sekunde je Megaparsec gekommen, wonach das Universum jünger sein mußte, als es die Erde nach den Erkenntnissen der Geologen war. Baade kam bei einer neuen Berechnung auf einen Wert von 250 für H_0. Sandage stutzte ihn dann weiter zurück auf 180, dann auf 75, dann (Mitte der siebziger Jahre) auf 55 plus minus 10 Prozent. Dank dieser Korrekturen konnte man dem Universum ein Alter zuschreiben, das für die Bildung auch der ältesten Sterne und Kugelhaufen Raum ließ, doch hatte es zuvor auch ähnliche Diskussionen gegeben wie jetzt im Anschluß an Freedmans Mitteilung. Im übrigen war Sandages und Tammanns Wert für die Hubble-Konstante auch vorher schon nicht unangefochten.

Nachdem Sandage die Hubble-Konstante in der Nähe von 50 und das Alter des Universums bei 15 bis 20 Milliarden Jahren angesiedelt hatte, machte sich unter anderem Gerard de Vaucouleurs von der Universität von Texas in den späten siebziger und während der achtziger Jahre daran, diese Zahlen genau zu untersuchen. Kurz bevor Freedman im Oktober 1994 ihre Ergebnisse publizierte, deuteten die Resultate anderer Untersuchungen darauf hin, daß man die bisherigen Schätzungen für die Expansionsgeschwindigkeit und das Alter des Universums abermals würde revidieren müssen. Ein Team unter Leitung von Robert Kirschner vom Harvard-Smithsonian-Zentrum für Astrophysik maß am Interamerikanischen Observatorium von Cerro Tololo in Chile die expandierenden Überreste von fünf Supernovae und kam zu dem Schluß, das Universum könne zwischen 9 und 14 Milliarden Jahren alt sein. Doch was Freedmans Team aufgrund der Daten vom Hubble-Teleskop berechnete, war überzeugender als alle anderen an den älteren Zahlen geäußerten Zweifel.

Die Tatsache, daß Astronomen bei Berechnungen wie diesen von vornherein einen breiten Fehlerspielraum einkalkulieren, könnte vermuten lassen, die Zahlen seien bewußt so großzügig gewählt, damit das Universum gerade alt genug und die ältesten Sterne gerade jung genug sind, um zueinander zu passen. Doch die Sterne sind nicht schlagartig zu Beginn des Universums entstanden. Es wäre daher nicht korrekt, ihnen *dasselbe* Alter zuschreiben wie dem Universum. Einen Puffer von wenigstens einer Milliarde Jahre nach dem Urknall muß man für die Entwicklung der Sterne schon einräumen. Der Spielraum, den Freedmans Zahlen sowie neuere Schätzungen des Alters der ältesten Sterne lassen, reicht nicht aus. Zur Erinnerung: Eine Hubble-Konstante von 50 deutet auf ein Alter des Universums von rund 15 Milliarden Jahren hin, eine von 70 bis 80 auf ein Universum, das – mit 10 Milliarden Jahren oder weniger – weit jünger ist.

Eine negative Reaktion auf die Mitteilung von Freedmans Team kam prompt und nicht unerwartet von Sandage, dessen Arbeitszimmer in den Carnegie-Observatorien auf demselben Flur lag wie das von Freedman. Sandage hatte an diesem Observatorium schon unter Hubble gearbeitet, als es noch den Namen Mount Wilson trug. Seiner Meinung nach wurde der Zahlendifferenz von den Medien eine übertriebene Bedeutung beigemessen – Medienrummel eben. In den Resultaten des Hubble-Teams konnten viele Fehler stecken. Zum Beispiel in ihren Messungen der scheinbaren Helligkeit der Cepheiden oder in ihrer Annahme, die Galaxis, zu der diese Cepheiden gehören, befinde sich im Zentrum des Virgo-Superhaufens. Vielleicht befand sie sich weiter außen, näher an unserer Galaxis. Dafür spricht, daß M 100 eine Spiralgalaxis ist und in den Zentren von Haufen wie Virgo eher elliptische als Spiralgalaxien auftreten. Freedman hielt dem entgegen, ihr Team habe diese Möglichkeit bereits berücksichtigt und der Schätzung einen entsprechend großen Fehlerspielraum zugemessen. Außerdem habe das Team in seinem ersten Bericht auf die Verwandtschaft zwischen Virgo und einem weiter entfernten Haufen, dem Coma-Haufen, hingewiesen, die es ermögliche, die Hubble-Konstante auch über diese Entfernung zu berechnen – die Berechnung lieferte das gleiche Ergebnis.

Die Frage stellte sich auch, ob die Geschwindigkeit, mit der Virgo sich entfernt, ein verläßlicher Hinweis auf die Fluchtgeschwindigkeit des gesamten Universums ist. Tammann berichtete, seine Untersuchungen hätten gezeigt, daß Virgo sich schneller entfernt als der Rest des Universums. Auch hier stand man wieder vor der mit schöner Regelmäßigkeit auftauchenden Schwierigkeit, die eigentliche »Hubble-Flucht« aus all den übrigen Bewegungen zu isolieren, die sich zwischen und innerhalb von Haufen und Superhaufen abspielen. Wie läßt sich aus der komplexen Gesamtbewegung jener Anteil herausrechnen, der unmittelbar der Expansion des Universums zugeschrieben werden kann? Bei jeder Stichprobe kommt wahrscheinlich ein fehlerhaftes Ergebnis heraus, es sei denn, die Stichprobe wäre wirklich extrem groß. Wie groß sie aber sein müßte, kann niemand mit Sicherheit sagen.

Freedman und ihr Team hatten nicht behauptet, ihre Untersuchung habe den Wert der Hubble-Konstante ein für allemal geklärt, aber die gegen ihr Ergebnis vorgebrachten Einwände überzeugten sie auch nicht davon, daß sie sich geirrt hatten. Sandages Messungen wiederum waren kürzlich von anderer Seite in Frage gestellt worden. Er hatte seinen Entfernungsmessungen Supernovae vom Typ Ia zugrunde gelegt. Einige der Messungen, bei denen Sandage und Mitarbeiter für die Hubble-Konstante einen Wert von rund 50 erhalten hatten, beruhten auf der Annahme, daß alle Supernovae dieses Typs dieselbe maximale Helligkeit erreichen und sich deshalb als

Standardkerzen eignen. Mark M. Phillips, Astronom am Inter-amerikanischen Observatorium von Cerro Tololo in Chile, hat-te vor kurzem herausgefunden, daß nicht alle Supernovae vom Typ Ia dieselben Helligkeitsmerkmale aufweisen; hellere Super-novae kamen demnach in Spiralgalaxien beziehungsweise in Galaxien mit helleren Sternen vor. Phillips hatte ein Verfahren für die Analyse der Lichtkurven entwickelt, mit dem diese Dif-ferenzen erkannt und berücksichtigt werden konnten, doch Sandage hatte seine Daten bis 1994 nicht entsprechend korri-giert. Fatal für Sandage war die Tatsache, daß Robert Kirschner und seine Kollegen vom Harvard-Smithsonian-Zentrum für Astrophysik ihre Daten korrigiert und danach ihre Schätzung für den Wert der Hubble-Konstante von 55 auf rund 67 erhöht hatten.

Als die American Astronomical Society im Januar 1995, nur zwei Monate nach Freedmans Mitteilung, ihre Jahrestagung abhielt, ging es vor allem um die neuen Messungen und die dadurch entfachte Debatte über den Wert der Hubble-Kon-stante und das Alter des Universums. Mark Phillips und Mario Humay, sein Kollege in Chile, referierten über ihre Messungen von 25 Supernovae, die bis zu einer Milliarde Lichtjahre ent-fernt waren. Unter Berücksichtigung der von Phillips entdeck-ten Abweichungen hinsichtlich der maximalen Helligkeit waren sie auf eine Hubble-Konstante von 60 bis 70 gekommen, was zwischen Sandages und Freedmans Wert lag. Freedman berich-tete, das »Hubble«-Teleskop habe mittlerweile die Entfernun-gen zu vierzig weiteren Cepheiden im M 100 sowie zu zwei weiteren Galaxien im Virgo-Haufen, M 101 und NGC 925, ge-messen. Die neuen Meßergebnisse entsprächen den Daten, die ihr Team früher gefunden hatte.

Acht Monate später, im September 1995, gab Nial Tanvir an der Universität Cambridge gemeinsam mit Kollegen von der Universität Durham in England und dem Space Telescope Science Institute in Baltimore eine neue Schätzung bekannt, die auf neuen Hubble-Beobachtungen von Cepheiden basierte; danach war die Galaxie M 96 im Sternbild Löwe 38 Millionen Lichtjahre entfernt. Daraus leiteten sie die Entfernung zu dem sehr viel weiter entfernten Coma-Haufen ab. Das Team kam für das Universum auf ein Alter von 9,5 Milliarden Jahren, plus minus eine Milliarde.

Im März 1996, anderthalb Jahre nach Freedmans erster Mitteilung, hatten Sandage und Kollegen sich wieder versammelt und wollten von ihrer laufenden Supernova-Studie berichten. Als müsse er sich selbst Mut machen, erklärte Sandage einem Journalisten: »Wir sind überzeugt, daß das dem ›Hubble-Krieg‹ ein Ende macht.« 1990 hatte es in der Galaxis NGC 4639 eine Supernova vom Typ Ia gegeben, deren Lichtkurve sein Team seit 1992 beobachtet hatte. Besonders bemerkenswert an dieser Untersuchung war, daß das »Hubble«-Teleskop in dieser Galaxis einzelne Sterne hatte erkennen können, darunter zwanzig Cepheiden. Aufgrund ihrer Helligkeit hatte Sandages Gruppe die Entfernung zur Galaxis NGC 4639 auf 82 Millionen Lichtjahre berechnen können, daher kannte sie die absolute Helligkeit dieser Supernova vom Typ Ia, ohne sie mit der Helligkeit anderer Supernovae dieses Typs vergleichen zu müssen. Sie überprüften vor dem Hintergrund dieser neugewonnenen Erkenntnis frühere Messungen der scheinbaren maximalen Helligkeit sechs anderer Supernovae vom Typ Ia und rechneten noch einmal deren Entfernung nach. Auf diese Weise kam Sandage auf eine Hubble-Konstante von 57, genau in dem Bereich, den er seit langem propagiert hatte.

Sandage betrachtete die Untersuchung als abgeschlossen, Freedman und Kollegen gaben sich jedoch nicht geschlagen. So überzeugend die neuen Ergebnisse von Sandage auch erscheinen mochten, schafften sie doch die Hubble-Befunde des eigenen Teams nicht aus der Welt, noch vermochten sie ihnen einen Fehler in ihren Berechnungen nachzuweisen. Dennoch ging das Freedman-Team mit seiner Zahl etwas herunter. Wenn man die Entfernungsmessungen zu Cepheiden, die Erkenntnisse über Supernovae vom Typ Ia und vom Typ II, die Tully-Fisher-Beziehung und die Fluktuationen der Oberflächenhelligkeit zusammennehme, so Freedman im Juni 1996 auf der Konferenz zum 250. Geburtstag von Princeton, ergebe sich ein Wert von 73. Da in so kurzer Zeit so viele neue Daten zusammenkämen, sei innerhalb von drei Jahren mit einer Klärung der strittigen Frage zu rechnen. Sandage ist sich sicher, daß die definitive Antwort in der Nähe des von ihm gefundenen Wertes liegen wird, aber wohl erst im nächsten Jahrhundert mit ihr zu rechnen ist, zu spät, als daß er seinen Sieg noch persönlich auskosten könnte. Zum Tod von de Vaucouleurs, der ihn kritisiert hatte, erklärte er: »Sehr bedauerlich. Jeder, der in eine Auseinandersetzung verwickelt ist, sollte wenigstens noch ihre Klärung erleben.«

Was ist nun aber mit dem Alter der Sterne? Es ist nicht so umstritten gewesen wie das Alter des Universums. Im Winter 1996 wurde bei einigen der fernsten je beobachteten Galaxien nachgewiesen, daß sie bis zu 14 Milliarden Jahre alt sind, was das Vertrauen in frühere Berechnungen stärkte. Doch im Spätsommer und Herbst 1997 berechnete eine von Lawrence M. Krauss geleitete Gruppe von Physikern an der Case Western University in Ohio auf der Grundlage von Beobachtungen des »Hipparcos«-Satelliten noch einmal das Alter von einigen der ältesten und fernsten Sterne. Sie überprüften frühere Berechnungen, die bei Kugelhaufen auf ein Alter von 15 Milliarden Jahren oder mehr gekommen waren. Die Messungen von Hipparcos wurden mit einer noch nie dagewesenen Genauigkeit durchgeführt und zeigten, daß diese Kugelhaufen weiter entfernt waren als bisher angenommen. Demnach mußte auch ihre Helligkeit größer sein, als man bisher gedacht hatte. Wenn sie aber heller waren, mußten sie auch schneller brennen und sich rascher entwickelt haben, so daß ihr Alter nicht bei 15, sondern vielleicht bei 11 Milliarden Jahren lag.

»Hipparcos« kann die Entfernung zu diesen Kugelhaufen nicht direkt messen. Sie liegen im Halo der Milchstraße, außerhalb der galaktischen Hauptscheibe, zu weit weg für Parallaxenmessungen selbst mit »Hipparcos«. Vielmehr benutzten die Forscher »Hipparcos« zur Messung von Entfernung und Helligkeit anderer Sterne von ähnlicher Zusammensetzung in Kugelhaufen. Cathérine Turon vom Observatorium Paris-Meudon, die zusammen mit anderen für das Alter des Kugelhaufens M 92 12,8 bis 15,2 Milliarden Jahre errechnet hat, räumte ein, daß solche Messungen schwierig sind: Viele der als Vergleich gewählten Sterne sind schwach und weisen keine Metalle oder andere schwere Elemente auf. Es ist problematisch, die Rechenmodelle auf solche extremen Objekte mit geringem Metallgehalt anzuwenden. Es könnte eine sehr schnelle Rotation vorliegen, oder Metalle könnten ins Sterninnere gesunken sein, was dann zu falschen Schlüssen führt. Noch skeptischer ist Michael Perryman, einer der an »Hipparcos« beteiligten Wissenschaftler. Schon die mit »Hipparcos« selbst gewonnenen Daten haben gezeigt, daß einige Sternmodelle völlig falsch sind. Die Frage, wie alt das Universum ist, war mit diesen neuen Berechnungen des Alters von Sternen noch nicht geklärt.

Doch im Herbst 1997 beobachteten Astronomen mit dem »Hubble«-Teleskop, wie sich inmitten zweier kollidierender Galaxien, der Antennae, aus riesigen Wasserstoffwolken mindestens tausend Haufen neuer Sterne bildeten. Nicht alle Kugelhaufen sind demnach ganz so alt. Zumindest einige entstanden in galaktischen Kollisionen, die noch nicht so weit zurückliegen.

Die bisher gültigen Annahmen über die Geschichte und das Alter von Sternen müssen durchaus nicht ewig gültig bleiben. Doch auch wenn nicht alle Kugelhaufen so alt sind wie bislang angenommen – viele in unserer Galaxis sind es, wie Freedman betont. Auch laufende Untersuchungen schwacher Galaxien im »Hubble Deep Field« sprechen für ein älteres Universum, lassen sie doch erkennen, daß einige elliptische Galaxien bei einer Rotverschiebung von 1,2 schon recht angejahrt waren. Dennoch kommt man nicht darum herum, daß es *einige* Dinge gibt, die jünger sind als bislang angenommen.

Sandage, Freedman und deren Mitarbeiter gehören zur wissenschaftlichen Avantgarde; die Themen, mit denen sie sich befassen, sind brandaktuell. Die Cepheiden im Virgo-Haufen, die den Streit auslösten, waren überhaupt nicht zu sehen gewesen, bevor das »Hubble«-Teleskop herausgebracht, oder genauer gesagt, bevor seine fehlerhafte Optik im Dezember 1993 repariert worden war. Das geschah weniger als ein Jahr vor der Entdeckung durch das Freedman-Team. Manche der Meßverfahren sind noch kaum aus dem Experimentierstadium heraus, und was die von ihnen gelieferten Daten zu bedeuten haben, weiß niemand ganz genau. Es wäre unseriös zu behaupten, alle Fragen seien definitiv geklärt. Wem es Unbehagen bereitet, daß die Wissenschaft keine Gewißheiten liefert, sondern nach wie vor Rätsel aufgibt, wird noch eine Zeitlang mit diesem Unbehagen leben müssen.

Aber angenommen, die Hubble-Konstante würde am Ende tatsächlich ergeben, daß das Universum jünger ist als einige seiner Sterne. Es ist durchaus vorstellbar, daß die Geschwindigkeit, mit der sich das Universum ausdehnt, das Ergebnis eines Tauziehens zwischen der Gravitation (die das Universum zu kontrahieren sucht) und der aus dem Urknall herrührenden Expansionsenergie ist (die es auszuweiten sucht). Es könnte ja einen weiteren Mitspieler geben, und zwar Einsteins alten »Fehler«.

In populärwissenschaftlichen Büchern und Artikeln wird die Kosmologische Konstante gewöhnlich als Repulsivkraft dargestellt, die der Wirkung der Gravitation entgegenwirkt. Es wäre nicht schlecht, wenn man ein bißchen mehr in die Tiefe ginge und erkennen würde, daß die Kosmologische Konstante tatsächlich in beiden Richtungen wirken kann.

Falls die Kosmologische Konstante eine positive Zahl ist, wird sie in der Tat der Gravitation entgegenwirken und die Expansion verstärken. Falls sie jedoch eine negative Zahl ist, wird sie die Wirkung der Gravitation noch verstärken. Falls sie gleich null ist, wird sie weder das eine noch das andere tun. Man könnte sie sich als eine theoretische Eigenschaft des Vakuums vorstellen, die, falls sie existiert und nicht gleich null ist, *vielleicht* den Raum dehnt und damit der kontrahierenden Wirkung der Gravitation entgegenwirkt, *vielleicht* aber auch das Gegenteil tut. Stellen Sie sich eine Marke auf einem Zahlenstrahl vor. Wenn sie auf Null zeigt, wirkt sich die Kosmologische Konstante überhaupt nicht aus. Wenn Sie sie auf die Minusseite von Null verstellen, trägt die Kosmologische Konstante zur Kontraktion des Universums bei, und zwar um so stärker, je weiter Sie den Zeiger verstellen. Wenn Sie die Marke auf die Plusseite von Null verstellen, trägt die Kosmologische Konstante zur Expansion des Universums bei, und zwar um so stärker, je weiter Sie die Marke in diese Richtung verstellen.

Selbst dieses etwas differenzierte Bild von der Wirkungsweise der Kosmologischen Konstante trägt noch nicht den Schwierigkeiten Rechnung, mit denen Physiker und Astrophysiker konfrontiert sind, wenn sie ihren Wert verändern. Die Kosmologische Konstante kann nämlich in beiden Richtungen zugleich wirken, so daß wir uns nicht für einen von beiden entscheiden müssen. Was uns als Widerspruch erscheint, ist indessen keiner, wegen der Funktion, die die Kosmologische Konstante in der Gleichung für Omega erfüllt.

Die Quantenmechanik – sie befaßt sich mit der Physik der kleinsten Dinge (mit Atomen, Molekülen und Teilchen) – besagt, daß überall im Universum spontan Teilchen entstehen und wieder verschwinden. Diese haben eine unvorstellbar kurze Lebensdauer. Dennoch ist der »leere Raum« von dieser Energie erfüllt, und »leerer Raum« meint hier nicht nur die dunklen Weiten zwischen den Sternen. Diese Quantenenergie füllt den gewaltigen leeren Raum innerhalb der Atome aus. Der Theorie zufolge könnte die Energie der Kosmologischen Konstante die Energie dieser virtuellen Teilchen sein, die jederzeit und überall im Universum blitzartig entstehen und vergehen.

Für Einstein war die Kosmologische Konstante nur ein mathematischer Kunstgriff. Nicht lange nachdem er sie in seine Gleichungen eingeführt hatte, um die Implikation eines entweder expandierenden oder kontrahierenden Universums zu vermeiden, erkannte er darin einen Fehler, denn natürlich expandiert das Universum. Nachdem er Hubble 1931 auf Mount Wilson besucht hatte, verwarf Einstein die ganze Idee und nannte sie »theoretisch unbefriedigend«. Die Kosmologische Konstante war damit jedoch nicht aus der Welt. Besonders Lemaître spielte gern mit ihr und probierte verschiedene Werte aus. Dabei entdeckte er, daß er durch spielerisches Verstellen dieses theoretischen Zeigers verschiedene Universen konstruieren konnte, solche, die ganz langsam anfingen zu expandieren und dann schneller wurden, solche, die zuerst schnell expandierten und sich dann verlangsamten, und auch solche, die zunächst expandierten, dann innehielten und danach wieder expandierten. Auf etwas Ähnliches wie diese Stop-und-Start-Version griff man in den vierziger Jahren zurück, als neue Entdeckungen zu dem Schluß führten, das Universum sei jünger als das Sonnensystem. Als sich dann herausstellte, daß die Hubble-Konstante zu groß festgelegt worden war, brauchte man die Kosmologische Konstante nicht mehr, und sie wurde wieder weggepackt.

1948 entdeckte man, daß die von der Quantenmechanik postulierte Vakuumenergie sich auf Atome auswirkt, aber niemand dachte daran, ihren möglichen Einfluß auf das gesamte Universum zu untersuchen. Erst 19 Jahre später erkannte der sowjetische Theoretiker Seldowitsch, daß diese Vakuumenergie in Einsteins Gleichungen dieselbe Rolle spielen mußte wie die Kosmologische Konstante. Daraus ergab sich eine weitere Erkenntnis: Vorausgesetzt, Einstein hatte recht gehabt mit der Behauptung, die Raumzeit werde durch die Masse gekrümmt, und die Vakuumenergie existiere wirklich, hätte das Universum unter der Einwirkung der Vakuumenergie längst zu einem winzigen Ball oder etwas noch Kleinerem zusammenschnurren müssen, oder es hätte eine so rasche Expansion erfahren müssen, daß nicht einmal Atome hätten entstehen können, ganz zu schweigen von Galaxien. Auch als Seldowitsch die Kosmologische Konstante extrem klein wählte, vermochte er nicht zu zeigen, wie das Universum, das wir beobachten, entstehen konnte. Ihr Wert mußte also offenbar gleich null sein. Von dieser Annahme geht die Mehrheit der Theoretiker seitdem aus. Diese Null bedeutet übrigens nicht, daß es keine Vakuumenergie gibt, sondern nur, daß sich alle positiven und negativen Werte dieser Vakuumenergie gegenseitig aufheben, was eine höchst erstaunliche Fügung ist.

Die Kosmologische Konstante ist also, wie wir gesehen haben, noch immer da und lauert wie ein Gespenst in der Gleichung für Omega. Wäre ihr Wert gleich null, könnten wir sie abschreiben und vergessen, aber ihr Symbol würde noch immer da sein. Das erinnert mich an ein Rezept für Brokkolisuppe, das ich von einer etwas exzentrischen Freundin erhielt. Es war von einer Köchin an die andere weitergegeben worden. Unter den Zutaten wurde stets eine Dose Wantan-Suppe genannt, mit dem eingeklammerten Vermerk: »Nicht hineintun.«

Noch vor den jüngsten Hinweisen, daß das Universum möglicherweise schneller expandiert als bisher angenommen, juckte es die Astrophysiker wieder einmal, am Zeiger der Kosmologischen Konstante zu drehen. Vielleicht enthielt sie ja Lösungen für so hartnäckige Probleme wie das der noch immer nicht entdeckten dunklen Materie. Nachdem man sich schon zweimal die Finger daran verbrannt hatte, tasteten sich alle mit größter Vorsicht an die Idee heran. John Noble Wilford schrieb in der *New York Times*, daß die Physiker der Kosmologischen Konstante nur mit größtem Unbehagen einen anderen Wert als Null zuschrieben, weil es sie allzu sehr daran erinnere, wie die Astronomen des Mittelalters sich zur Erklärung der Planetenbewegungen immer kompliziertere Himmelsmechanismen ausdachten, nur um sich ihr geliebtes geozentrisches, ptolemäisches Weltbild zu bewahren. Wie damals deutete auch jetzt nichts darauf hin, daß ein von Null verschiedener Wert der Kosmologischen Konstante falsch ist. Es deutete aber auch nichts darauf hin, daß er richtig ist. Das beste Argument für diesen Wert war, daß er Physikern erlaubte, an Theorien festzuhalten, an denen ihnen persönlich gelegen war. Sie brauchten die Marke der Kosmologischen Konstante nur auf eine nach freiem Ermessen gewählte (positive oder negative) Zahl zu stellen, und schon erhielt die jeweils bevorzugte Version der Urknall-Theorie Bestätigung – das war einfach ein bißchen zu einfach und ließ ihnen zuviel Spielraum. Michael Turner von der Universität Chicago und vom Fermi National Laboratory machte 1990 einen Vorschlag für die Zusammensetzung der kritischen Dichte: 5 Prozent sollte die gewöhnliche Materie, 25 Prozent die kalte dunkle Materie (darunter auch unsichtbare und »exotische« Typen) und rund 70 Prozent die Kosmologische Konstante beisteuern. Die Energie der Kosmologischen Konstante, meinte Turner, könne einen Teil der fehlenden Masse wettmachen und als zusätzliche Bremse der kosmischen Expansion dienen; auf diese Weise entstünde ein Gleichgewicht, das einerseits verhindern würde, daß das Universum am Ende kollabiert, und andererseits, daß es unendlich expandiert und immer dunkler, ausgedünnter und kälter wird; vielmehr würde es in alle Ewigkeit auf dem schmalen Grat zwischen beiden Extremen balancieren. Durch die geringere Materiedichte, die dieser Wert der Kosmologischen Konstante zuließ, ließe sich zudem leichter erklären, wie Materie zu so enormen Strukturen wie der Großen Wand von Galaxienhaufen erstarren konnte. Auch dieser Aspekt käme den Theoretikern entgegen.

Als im Herbst 1994 die Entdeckungen des Freedman-Teams bekannt wurden, zogen Physiker weitaus ernsthafter in Erwägung, daß die Kosmologische Konstante ungleich null sein könnte. Wenn man den Zeiger entsprechend einstellte, konnte die Energie der Kosmologischen Konstante die Geschwindigkeit, mit der das Universum expandierte, im Laufe der Zeit verändern. Und wenn die Expansion im jungen Universum langsamer verlief, hatten Sterne und große Strukturen mehr Zeit, sich zu entwickeln. Danach konnte die Energie der Kosmologischen Konstante für eine Beschleunigung der Expansion sorgen. Die von Freedman und anderen vorgenommenen Messungen zeigen nur die *gegenwärtige* Expansionsgeschwindigkeit an und geben keine verläßliche Auskunft über das Alter des Universums.

Aber auch wenn eine von Null verschiedene Kosmologische Konstante immer verlockender erschien, gab es doch nach wie vor das große Problem, daß bisher niemand durch direkte Beobachtung hatte zeigen können, daß der Wert von Null verschieden ist. 1996 deutete sich an – wiederum nicht aus direkter Beobachtung –, daß sich das ändern könnte.

Wenn das Beobachtungsmaterial dürftig ist, hat man alternative Ideen schon immer gerne mittels mathematischer Simulationen getestet. Das Aufkommen von Supercomputern führte in den achtziger und neunziger Jahren zu einem echten Boom dieser Methode. Man brauchte jetzt nur Daten der beobachteten und der vermuteten Bedingungen, die im frühen Universum geherrscht hatten, in den Rechner einzugeben und konnte dann sehen, was im Lauf von Milliarden Jahren daraus werden würde. 1996 führte ein internationales Team unter Leitung von Carlos Frenk von der Universität Durham in England auf Cray-Supercomputern in München und Edinburgh eine Simulation durch, um herauszubekommen, ob Temperaturfluktuationen, wie sie im frühen Universum beobachtet worden waren, von einem Urknall-Feuerball, in dem alles nahezu gleichförmig war, zu dem heutigen Universum hatten führen können.

Ausgangspunkt der Simulation war das Universum in dem Zustand, in dem es sich vermutlich 300 000 Jahre nach dem Urknall befand. Aus jener Zeit stammt, wie wir wissen, die kosmische Mikrowellen-Hintergrundstrahlung (die Penzias und Wilson 1964 entdeckt hatten). 1992 hatten George Smoot und Kollegen in diesem ansonsten glatten kosmischen Gewebe winzige Falten ausmachen können, allerkleinste Energiefluktuationen, die nach der Urknall-Theorie zu erwarten waren. Frenk ließ das Wachstum dieser urzeitlichen Falten simulieren. Das Ergebnis sprach dafür, die Kosmologische Konstante wieder aus der Rumpelkammer hervorzuholen.

Frenk und Simon White in München (unterstützt von Adrian Jenkins, Frazer Pearce und Jörg Colberg) ließen vier Simulationen durchlaufen. Diese unterschieden sich zum einen durch die angenommene Massendichte des Universums, zum anderen durch eine Kosmologische Konstante gleich bzw. ungleich Null. Eine der vier Simulationen führte zu einem Universum, wie wir es heute kennen (siehe Abbildung 8.2), in dem die Massendichte nur 30 Prozent der kritischen Dichte betrug, die nach Ansicht von Fachleuten erforderlich ist, damit Omega gleich eins ist, und in dem Frenk außerdem eine von Null verschiedene Kosmologische Konstante zugrunde legte.

In dieser Simulation änderte sich die Expansionsgeschwindigkeit mit der Zeit, sie war am Anfang geringer als heute. Die Computer demonstrierten, auf welche Weise die Falten oder Runzeln andere Materie angezogen haben mochten. Materieklumpen stürzten aufeinander zu und verschmolzen zu größeren Klumpen, bis schließlich ein komplexes Fadennetz von Erhebungen entstand, die sich um riesige leere Regionen wanden. Längs dieser Filamente befanden sich Gas und dunkle Materie.

Abbildung 8.2

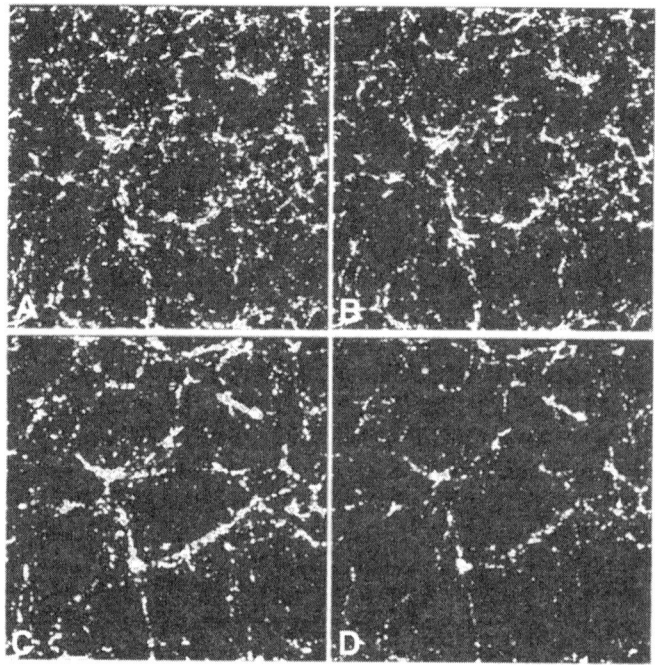

Computersimulationen von Carlos S. Frenk und Mitarbeitern

A ähnelt am stärksten dem heutigen Universum. Zugrunde gelegt wurden nur 30 Prozent der kritischen Dichte, also der Massendichte, die vermutlich nötig wäre, damit Omega gleich eins ist. Frenk legte außerdem eine von Null verschiedene Kosmologische Konstante zugrunde.

B und C sind weit weniger gelungene Modelle, bei denen eine größere Dichte zugrunde gelegt wurde.

D basiert auf einer Dichte von 20 Prozent; ohne die Kosmologische Konstante.

An den Schnittpunkten von Filamenten bildeten sich Galaxien und Galaxienhaufen. Für die letzten zwei Milliarden Jahre zeigt die Simulation keine größere Veränderung, denn das Universum expandiert rasch, und die Massendichte ist zu gering, als daß sich an den großen Strukturen viel ändern könnte.

Die Fragen nach der Expansionsgeschwindigkeit und dem Alter, der Kosmologischen Konstante und der fehlenden Materie kann eine Simulation als solche nicht beantworten. In einem Interview mit der *New York Times* unterstrich Frenk jedoch, daß die Simulationen durchaus die Stärken und Schwächen verschiedener theoretischer Modelle erkennen lassen und »unser Vertrauen in die Modelle des Universums stärken, mit denen wir sozusagen den besten Kauf machen«. Die Resultate dieses Projekts stimmten überein mit den Simulationen, die Jeremiah Ostriker aus Princeton und Paul Steinhardt von der Universität von Pennsylvania in kleinerem Rahmen durchführten, sowie mit Modellen, die James Peebles in Princeton entwickelt hatte.

Wie die Simulationen den Schluß nahegelegt hatten, daß Omega nicht gleich eins sein könnte, so deuteten auch neuere Beobachtungen in dieselbe Richtung. Spektren von Galaxien im Röntgenbereich ließen bisherige Annahmen über die Anteile von gewöhnlicher Materie und exotischer dunkler Materie zweifelhaft erscheinen. Auch die Entdeckung von immer größeren galaktischen Superhaufen war unerklärlich, falls Omega gleich eins war. Andererseits ergaben Simulationen, die von Joel Primack an der Universität von Kalifornien in Santa Cruz und von Wissenschaftlern der Staatsuniversität von Neu-Mexiko durchgeführt wurden, daß die Kosmologische Konstante keine Rolle gespielt haben konnte. Peebles Kommentar dazu lautete: »Man sollte keine Wetten auf ein Universum von geringer Dichte abschließen.«

So standen die Dinge, als die Teilnehmer des »Supernova Cosmology Project« – sie hatten Supernovae untersucht, um herauszufinden, wie stark sich die Expansion des Universums verlangsamt – auf der Jahrestagung der American Astronomical Society im Januar 1998 mitteilten, daß die Expansion nicht nur keinerlei Anzeichen einer Verlangsamung erkennen lasse, sondern sich sogar zu beschleunigen scheine. Auch diese Mitteilung war eine Sensation.

Saul Perlmutter vom Lawrence Berkeley National Laboratory in Kalifornien, der Leiter des Projekts, hatte sich schon immer dafür interessiert, was die Welt im Innersten zusammenhält. Als

Student in Harvard und als Doktorand in Berkeley war er zunehmend zu der Überzeugung gelangt, daß ein junger Physiker in einem Team mit Hunderten von Teilnehmern, wie es in der modernen Teilchenphysik üblich ist, auf den Gang der Forschung wenig Einfluß hat. Gab es noch ein Gebiet, auf dem man die wirklich fundamentalen Fragen stellten konnte? Perlmutter beschloß, es mit der Astrophysik zu probieren, und dort nimmt er heute gestaltenden Einfluß auf Forschungsprojekte, die durchaus zu den Antworten auf seine Fragen führen könnten. Seine Erfahrung mit der Grundlagenphysik hat ihn gelehrt, geduldiger zu sein und sich nicht im gleichen Maße wie manche aus der Astronomenzunft gegen Projekte zu sträuben, die erst nach jahrelangen Forschungen ihren Abschluß erreichen.

Vor zehn Jahren nahm Perlmutter ein Unternehmen in Angriff, das in der Tat langwierige Mühen verhieß und sich zunächst wie ein Hasardspiel ausnahm: mit fernen Supernovae als Meilensteinen Entwicklungen der kosmischen Expansion aufzuspüren. Als vorläufige Resultate ihn und andere überzeugten, daß Supernovae sich wirklich dazu eigneten und auch das vorhandene Instrumentarium der Aufgabe genügte, stellten sich Perlmutter und sein Team auf eine langfristige Untersuchung ein.

Die fernsten Supernovae, die das Perlmutter-Team bis Januar 1998 entdeckt hatte, waren rund sieben Milliarden Lichtjahre entfernt – als ihr Licht die Teleskope auf der Erde erreichte, waren also sieben Milliarden Jahre verstrichen, seit die Sterne explodiert waren. Dieses Licht ist inzwischen schwach und durch die Expansion des Universums rotverschoben. Es geht nun darum, das Licht dieser fernen Supernovae mit dem Licht von hellen Supernovae in der Nähe zu vergleichen, um zu bestimmen, welche Strecke das schwache Supernovalicht zurückgelegt hat. Nimmt man die Entfernungen mit den Rotverschiebungen der Supernovae zusammen, erhält man die Geschwindigkeit, mit der das Universum im Laufe seiner Geschichte expandiert ist, und daraus können die Forscher ableiten, wie stark sich die Expansionsgeschwindigkeit beschleunigt oder verlangsamt.

Ermöglicht wird dieses Projekt durch die erstaunliche Vorhersagbarkeit von Supernovae vom Typ Ia. Zwar besitzen sie nicht alle die gleiche Helligkeit, doch kann man die absolute Helligkeit der jeweiligen Supernova daraus erschließen, wie schnell sie verlischt. Supernovae vom Typ Ia in nahen Galaxien sind so vorhersagbar, daß schon ein Blick auf ihr Spektrum genügt, um den Zeitpunkt zu bestimmen, an dem die Explosion der Supernova begann, und wie sich gezeigt hat, weisen auch die fernsten Supernovae am Tag der Explosion ein entsprechendes Spektrum auf. »Daß diese Vorgänge wirklich in den Details übereinstimmen«, sagt Perlmutter, »sieht man an den schönen Spektren, die wir vom weltgrößten Teleskop, dem Keck-Teleskop in Hawaii, erhalten.« Als klar war, daß Supernovae vom Typ Ia, die explodierten, als das Universum halb so alt war wie heute, sich praktisch genauso verhalten wie Supernovae heute, atmeten die Forscher erleichtert auf. Damit waren sie, was die Zuverlässigkeit der Ergebnisse anging, eine Sorge los.

Da die fernsten Supernovaexplosionen von der Erde aus so schwach erscheinen, da nicht vorhersagbar ist, wann sie auftreten, und sie von so kurzer Dauer sind, führt das Team seine Beobachtungen in rascher, straff organisierter Folge durch, und dazu benutzt es neben Teleskopen in aller Welt auch das »Hubble«-Weltraumteleskop. Während die einen mit dem größten in den chilenischen Anden stationierten Teleskop ferne Galaxien durchmustern, erhalten die anderen in Berkeley die Daten dieser Beobachtung übers Internet und untersuchen sie auf eventuelle Supernovae hin. Wenn entsprechende Hinweise auftauchen, eilen sie nach Hawaii, um sich zu vergewissern, daß es sich tatsächlich um Supernovae handelt, und messen deren Rotverschiebung. Andere Teammitglieder halten sich derweil an Teleskopen bei Tucson, Arizona, und auf den Kanarischen Inseln bereit, dieselben Supernovae zu messen, während sie verlöschen. Das »Hubble«-Teleskop wird genutzt, wenn es um die allerfernsten Supernovae geht, die wegen ihrer Entfernung vom Boden aus nicht mit hinreichender Genauigkeit gemessen werden können.

Bis Januar 1998 hatte das Perlmutter-Team von den rund

65 Supernovae, die es bisher entdeckt hatte, vierzig analysiert. Erst kurz zuvor hatten sie gemeldet, daß sich die kosmische Expansionsgeschwindigkeit, wenn überhaupt, dann nur ganz geringfügig verlangsamt habe. Jetzt konnte Perlmutter berichten, daß »unsere Beobachtungen von Supernovae in den unterschiedlichsten Entfernungen allesamt darauf hindeuten, daß wir in einem Universum leben, das endlos expandieren wird. Offenbar enthält das Universum nicht genügend Masse, als daß ihre Gravitation die Expansion zum Stillstand bringen könnte.«

Im März 1998 meldete eine andere Forschergruppe ähnliche Ergebnisse. Geleitet von Brian Schmidt vom Mount Stromlo and Siding Spring Observatory in Australien, gehörten ihr Adam Riess, ein junger Astronom von der Universität Berkeley in Kalifornien, und Kirschner vom Harvard-Smithsonian-Zentrum an. Nach ihren Ermittlungen expandiert das Universum gegenwärtig rund 15 Prozent schneller als in jener Zeit, als es nur halb so alt war wie heute.

Kaum hatten Perlmutter und Schmidt sich geäußert, als ernsthaft überlegt wurde, was diese Neuigkeit für die Inflationstheorie und die Kosmologische Konstante bedeuten könnte. Die Inflationstheorie sagt ein flaches Universum voraus. Die neuen Erkenntnisse sprachen für ein offenes Universum. Oder etwa doch nicht? Man konnte die Entdeckung auch dahingehend deuten, daß diese Astrophysiker mit ihrer Beobachtung den ersten stichhaltigen Beweis für das Wirken einer Repulsivkraft im Universum erbracht hatten, die der Gravitation entgegenwirkt. Nach Ansicht Perlmutters sprachen die Tatsachen eindeutig für eine Kosmologische Konstante.

Niemand wollte jedoch voreilig andere Erklärungen ausschließen. Michael Turner, der das Rezept für die kritische Dichte vorgeschlagen hatte, reagierte so zurückhaltend wie die übrige wissenschaftliche Gemeinde: »Wenn es stimmt, ist dies eine bemerkenswerte Entdeckung. Sie bedeutet, daß das Universum zum großen Teil von einem Überschuß einer unheimlichen Energieform bestimmt ist, deren Kraft abstoßend wirkt.« Schmidt sagte über seine eigene Reaktion, sie sei »eine Mischung aus Verblüffung und Sorge« gewesen. »Verblüffung, weil ich mit diesem Resultat einfach nicht gerechnet hatte, und Sorge, weil ich wußte, daß die Mehrheit der Astronomen es vermutlich nicht glauben würde, weil sie auf unerwartete Forschungsergebnisse äußerst skeptisch reagieren, wie ich selbst übrigens auch.« Riess bemerkte: »Wir wollen über die Kosmologische Konstante jetzt kein vorschnelles Urteil fällen. Vielleicht macht sich hier ein anderer kleiner Effekt bemerkbar, den wir übersehen haben und der den Anschein hervorruft, als seien die Supernovae schwächer und weiter entfernt, als sie es in Wirklichkeit sind. Vielleicht täuscht uns aber auch eine Variation im Verhalten weiter entfernter Supernovae.«

Ungeachtet dieser Vorbehalte hatte Schmidt die Skepsis seiner Kollegen aber wohl überschätzt, denn die Mehrheit der Wissenschaftler, die im Mai an einem Workshop am Fermi National Laboratory teilnahmen, war sich darüber einig, daß die beiden Teams überzeugende Beweise für eine sich beschleunigende Expansionsgeschwindigkeit vorgelegt hätten, aber auch dafür, daß es so etwas wie eine Kosmologische Konstante gibt.

Allmählich zeichnete sich eine Erklärung ab: Die Beschleunigung, hervorgerufen durch die Kosmologische Konstante, schien sich gegen die Verlangsamung, hervorgerufen durch die Massendichte des Universums, durchzusetzen. Aus dem Verhältnis zwischen beiden konnten die Forscher ablesen, wieviel größer die auf der Energie der Kosmologischen Konstante beruhende Energiedichte gegenüber der Energiedichte sein mußte, die auf der Massendichte beruhte. Die Inflationstheorie forderte für Omega den Wert 1, und Berechnungen ergaben, daß die Energie der Kosmologischen Konstante 0,75 und die Massendichte 0,25 dazu beisteuern konnten. Die Aufteilung entsprach in etwa den Ergebnissen von Computersimulationen und dem Rezept von Michael Turner. Durch diese Entdeckung konnte man auch auf eine Beilegung des Streits über das Alter des Universums hoffen, denn nun war denkbar geworden, daß sich das Universum in einem früheren Stadium langsamer ausgedehnt hatte.

Aber ist die geheime Zutat wirklich jenes alte Gespenst, die Kosmologische Konstante? Manche haben sie »X-Materie« und

»Quintessenz« getauft (letzteres in Anlehnung an Aristoteles, der von einem »fünften Element« gesprochen hatte) – spekulative Vorstellungen, denen zufolge Strukturen im frühen Universum die Bedingungen für eine kosmische Hintergrundenergie schufen. Als der Workshop am FermiLab stattfand, sprachen die Kosmologen genauso von der »fehlenden Energie« des Universums, wie sie vorher lange Zeit von der »fehlenden Materie« gesprochen hatten. Einige bezeichneten sie als »komische Energie«. Was wirklich dahintersteckt, werden die Physiker zu Beginn des 21. Jahrhunderts klären müssen.

Das »Supernova Cosmology Project« und Brian Schmidts Gruppe hoffen, noch weiter zurückliegende Supernovaexplosionen zu beobachten, bis zu einer Entfernung von rund 10 Milliarden Lichtjahren. Beabsichtigt sind ferner Untersuchungen mit einem neuen röntgenastronomischen Satelliten sowie eine systematische Erforschung der kosmischen Mikrowellen-Hintergrundstrahlung vom Boden und vom All aus. In den winzigen Temperaturschwankungen, die Smoot und seine Kollegen entdeckt haben, stecken verschlüsselte Hinweise auf die Dichte des Universums und den Wert der Kosmologischen Konstante.

Die Frage nach dem Verzögerungsparameter dürfte sich erübrigt haben, denn von einer Verzögerung kann offenbar keine Rede sein. Doch durch die Entdeckung, daß die Expansionsgeschwindigkeit zunimmt, muß der Verzögerungsparameter seinen Platz in der Gleichung für Omega nicht gleich aufgeben. Er kann eine positive oder eine negative Zahl sein, und er kann sich mit der Zeit ändern.

Nach diesen neuen Entdeckungen in den späten neunziger Jahren wußten die Urknall- und Inflationstheoretiker nicht, ob sie sich freuen oder aufgeben sollten. Was einmal einer der großen Trümpfe der Theorie gewesen war, ihre Fähigkeit, das Flachheitsproblem zu lösen, drohte zu einer Last zu werden, denn die Forschung fand nach wie vor zu wenig Materie, um die Theorie von einem flachen Universum aufrechtzuerhalten. Auch die Beweise für eine zunehmende Expansionsgeschwindigkeit konnten das Modell eines flachen Universums noch mehr ins Wanken bringen. Wenn das Universum »offen« war, was taugte dann noch eine Theorie, die ein flaches Universum vorhersagte? Die Theorie hatte auf glänzende Weise eine Situation vorhergesagt, die möglicherweise gar nicht existierte.

Andererseits wird über den Wert der Kosmologischen Konstante heftig spekuliert. Umstritten ist auch, ob die »Quintessenz« oder »komische Energie« wirklich das durch die unzureichende Massendichte vorhandene Defizit in der Weise ausfüllen kann, daß genau das von der Inflationstheorie vorhergesagte flache Universum mit Omega gleich 1 entsteht. Außerdem hatten Inflationstheoretiker schon davon gesprochen, daß die treibende Kraft hinter der Inflationsphase im frühen Universum die Kosmologische Konstante sein könnte, weshalb es wünschenswert wäre, daß Beobachtungsdaten ihre Existenz belegen würden.

Es gibt noch eine Möglichkeit, die Theorie zu retten: Man müßte sie so uminterpretieren, daß sie nicht ein flaches, sondern ein offenes Universum vorhersagt. Davor schrecken die meisten Theoretiker allerdings zurück. Es besteht die Gefahr – man denke an das ptolemäische Weltbild –, daß man eine Theorie so lange verkompliziert, bis sie nicht mehr tragfähig ist, nicht etwa, weil sie nichts erklären und vorhersagen könnte, sondern im Gegenteil, weil sie zu viele einander widersprechende Dinge zu erklären und vorherzusagen vermag.

In diesem Kapitel ist das Problem des schwer zu ermittelnden Omega nur grob skizziert worden; Sie haben sozusagen eine Kostprobe von den Schwierigkeiten und den hochgesteckten Erwartungen der modernen Forschung und ein wenig Hintergrundwissen erhalten, mit dem Sie die Forschungsergebnisse, mit denen in den nächsten Monaten und Jahren zu rechnen ist, besser verstehen können. Derzeit kann niemand sagen, ob die Auseinandersetzungen sich noch lange hinziehen werden, ob die Meinungen weiter auseinandergehen und die Daten zunehmend widersprüchlich werden oder ob es in absehbarer Zeit klarere Antworten geben wird.

9. Kapitel

Verlorene Horizonte

Bei der Erschaffung des Universums wurden wir nicht zu Rate gezogen.
Andrei Linde

Ob das Universum einen Rand hat und was sich gegebenen-
falls dahinter befindet, das sind Fragen, die die Astronomen seit
jeher bewegen. Vom deutschen Astronomen Heinrich Wilhelm
Olbers, der von 1758 bis 1840 lebte, stammt das nach ihm
benannte Olberssche Paradoxon: Wenn das Weltall keinen Rand
hat, also unendlich ist, und wenn es eine unendliche Zahl von
Sternen enthält, müßte der Nachthimmel sonnenhell sein. Das
ist er nicht. Olbers war nicht der erste und sicherlich nicht der
letzte, der sich darüber den Kopf zerbrach. Nehmen wir statt
dessen an, das All sei unendlich, die Zahl der Sterne aber nicht,
sie seien vielmehr auf ein gewisses System innerhalb des
unendlichen Alls beschränkt. Dann entsteht ein anderes Problem: Ihr System wird wegen der gegenseitigen gravitativen
Anziehung kollabieren. Wenn wir diesem Problem dadurch zu
entgehen versuchen, daß wir das Sternsystem rotieren lassen,
so daß der Kollaps durch seine Fliehkraft verhindert wird, wird
gewiß jemand mit der Frage kommen: In bezug auf was rotiert
es denn, wenn es doch das einzige Ding in einem unendlichen
Universum ist?

Diese Probleme entfallen bei einem expandierenden Universum, das aber wiederum andere Probleme mit sich bringt,
besonders für den Laien: den Balanceakt, der in der Formel für
Omega seinen Ausdruck findet, die Widersprüche von Friedmanns erstem Modell (siehe Abbildung 6.1), daß ein Universum von endlicher Größe dennoch keine räumlichen Ränder

oder Grenzen hat (wohl aber zeitliche), und das Paradoxon, daß da etwas expandiert, aber nicht »in etwas hinein«. Theoretiker an der vordersten Front von Physik und Astrophysik bemühen sich, uns solche der Intuition zuwiderlaufende Vorstellungen durch Metaphern von Sphären und Ballonen, Sätteln und Kegeln verständlich zu machen. Wir stehen vor denselben Schwierigkeiten wie die Gelehrten des 16. und 17. Jahrhunderts, wenn wir entscheiden sollen, wie buchstäblich wir die Beschreibungen und die von ihnen repräsentierten Theorien zu verstehen haben.

Offensichtlich müssen nicht alle Theorien gleichermaßen die »Realität« wiedergeben. (»Realität, was immer das heißt«, pflegt Hawking zu spötteln.) Viele Physiker sehen zum Beispiel in der Inflationstheorie die Beschreibung eines Geschehens, das sich mit großer Wahrscheinlichkeit so oder ähnlich abgespielt hat. Nicht so viele sind bereit, im gleichen Maße an Wurmloch-theorien oder an das »Keine-Ränder«-Universum von Hawking und Jim Hartle zu glauben, aber sie lehnen sie auch nicht ab. Dann ist da noch Hawkings jüngste Idee, ein aus dem Nichts entsprungenes Universum in Gestalt eines Raum-und-Zeit-Teilchens, das einer extrem kleinen, leicht unregelmäßigen, gerunzelten Sphäre in vier Dimensionen entspricht, dem »Erb-sen-Instanton«. Er könnte damit recht haben, aber noch müssen Sie es nicht für bare Münze nehmen. Für keine der in diesem Kapitel erörterten Theorien ist zu erwarten, daß sie jemals in dem Sinne durch Beobachtungen und Experimente bestätigt werden wird, wie es bei der Urknall-Theorie der Fall war. Aber auch hier sind Überraschungen nicht ausgeschlossen.

Wenn wir in einem Universum, in dem sich großräumig alles voneinander entfernt, die Zeitrichtung umkehren und zum Anfang zurückkehren, werden wir finden, daß die Dinge ein-ander immer näher rücken. Auf der Grundlage von Penroses' Untersuchungen zu Schwarzen Löchern zeigten Hawking und Penrose Ende der sechziger Jahre, daß, wie Hawking sagte, »falls die Allgemeine Relativitätstheorie zutrifft, jedes vernünftige Modell des Universums mit einer Singularität beginnen muß«.

In dieser Singularität war alles, was wir jemals im Universum werden beobachten können, in einem Punkt von unendlicher Dichte zusammengedrängt. Eine Singularität ist, wie bereits erläutert, eine Sackgasse, denn mit unendlichen Zahlen können physikalische Theorien nichts anfangen. Alle Theorien der klassischen Physik werden dort unbrauchbar. Niemand kann angeben, was aus der Singularität entspringen wird, und die Frage, was vorher war, ergibt keinen Sinn. Es ist nicht erstaunlich, daß es Physiker mit äußerstem Unbehagen erfüllt, wenn sie sich auf diese Weise ausgesperrt finden, gleichgültig, welcher religiösen oder philosophischen Überzeugung sie anhängen.

Hawking war nicht geneigt, die Urknall-Singularität auf sich beruhen zu lassen. Er spielte mit verschiedenen Ideen und überlegte, was unter stark komprimierten Bedingungen geschehen könnte, sei es im Zentrum eines Schwarzen Lochs, sei es im sehr jungen Universum. Schließlich beschlossen er und der amerikanische Physiker Jim Hartle, einen Kniff anzuwenden: sie brachten die sogenannte »imaginäre Zeit« mit ein, auf die Theoretiker bei Problemen in der Quantenmechanik zurückgreifen.

Es trifft nicht ganz zu, daß Einstein den Unterschied zwischen den Raumdimensionen und der Zeitdimension abgeschafft hat, so daß eine vierdimensionale Raumzeit übrigblieb. Zwischen den Raum- und Zeitdimensionen bleibt in der Relativitätstheorie ein grundlegender Unterschied bestehen. Dieser Unterschied verschwindet, wenn die Zeitkoordinate eine »imaginäre Zahl« ist (siehe Kasten folgende Seite). Statt drei Dimensionen des Raumes und einer Dimension der Zeit beziehungsweise statt vier Dimensionen der Raumzeit gibt es dann vier Dimensionen des *Raumes*.

Hartle und Hawking machen von den imaginären Zahlen und der imaginären Zeit einen etwas anderen als den sonst üblichen Gebrauch. Sie benutzen diesen mathematischen Kniff nicht nur, um ein Problem zu lösen und danach zu dem uns vertrauteren Zeitbegriff zurückzukehren. In ihrem »Keine-Ränder«-Modell hat die imaginäre Zeit wirklich Einfluß auf die

Eine imaginäre Zahl ist eine Zahl, deren Quadrat eine negative Zahl ergibt. Normalerweise ist das Quadrat von 4 gleich 16. Das Quadrat von minus 4 ist auch 16. Wie kann man eine Zahl ins Quadrat erheben und minus 16 erhalten? Um diese Frage zu beantworten, erfand Gottfried Wilhelm Leibniz im 17. Jahrhundert die imaginären Zahlen. Das Quadrat von 4 imaginär ist minus 16. Die Quadratwurzel aus minus 16 ist 4 imaginär.

Gestalt des Universums. Wie sie darlegen, ist die imaginäre Zeit ein in der Quantenmechanik gebräuchliches Hilfsmittel. Im frühen Universum gab es nur so kleine Dimensionen. Man kann also erwarten, daß dort die Prinzipien und Begriffe der Quantenmechanik gelten.

Hartle und Hawking behaupten nun, wir würden, wenn wir in Richtung dessen zurückreisen könnten, was wir als »Anfang« (die Singularität) vermuten, kurz vor dem Ziel feststellen, daß es (in imaginärer Zeit) sinnlos wird, überhaupt von einer »Vergangenheit« zu sprechen. In einer Situation, in der es vier Raumdimensionen und keine Zeitdimension gibt, würde es die chronologische Zeit – mit ihrer genau definierten Vergangenheit, Gegenwart und Zukunft – nicht geben, und mit ihr entfiele das ganze Vokabular, mit dem wir die chronologische Zeit beschreiben. Es gibt kein »gestern«, kein »immer«, kein »früher« mehr. Sinnlos würden auch Diskussionen über einen »Anfang« oder eine Zeit »vor dem Anfang«.

Hawking lädt uns ein, in Gedanken auf der Erdkugel nach Süden zu reisen. Wir können sagen, daß wir nach Süden fahren, bis wir den Südpol erreicht haben, aber dort ist der Begriff »Süden« sinnlos. Niemand fragt, was südlich vom Südpol ist. In gleicher Weise gibt es im Hartle-Hawkingschen »Keine-Ränder«-Universum keine Ränder, keine Kanten und keinen Anfang, weder im Raum noch in der Zeit. Folgt daraus, daß Zeit und Raum sich in diesem Modell ins Unendliche erstrecken? Keineswegs. Auf der Erdoberfläche (die von endlicher Größe ist) sind Raum und Zeit nicht unendlich, und das gilt auch im »Keine-Ränder«-Universum. Der Vorschlag von Hartle und

313

Hawking tritt nicht in Konkurrenz zur Urknall-Theorie, denn in der realen Zeit, der Zeit, in der wir leben, würde es uns weiterhin so erscheinen, als habe es am Anfang des Universum eine Singularität gegeben.

Hawking will die Idee als Vorschlag, nicht als Theorie verstanden wissen. Es gibt keinerlei direkte Beobachtungen, die diese Idee stützen würden. Sie ist ein wildes, aber nicht unlogisches Phantasiegebilde. Hawking und andere stellten in den achtziger und neunziger Jahren die Frage, was für ein Universum aus dieser »Keine-Ränder«-Situation resultieren würde und welche Verbindungen es zu dem Universum haben könnte, das wir heute beobachten. Die Berechnungen sind natürlich extrem kompliziert und bisher nur an einfachen Modellen durchgeführt worden. Doch soweit man heute, Ende der neunziger Jahre, absehen kann, verträgt sich dieser Vorschlag mathematisch durchaus mit dem Universum, das wir beobachten und erleben, und mit anerkannten Theorien der modernen Physik.

Jetzt tritt ein neues Problem hinzu: Die Expansionsgeschwindigkeit nimmt offenbar zu. Läßt sich das mit einem »Keine-Ränder«-Universum wie dem von Hartle und Hawking vereinbaren? Oder wird ihr Modell damit hinfällig? Ein »Keine-Ränder«-Universum, das (wenn auch in mehr Dimensionen) der Gestalt einer Sphäre, wie es die Erde ist, entspricht, *kann* nicht endlos expandieren. Es ist ein »geschlossenes« Universum, das am Ende wieder in einem »Big Crunch«, einem Großen Krach, einstürzen wird.

Nun haben Hawking und Neil Turok, ein Kollege Hawkings an der Universität Cambridge, jedoch eine Möglichkeit ersonnen, das »Keine-Ränder«-Universum als *entweder* sphärisch und geschlossen und endlich *oder* offen und unendlich (wie der Trichter einer Tuba) zu sehen. Es kommt ganz darauf an, wie man den Schnitt legt. Man kann ihre neue Idee in weniger Dimensionen an einem Kegelschnitt veranschaulichen. Legt man den Schnitt waagerecht, entsteht ein Kreis beziehungsweise ein geschlossenes Universum, legt man ihn steiler, entsteht eine Parabel, ein offenes Universum (siehe Abbildung 9.1).

Abbildung 9.1

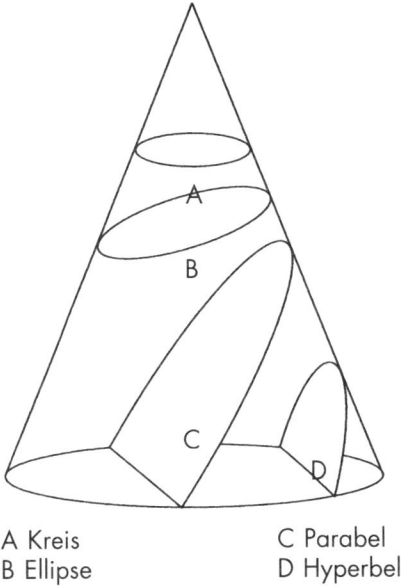

A Kreis   C Parabel
B Ellipse   D Hyperbel

Verschiedene Möglichkeiten eines Kegelschnitts

In der Inflationstheorie ist das Universum nicht so in sich geschlossen wie das »Keine-Ränder«-Universum von Hartle und Hawking. Diese Theorie gibt sogar der Vermutung Raum, daß unser Universum zu einem umfassenderen Kontext in Beziehung stehen könnte.

Wir haben an einem imaginären Ballon veranschaulicht, auf welche Weise die Inflationstheorie einige Probleme der Urknall-Theorie löst. Wir haben ihn leicht aufgeblasen, um die Expansion des Universums vor Beginn der Inflationsphase anzudeuten, dann innegehalten und einen winzigen roten Punkt auf der Ballonoberfläche angebracht, um ihn anschließend richtig groß aufzublasen. Auch der winzige rote Punkt wuchs zu enormer Größe an. Es war der rote Punkt und nicht der Ballon, der das gesamte beobachtbare Universum repräsentierte. Unser »Universum«, so zeigte sich, ist nur ein winziger Bruchteil von allem, was es gibt. Wenn wir den Ballon mit einer Vielzahl roter Punkte versehen, kann jeder anders auf die gravitative Repulsivkraft reagieren. Einige reagieren vielleicht gar nicht. Vielleicht wird nur ein Punkt expandieren. Dieser Punkt ist dann unser Universum. Was ist mit den anderen Punkten passiert? Sind sie auch Universen?

Um ehrlich zu sein, wird man wohl niemals herausfinden, ob unser Punkt einzigartig ist. Wenn das beobachtbare Universum auf einen winzigen Bruchteil der Anfangsbedingungen des gesamten Universums zurückgeht, wird es nicht möglich sein, den definitiven Umfang und die Struktur von allem zu ermitteln.

Wer sich von den Bemühungen um die Vermessung des Universums irgendwann Erkenntnisse über die Dimensionen von allem, was es überhaupt gibt, erhofft, kann nur enttäuscht werden. Der Urknall-Theorie zufolge macht das beobachtbare Universum 75 bis 90 Prozent des gesamten Universums aus. Nach der inflationären Version der Urknall-Theorie stellt das beobachtbare Universum nur einen winzigen Bruchteil des Ganzen dar, aber wie groß dieser Bruchteil ist, weiß niemand. Wäre die Anzahl der »Punkte« auf dem »Ballon« unendlich, dürfte man nicht einmal von einem »Bruchteil« reden.

Andrei Linde geht sogar noch weiter: Jede mikroskopische Region, die sich aufbläht, bestehe ihrerseits aus mikroskopischen Subregionen, die sich aufblähen und wiederum aus mikroskopischen Subregionen bestehen usw. usf., ein Schema eines sich endlos aufblähenden Universums. Das Universum ist nach Lindes Worten nicht ein einziger, im Urknall entstandener Feuerball, sondern »ein riesiges, wachsendes Fraktal. Es besteht aus vielen sich aufblähenden Bällen, die neue Bälle hervorbringen, welche wiederum noch mehr Bälle hervorbringen, ad infinitum.«

Ist es möglich, von einem Ballon oder Punkt oder Ball zum anderen zu reisen? Die Idee der Wurmlöcher ist nicht neu, ebensowenig wie die (in Science-fiction-Filmen und Fernsehserien weidlich genutzte) Vorstellung, man könne durch sie in ferne Regionen und Zeiten des Universums oder in andere Universen reisen. »Entdeckt« wurden sie 1916 als eine Lösung der Einsteinschen Feldgleichungen, nicht lange nachdem er diese aufgestellt hatte. In den fünfziger Jahren befaßte sich eine Studiengruppe unter Leitung des amerikanischen Physikers John Archibald Wheeler mit Wurmlöchern. Wheeler führte die Möglichkeit von »Quantenwurmlöchern« ein. Diese lenkten in den achtziger Jahren die Aufmerksamkeit von Sidney Coleman in Harvard und von Stephen Hawking auf sich. Beide interessierten sich besonders für die Möglichkeit, daß solche Wurmlöcher Teil des Prozesses sind, durch den neue Universen entstehen.

Diese Quantenwurmlöcher wären mit einem Durchmesser von nur 10^{-33} Zentimetern extrem klein. Als Bruch geschrieben, ist das eine 1 im Zähler und eine 1 im Nenner, gefolgt von 33 Nullen. Diese Löcher entstehen blitzartig und verschwinden nach einer unvorstellbar kurzen Zeitspanne wieder. Stellen Sie sich bitte auch hier wieder einen riesigen Ballon vor, den kosmischen Ballon, unser Universum. Stellen Sie sich Punkte auf der Ballonoberfläche vor. Diesmal stehen sie nicht für keimende Universen, sondern für Sterne und Galaxien. Einstein zufolge rufen massereiche Objekte eine Krümmung der Raumzeit hervor. Nicht anders die Punkte, die auf der Ballonoberfläche winzige Grübchen und Runzeln hervorrufen. Diese ändern trotzdem nichts daran, daß die Oberfläche relativ glatt ist, selbst wenn man sie durchs Mikroskop betrachtet. Um zu entdecken, daß sie doch nicht ganz glatt ist, bräuchte man ein Mikroskop, das stärker ist als alle Instrumente, die uns heute zu Gebote stehen. Was wir uns hier ausmalen, hat kein Mensch je gesehen, außer in der Theorie oder der Phantasie, nämlich das Bild des Universums in einem Maßstab, der trilliardenmal kleiner ist als der Durchmesser eines Atomkerns. Bei dieser Vergrößerung zeigt die Oberfläche heftige Schwingungen, die einen lockeren Schaum erzeugen. Die Fluktuationen in der Krümmung der Raumzeit sind bei diesem Maßstab keine großen, glatten Kurven, wie sie die Dünung auf dem Meer darstellt. Sie bestehen in sich ständig ändernden kleinen Wellen und Strudeln. Die »Oberfläche« ist eigentlich gar keine Oberfläche. Sie ähnelt einem Schaumbad.

Manche, darunter auch Hawking, zitieren gern das Diktum der Quantentheorie, daß alles, was nicht verboten ist, geschehen kann und geschehen wird. Dann überrascht es nicht, von Hawking zu hören, wir würden bei hinreichend starker Vergrößerung mit einer gewissen Wahrscheinlichkeit feststellen, daß die Quantenfluktuation »etwas tut«. Im kosmischen Ballon könnte eine winzige Ausbuchtung entstehen, aus der dann ein zweiter, winziger Ballon wird, der durch einen schmalen Hals mit dem Mutterballon verbunden ist. Der Hals ist ein Wurmloch, der Ballon ein Baby-Universum.

Man braucht wohl kaum zu sagen, daß es für diese spekulative Theorie keinerlei experimentelle oder beobachtungsmäßige Bestätigung gibt. Hawking geht nicht davon aus, daß die Existenz von Wurmlöchern durch Tests nachgewiesen wird. Mit einer direkten Beobachtung rechnet niemand, denn Wurmlöcher existieren nur in der imaginären Zeit, aber selbst wenn das nicht der Fall wäre, würde ihre Winzigkeit jede Beobachtung ausschließen.

Es ist jedoch nicht zwangsläufig so, daß das neugeborene Universum, das an dieser Nabelschnur hängt, auch weiterhin nur in der imaginären Zeit existiert und klein bleibt. Falls die Theorie zutrifft, hat auch unser Universum diesen Weg genommen. Das neue Universum könnte am Ende dem unseren ähnlich werden und sich über viele Milliarden Lichtjahre erstrecken. Wenn ein Universum viele weitere Universen hervorbringt und diese wiederum noch mehr, muß natürlich so etwas wie ein endloses Labyrinth von Universen entstehen. Auch wenn es uns gelänge, die Ausmaße unseres eigenen Universums zu erkennen, würde uns das nicht verraten, welchen Teil des Ganzen unsere Welt repräsentiert.

So sehr die hier kurz vorgestellten vier Modelle des Universums und seiner Umgebung auch Stoff für Spekulationen bieten, erlauben die hier benutzten Bilder doch nicht die Behauptung, daß das Universum die Form eines Trichters, einer Kugel, einer Erbse, eines Kegels oder einer Parabel *hat* oder auch nur haben *könnte*. Theoretiker benutzen diese Formen lediglich, um in der

Alltagssprache ansatzweise darzustellen, was vollständig nur in der Sprache der Mathematik beschrieben werden kann. Wer glaubt, diese Universen vor seinem geistigen Auge sehen zu können, ist entweder vom Schlage eines Roger Penrose, der sich »unmögliche Objekte« ausdachte, oder er irrt ganz einfach.

EPILOG

Fern und lau,
fern und lau
Ist das Land, das
den Jumblies lieb.
Ihre Köpfe sind grün,
ihre Hände sind blau,
Und sie fuhren
aufs Meer in einem Sieb.

aus »The Jumblies« von *Edward Lear*

Eine atemberaubende, wenn nicht die atemberaubendste Sicht auf den Hale-Bopp-Kometen hatte man im Frühjahr 1997 von den Lofoten aus, die nördlich des Polarkreises vor der norwegischen Küste liegen. Oft ist diese abgelegene zerklüftete Küstenlandschaft in Nebel gehüllt. Als sich jedoch in jenem Frühjahr die Nebel lichteten, gaben sie den Blick auf den Kometen frei, der vor einem Sternenhintergrund am Himmel schwebte, während sich unter ihm unheimlich die Draperien der Nordlichter bauschten – und all das spiegelte sich im Wasser. Hin und wieder schoß ein farbiger Strahl zum Himmel empor, beschrieb einen Bogen oberhalb des Kometen und verlor sich zwischen den Sternen.

Oberhalb des Kometen? Zwischen den Sternen? So hätte es den Beobachtern auf den Lofoten erscheinen können, hätten sie nicht gewußt, daß die Sterne über ihnen sehr viel weiter entfernt sind als der Komet, keine freundlich funkelnden Lichter, sondern gewaltige Flammenmeere. Der Komet und sein Schweif, den wir mit dem Daumen verdecken konnten, wenn wir ihn auf Armeslänge vor uns hielten – Experten hatten uns gesagt, das seien 80 bis 90 Millionen Kilometer Licht, denen gegenüber die Erde wie ein Zwerg wirkt. Im Vergleich dazu liegen die Nordlichter direkt vor unserer Tür, und sie reichen nicht

320

annähernd so hoch, um »oberhalb des Kometen« einen Bogen zu beschreiben.

Wir haben in den zurückliegenden Kapiteln verfolgt, wie die phantastischen Rätsel ebendieses Himmels die Menschen über Jahrtausende hin beschäftigt haben, wie er sie mit Staunen, einem Gefühl der Einsamkeit und einer, wie Galilei sagte, »tiefen Sehnsucht« erfüllt hat. Männer und Frauen haben Gedichte über den Himmel geschrieben, seine Schönheit besungen, ihn angebetet, in ihm den Beweis für einen Schöpfergott, aber auch für dessen Abwesenheit gefunden, ihn mit Teleskopen erforscht, sich ein kleines Stück zu ihm hinausgewagt. Und sie haben das Universum vermessen, mit bemerkenswertem Erfolg.

Ist der Himmel dann also gebändigt? Soll die Geschichte so enden? Das große Mysterium, verkürzt auf ein paar Zahlen und Kurven?

Mein liebstes Bild für den Fortschritt der Wissenschaft verdanke ich Hermann Bondi: Unsere wissenschaftliche Erkenntnis ist eine Insel, eine Insel namens »Was wir wissen« inmitten eines unermeßlichen Meeres des Unbekannten. Seit Menschen auf der Erde leben, haben sie diese Insel vergrößert, und diese mühselige Arbeit geht weiter, in einem wahnsinnigen Tempo. Es scheint, als müßten Menschen das tun. Sie vergrößern ihre Insel, so sicher, wie Eichhörnchen Nüsse sammeln. Damit wird die Insel namens »Was wir wissen« immer größer, breitet sich nach allen Richtungen aus. Manchmal rutscht eine Klippe ins Meer zurück, oder wir verlieren Flächen durch einen Hurrikan, oder eine Flutwelle reißt ein Vorgebirge fort, und jemand warnt Herrn Elmendorf, daß ein Großteil des Landes sich jederzeit auf beunruhigende Weise verschieben könnte. Dennoch wächst die Insel unaufhaltsam, und es ist erstaunlich, wieviel wir inzwischen wissen. So unermeßlich das Meer des Unbekannten auch ist, es schrumpft jedenfalls.

Das mag so sein. Doch es passiert etwas Eigenartiges. Wann immer wir die Insel namens »Was wir wissen« vergrößern, verlängert sich die Küstenlinie, wo wir gegen das Unbekannte anrennen. Die Stellen, an denen wir auf das stoßen, was wir *nicht* wissen, werden immer zahlreicher.

Wir haben in diesem Buch erlebt, wie dieses Gleichnis über mehr als zwei Jahrtausende hinweg gelebt wurde. Die Zahl der Mitwirkenden wuchs im Lauf der Geschichte an. In den ersten Kapiteln war es, obwohl sie sehr lange Zeiträume behandelten, nur eine Handvoll Männer, die am Ufer arbeiteten. Wir konnten uns die Muße gönnen, ihren Lebensweg zu skizzieren. In späteren Kapiteln wurden sehr viel kürzere Zeiträume beschrieben, doch die Zahl der Beteiligten wuchs. Die Viten wurden kürzer und zahlreicher. In den Kapiteln 7 und 8 konnten wir gerade noch die Namen all derer aufzählen, die am Vorland bauten, zum Horizont hinausspähten und sich mit kleinen Booten, aber auch mit ungemein kostspieligen Apparaten aufs Meer hinauswagten.

Die rein zahlenmäßige Zunahme hat natürlich auch damit zu tun, daß die Weltbevölkerung wuchs und für viele eine Ausbildung auf Universitätsniveau möglich wurde. Der Fortschritt, wie er sich in diesem Buch darstellt, erklärt sich auch durch den Umstand, daß wir mit wachsendem Abstand besser beurteilen können, welches die bedeutenden Erkenntnisse und Entdeckungen waren. Hätten wir zur Zeit des Kopernikus gelebt, hätten wir bei der Darstellung der zeitgenössischen Astronomie weit mehr Forscher, Bücher und Ideen berücksichtigen müssen, als es im zweiten Kapitel geschehen ist, und möglicherweise hätten wir die verkehrten Personen ins Rampenlicht gerückt. Vierhundert Jahre später erkennt man leicht, welche Forschungen im 16. Jahrhundert in eine Sackgasse mündeten und welche eine Tür zur Zukunft aufstießen, und man sieht deutlich, daß Kopernikus seine Zeitgenossen überragte.

Die wachsende Zahl der Beteiligten und der Projekte belegt aber auch, daß die Küste unserer Insel wächst. Das Ufer bietet von Tag zu Tag mehr Raum, der sogleich von Menschen ausgefüllt wird. Wir kennen so viel mehr Fragen, als unsere Vorfahren sich hätten träumen lassen, so viel mehr Gebiete, die zu erkunden sind, so viel mehr Spuren, denen nachgegangen werden muß, anormale Erscheinungen, die erklärt werden wollen, Komplexität, die aufgelöst sein will, Paradoxien, die von unserem unbeirrbar intuitiven Denken begriffen werden wollen.

Ptolemäus, Kopernikus und Galilei, sie wußten nicht, als wie rätselhaft sich dieses Universum entpuppen sollte!

Wenn das Geheimnisvolle geblieben ist, ist dann vielleicht die Übersichtlichkeit der Wissenschaft und die Zielstrebigkeit der Wissenschaftler von einst verlorengegangen? Gibt es zu viele Namen, zu viele Teams, zuviel Spezialisierung, zu viele Richtungen, zwischen denen man wählen muß? Ist daraus nichts anderes geworden als die exponentielle Anhäufung von exotischen Erkenntnissen – mehr, als ein Mensch jemals zu einem kohärenten Bild zusammenfügen kann?

Daß es nicht so ist, dafür hat die Natur selbst gesorgt. Wir haben erfahren, daß wir bei diesem Versuch, das Unbekannte zu berühren, zwar auf verwirrende Schwierigkeiten stoßen, aber doch immer wieder das Grundlegende, Einfache erfassen. Es scheint, als liefe die Geschichte rückwärts: Die Erklärung des Himmels, die Ptolemäus am Ausgang der hellenistischen Epoche gab, war so kompliziert wie die Technik von Disneyland. Mit Kopernikus' Beschreibung wurde ein Schritt zu mehr Einfachheit hin getan, mit der Keplers ein weiterer. Newtons Erklärung war noch schlichter, wurde aber von der Einsteins noch einmal an Einfachheit übertroffen. Beobachtungen, wie sie Galilei mit seinem Fernrohr machte und wir sie mit dem »Hubble«-Teleskop machen, können verwirrend, oft auch unerklärlich sein. Der menschliche Genius sucht nach der schönen Harmonie, die dem Chaos zugrunde liegt und es erklärt, und oft genug ist er erfolgreich.

Am Anfang dieses Buches wurde die Höhe einer Windmühle gemessen, aber was uns die neun folgenden Kapitel gezeigt haben, war doch ein wenig anders als das, was mein Vater, mein Bruder und ich damals in Texas versucht haben. Wir benutzten ein altmodisches Verfahren, gewissermaßen wider besseres Wissen. Wir wußten ja, daß es direktere Meßverfahren gibt, daß die Höhe der Windmühle eine Zahl war, die sich genau ermitteln ließ. Wir haben unsere mathematischen und technischen Möglichkeiten nicht bis zum äußersten ausgenutzt. Das aber – und mehr als das – haben die Männer und Frauen in dieser Saga der kosmischen Messung getan.

Ich finde es überaus faszinierend, mich in Menschen verflossener Jahrhunderte hineinzuversetzen, die nicht wußten, wie es weitergehen würde. Wenn wir in diesem Sinne versuchen, uns in die Charaktere dieses Buches hineinzuversetzen, leuchtet uns sofort ein, daß sie in ihrer jeweiligen Epoche nicht vorherzusehen vermochten, daß ihren Nachfahren möglich sein würde, was ihnen selbst zu leisten verwehrt war. Vielleicht sind sie deshalb so oft Risiken eingegangen, haben auf zweifelhafte Annahmen gebaut, haben an einer unsicheren Leiter gebastelt, ihr Vertrauen in Eichmaße gesetzt, die sie nicht ganz verstanden haben, usw., weil sie nicht wissen konnten, ob es jemals möglich sein würde, auf festerem Grund zu stehen.

Was auch immer das Motiv gewesen sein mag, wir waren ungeduldig und unbezähmbar, maßen die Parallaxe des Mars im vollen Bewußtsein, daß die Ungenauigkeit des Meßverfahrens die Resultate gefährden würde, kletterten auf das Gerüst eines Riesenteleskops, noch ehe es sicher abgestützt war, kämpften darum, die Sternparallaxe zu messen, lange bevor die technischen Voraussetzungen dafür gegeben waren, griffen nach den Cepheiden, um mit ihnen als Anhaltspunkte ins Universum vorzudringen, ohne die Entfernung auch nur zu einem Cepheiden zu kennen, ersannen eine Formel für Omega, obwohl wir bis heute noch nicht einmal eine vage Vorstellung davon haben, was eigentlich in diese Formel eingeht. Wir hatten jedesmal die Hoffnung, daß das Unmögliche später einmal einfach werden würde. Aber wissen konnten wir es nicht, und wir waren nicht gewillt zu warten.

Vielleicht wäre alles weniger verworren gewesen, wenn wir gewartet hätten. Vielleicht hätte es sogar mehr der Vorstellung entsprochen, die wir uns gern von der Geschichte der kosmischen Messung machen. Oft wird in den Darstellungen dieser Geschichte der Eindruck erweckt, als hätten wir nach Kopernikus die Ordnung des Sonnensystems »gekannt«. Als hätten wir nach Cassini die Entfernungen zu den Planeten »gehabt« und seien uns der Länge der Grundlinie, welche die Umlaufbahn der Erde hat, »sicher« gewesen. Als hätten wir in den fünfziger Jahren unseres Jahrhunderts endlich die Größe des Universums

»entdeckt«. Als hätten die jeweiligen Fortschritte auf soliden Grundlagen gefußt.

So ist es nicht gewesen. Wir haben getastet, geraten, aneinander gezweifelt, Fehler begangen, die Sprossen der Leiter in zu engem Abstand gesetzt, gemerkt, wie sie unter unseren Füßen nachgaben, nach einem Halt gesucht. In diesem Buch haben wir die Geschichte nicht an der Küstenlinie der Insel namens »Was wir wissen« enden lassen, sondern an Dämmen, die weit ins Meer hinausragen, wir haben uns sogar auf kleinen, zerbrechlichen Nachen hinausgewagt, die vom Land aus fast nicht mehr zu sehen sind, auf hoher See in einer Nußschale. Aber das ist nichts Neues. Eigentlich waren wir in jedem Kapitel dieses Buches, in jedem Stadium dieser Geschichte nirgendwo anders als in dieser Nußschale.

Die Natur, die wir zu verstehen suchten, hat zurückgeschlagen und uns gezeigt, wo unser Platz ist. Bisweilen fiel uns schwer, das zu schlucken, doch alles hat auch seine guten Seiten. Gewiß, der Mensch ist nicht der Mittelpunkt des Universums, und er ist, am Universum gemessen, nicht groß, aber er ist auch nicht klein. Bei weitem nicht das Größte, aber auch nicht das Kleinste, was wir ringsum finden. Wenn wir eine Linie vom Kleinsten bis zum Größten ziehen, dann reichen die Enden, von uns aus gesehen, nach beiden Richtungen in Größenordnungen, die sich unserem Fassungsvermögen entziehen. Soweit wir wissen, ist unser Platz irgendwo in der Mitte, annähernd gleich weit von beiden Enden entfernt, so wie wir sie heute zu erkennen vermögen.

Es gibt noch ein Maß, an dem wir gemessen werden können. Wenn wir eine Linie vom Einfachsten zum Komplexesten ziehen, dann ist unser Platz nicht in der Mitte. Wir befinden uns an dem einen Ende. Wir sind das Komplexeste, was wir bisher im Universum entdeckt haben. Der menschliche Geist ist noch immer weitgehend unverstanden. Die menschliche Existenz ist unergründlich. Was für ein Paradoxon: Mit Motiven und Sehnsüchten und Beschränkungen, die daher rühren, daß wir nicht wissen, wer wir sind, erkunden wir die Höhen und Tiefen, wobei oft die komplexe Mathematik unser einziges Werkzeug ist – aber was wir zu entdecken suchen, ist nicht mehr Komplikation, sondern Einfachheit!

»Wer hat über sie (die Erde) die Meßschnur gezogen?« spricht Gott aus dem Sturm zu Hiob. Sollen wir schüchtern die Hand heben und sagen: »Ich glaube – hm – also – *wir*«? Vielleicht. Vielleicht auch nicht. Denn es ist immer noch sehr ungewiß, wie groß unsere Insel ist – diese hart errungene, unschätzbar wertvolle, vielleicht winzige Insel des menschlichen Wissens –, verglichen mit dem Meer.

Danksagung

Die folgenden Personen haben der Autorin in unterschiedlicher Weise geholfen; sie lasen Teile des Manuskripts, beantworteten ihre Fragen, stellten Hintergrundmaterial und Informationen zur Verfügung, gaben Anregungen und wiesen auf Fehler hin. Für diese Hilfe, ohne die das Buch nicht hätte geschrieben werden können, dankt die Autorin Judy Anderson, Boyd Edwards, Caitlin Ferguson, Yale Ferguson, Carlos Frenk, Wendy Freedman, Margaret Geller, Owen Gingerich, Stephen Hawking, Jill Knapp, Helen Langhorne, P. Susie Maloney, Robert Naeye, Saul Perlmutter, Barbara Quinn, Allan Sandage, Bill Sheehan, Patrick Thaddeus und David Vetter.

Bildnachweis

3	Mary Lea Shane Archiv im Lick-Observatorium, University of California, Santa Cruz
5	Gravur Francis Place zugeschrieben
6, 10	Royal Astronomical Society Library
7, 8, 9	Yerkes Observatory
11	Harvard College Observatories
12	National Optical Astronomy Observatory, Victor Blanco, Wendy Roberts
13	National Optical Astronomy Observatory
14	Henry E. Huntington Library
15	National Radio Astronomy Observatory
16	COBE Science Team, NASA, Goddard Space Flight Center
17	NASA/Space Telescope Science Institute

Personen- und Sachregister

102 ff., 108, 111, 122 ff., 125,
129 ff., 133 f., 136 ff., 140 ff.,
145 f., 148 ff., 152, 155, 174,
183 ff., 193, 203, 218, 221, 233,
236, 238, 243, 246, 248 f., 251,
255, 258, 261, 266, 269, 271,
273, 279, 285, 287, 289, 304 f.,
313, 321, 324, 326
Erde, Durchmesser der 32
Erdmittelpunkt 29 ff., 40, 45,
47 ff., 52, 55, 59, 63 f., 76, 102,
104
Erdumfang 14, 28, 31 f.
Escher, M.C. 229
Eudoxos von Knidos 36, 48
Euklid 27 f.
Evans, Robert 245 f.
Extragalactic Distance Scale Key
Project 286 f.

Ferris, Timothy 245, 259
Fisher, Richard U. 246
Fizeau, Armand 164 f., 193
Flamsteed, John 133, 135, 139,
143 ff., 146, 156, 281
Foucault, Leon 163
Fox-Talbot 177
Fraunhofer, Josef von 153,
161 ff.
Freedman, Wendy 286 ff.,
290 ff., 295, 300
Frenk, Carlos 301 ff.
Friedmann, Alexander 203, 205,
207, 218, 258, 310

Galaxie 11, 149 f., 152, 179, 183,
189, 192, 196 ff., 199 ff., 202 f.,
205 ff., 212 ff., 216, 221 f., 226,
228, 230, 232 ff., 236 f., 240 ff.,
244 ff., 247 ff., 251 ff., 255 ff.,
259 ff., 264 ff., 268 ff., 272 ff.,
277 ff., 281 ff., 286 f., 290 ff.,
294 f., 298, 300 ff., 305, 317

Galaxie, Andromeda- *siehe*
Nebel, Andromeda-
Galaxie, Antennae- 295
Galaxie, Carina- 269
Galaxie, Sagittarius- 269
Galaxie, Sextans- 269
Galilei, Galileo 80 ff., 83 ff., 87,
90 ff., 94 ff., 97 ff., 101, 103 ff.,
107 ff., 110 ff., 114 ff., 117 ff.,
122, 134, 139 f., 144, 149, 169,
178, 211 f., 239 f., 289, 321 ff.
Galle, Johann Gottfried 157
Gamma Draconis 149
Gamma Leonis 178
Gamow, George 218 f., 221
Gascoigne, William 122 f.
Gassendi, Pierre 121 f.
Gauß, Karl Friedrich 155
Geller-Huchra-Keil 259 f.
Geller, Margaret 232, 258 f., 264
Geodäsie 14
Georg III. 171
Georgelin, Yvon 254
Georgelin, Yvonne 254
Gesetz, reziprok-quadratisches
137, 185
Gesetze, Gravitations- 140
Gesetze, Keplersche *siehe Kepler*
Giese, Bischof Tiedemann 68 f.
Gingerich, Owen 44, 77
Gnomon 123 f.
Gold, Thomas 212
Gott, Richard 264
Greenstein, Jesse 214 ff.
Gregory, James 142, 145
Großer Attraktor 275 f.
Großer Bär 260
Guinand, Pierre 153
Gunn, James 264
Guth, Alan 223 f.

Hale-Bopp-Komet 320
Hale, George Ellery 187, 202

333